DESENHO TÉCNICO MECÂNICO

Revisão técnica

Henrique Martins Rocha
Graduado em Engenharia Mecânica
Mestre em Sistemas de Gestão
Doutor em Engenharia Mecânica
Pós-doutorado em Projetos/Desenvolvimento de Novos Produtos

NOTA

As Normas ABNT são protegidas pelos direitos autorais por força da legislação nacional e dos acordos, convenções e tratados em vigor, não podendo ser reproduzidas no todo ou em parte sem a autorização prévia da ABNT – Associação Brasileira de Normas Técnicas. As Normas ABNT citadas nesta obra foram reproduzidas mediante autorização especial da ABNT.

D451   Desenho técnico mecânico /Abel José Vilseke ... [et al.];
         [revisão técnica : Henrique Martins Rocha]. – Porto Alegre: SAGAH, 2018.

         ISBN 978-85-9502-375-8

         1. Desenho técnico. I. Vilseke, Abel José.

         CDU 744

Catalogação na publicação: Karin Lorien Menoncin CRB-10/2147

DESENHO TÉCNICO MECÂNICO

Abel José Vilseke
Engenheiro de Produção
Especialista em Metodologia de Ensino a Distância

Everton Coelho de Medeiros
Engenheiro mecânico
Mestre em Engenharia Mecânica

Fernanda Royer Voigt
Mestre em Arquitetura com ênfase em Projeto de Arquitetura e Urbanismo

Giuliano Cesar Breda de Souza
Mestre em Engenharia Mecânica e de Materiais

Henrique Martins Rocha
Graduado em Engenharia Mecânica
Mestre em Sistemas de Gestão
Doutor em Engenharia Mecânica
Pós-doutorado em Projetos/Desenvolvimento de Novos Produtos

Paulo Lixandrão
Engenheiro
Mestre em Engenharia Mecânica

Ronei Tiago Stein
Engenheiro Ambiental
Mestre em Engenharia Civil e Preservação Ambiental

Porto Alegre,
2018

sagah⁺

© Grupo A Educação S.A., 2018

Gerente editorial: *Arysinha Affonso*

Colaboraram nesta edição:
Editora responsável: *Mirela Favaretto*
Preparação de originais: *Ana Lúcia Wehr*
Capa: *Paola Manica | Brand&Book*
Editoração: *Ledur Serviços Editoriais Ltda*

> **Importante**
>
> Os *links* para *sites* da *web* fornecidos neste livro foram todos testados, e seu funcionamento foi comprovado no momento da publicação do material. No entanto, a rede é extremamente dinâmica; suas páginas estão constantemente mudando de local e conteúdo. Assim, os editores declaram não ter qualquer responsabilidade sobre qualidade, precisão ou integralidade das informações referidas em tais *links*.

Reservados todos os direitos de publicação ao GRUPO A EDUCAÇÃO S.A.
(Sagah é um selo editorial do GRUPO A EDUCAÇÃO S.A.)

Rua Ernesto Alves, 150 – Floresta
90220-190 Porto Alegre RS
Fone: (51) 3027-7000

SAC 0800 703-3444 – www.grupoa.com.br

É proibida a duplicação ou reprodução deste volume, no todo ou em parte, sob quaisquer formas ou por quaisquer meios (eletrônico, mecânico, gravação, fotocópia, distribuição na Web e outros), sem permissão expressa da Editora.

IMPRESSO NO BRASIL
PRINTED IN BRAZIL

APRESENTAÇÃO

A recente evolução das tecnologias digitais e a consolidação da internet modificaram tanto as relações na sociedade quanto as noções de espaço e tempo. Se antes levávamos dias ou até semanas para saber de acontecimentos e eventos distantes, hoje temos a informação de maneira quase instantânea. Essa realidade possibilita a ampliação do conhecimento. No entanto, é necessário pensar cada vez mais em formas de aproximar os estudantes de conteúdos relevantes e de qualidade. Assim, para atender às necessidades tanto dos alunos de graduação quanto das instituições de ensino, desenvolvemos livros que buscam essa aproximação por meio de uma linguagem dialógica e de uma abordagem didática e funcional, e que apresentam os principais conceitos dos temas propostos em cada capítulo de maneira simples e concisa.

Nestes livros, foram desenvolvidas seções de discussão para reflexão, de maneira a complementar o aprendizado do aluno, além de exemplos e dicas que facilitam o entendimento sobre o tema a ser estudado.

Ao iniciar um capítulo, você, leitor, será apresentado aos objetivos de aprendizagem e às habilidades a serem desenvolvidas no capítulo, seguidos da introdução e dos conceitos básicos para que você possa dar continuidade à leitura.

Ao longo do livro, você vai encontrar hipertextos que lhe auxiliarão no processo de compreensão do tema. Esses hipertextos estão classificados como:

Saiba mais

Traz dicas e informações extras sobre o assunto tratado na seção.

Fique atento

Alerta sobre alguma informação não explicitada no texto ou acrescenta dados sobre determinado assunto.

Exemplo

Mostra um exemplo sobre o tema estudado, para que você possa compreendê-lo de maneira mais eficaz.

Link

Indica, por meio de *links* e códigos QR*, informações complementares que você encontra na *web*.

https://sagah.maisaedu.com.br/

Todas essas facilidades vão contribuir para um ambiente de aprendizagem dinâmico e produtivo, conectando alunos e professores no processo do conhecimento.

Bons estudos!

---

* Atenção: para que seu celular leia os códigos, ele precisa estar equipado com câmera e com um aplicativo de leitura de códigos QR. Existem inúmeros aplicativos gratuitos para esse fim, disponíveis na Google Play, na App Store e em outras lojas de aplicativos. Certifique-se de que o seu celular atende a essas especificações antes de utilizar os códigos.

PREFÁCIO

A necessidade de comunicação em um mundo globalizado é enorme. E uma forma de comunicação muito eficiente é por meio de imagens e desenhos e, em especial, nas áreas de Engenharia, o Desenho Técnico. É por meio da leitura e da interpretação desse tipo de desenho que as empresas, seus funcionários e seus fornecedores conseguem estabelecer de forma precisa informações referentes a peças, componentes, produtos, equipamentos e instalações, garantindo, assim, a adequação do que é especificado, produzido, verificado e entregue. O desenho, portanto, é peça fundamental para que produtos e serviços adequados possam ser fornecidos ao mercado e à sociedade.

O Desenho Técnico, representando a ideia de uma peça, conjunto ou produto, seja na forma impressa ou de arquivo eletrônico, segue normas e padrões para que possa ser compreendido por todos os potenciais usuários das informações ali constantes.

E é isso que você vai aprender neste livro: ele é dividido em quatro unidades, contemplando os seguintes temas:

Unidade 1: visão introdutória e fundamentos do Desenho Técnico. Aqui você aprenderá sobre formatos e padronização dos desenhos, escalas e cotas (dimensionamento), bem como sobre as normas de desenho.

Unidade 2: lógica construtiva e interpretativa do Desenho Técnico. Na unidade são apresentados os conceitos e as aplicações das vistas, ou seja, como algo real é representado graficamente no desenho, de forma que possa ser compreendido e interpretado.

Unidade 3: detalhamento e aspectos construtivos. Nesta unidade, além das vistas do desenho, você aprenderá que outros tipos de informação (rugosidade, acabamentos e tolerâncias), normalmente imperceptíveis a olho nu nos objetos físicos, mas importantes para construção e verificação de componentes, são apresentados nos desenhos.

Unidade 4: tolerâncias e aplicações. Na última unidade aprofundamos o estudo das tolerâncias geométricas e exploramos os detalhes construtivos e as representações de diversos elementos mecânicos, como parafusos e porcas, chavetas, eixos, polias e engrenagens.

SUMÁRIO

Unidade 1

Introdução ao desenho técnico 13
Fernanda Royer Voigt
   Os materiais e instrumentos utilizados no desenho técnico e
      as Normas Regulamentadoras Brasileiras (NBR) 14
   As folhas de desenho: *layouts*, dimensões e margens 22
   As legendas e a sua importância no desenho técnico 27

Tipos de escalas 33
Fernanda Royer Voigt
   Definição e tipos de escala no desenho técnico 34
   Classificação das escalas 39
   Uso do escalímetro e aplicação da escala 43

Cotas 49
Fernanda Royer Voigt
   Definição de cotagem e seus elementos 49
   Métodos de execução das cotas 54
   Formas de apresentação das cotas e suas representações especiais 58

Regras básicas para desenho à mão livre 67
Abel José Vilseke
   Esboço de desenho técnico 68
   Desenho de croqui 71
   O que é anteprojeto? 73

Unidade 2

Vistas ortográficas 79
Giuliano Cesar Breda de Souza
   Diedros 79
   Projeções ortogonais 81

Perspectiva isométrica 95
Giuliano Cesar Breda de Souza
   Perspectiva isométrica 95

Desenho da falsa elipse (círculo isométrico) 111
Paulo Lixandrão
- Aprender a desenhar uma elipse 111
- Desenhos de partes arredondadas em perspectiva isométrica 118
- Aprender a interpretar desenhos em círculos isométricos 121

Vistas seccionais 125
Ronei Tiago Stein
- Vistas seccionais: considerações iniciais 125
- Diferentes tipos de cortes em peças 132
- Hachuras: definições gerais 137

Unidade 3

Vistas auxiliares 143
Everton Coelho de Medeiros
- O que são vistas auxiliares? 143
- Rebatimento no plano auxiliar 146
- Aplicação de vistas auxiliares e linhas de ruptura 147

Estado de superfície (parâmetros de rugosidade/ acabamentos de superfície) 151
Everton Coelho de Medeiros
- Simbologia segundo normas 151
- Influência dos processos de fabricação na rugosidade 156
- Classes, desvios aritméticos e representação 159

Tolerância dimensional 167
Everton Coelho de Medeiros
- Tolerâncias dimensionais 168
- Classe de ajustes 170
- Sistema furo-base e eixo-base 175

Tolerância geométrica (GD&T) 183
Abel José Vilseke
- Tolerâncias de forma 184
- Tolerâncias de orientação 189
- Tolerâncias de posição 191

Unidade 4

Projetos de GD&T 201
Everton Coelho de Medeiros
- Tolerâncias de batimento 201
- Requisitos para aplicação de GD&T 207
- Projetos com base em GD&T 209

Elementos de fixação (rebites, parafusos, porcas) 215
Abel José Vilseke
- Rebites 216
- Parafusos 218
- Porcas 223
- Representação simplificada de roscas 224

Elementos de fixação (arruelas, anéis elásticos, chavetas) 231
Henrique Martins Rocha
- Arruelas 232
- Anéis elásticos 239
- Chavetas 243

Elementos de transmissão (eixos, polias, engrenagens) 251
Henrique Martins Rocha
- Eixos 251
- Polias 258
- Engrenagens 265

Gabaritos 279

UNIDADE 1

Introdução ao desenho técnico

Objetivos de aprendizagem

Ao final deste texto, você deve apresentar os seguintes aprendizados:

- Identificar os materiais e as normas técnicas NBR ABNT utilizados em desenho técnico.
- Definir os tipos de *layouts*, dimensões e margens de folhas.
- Reconhecer legendas e sua importância no desenho técnico.

Introdução

O desenho técnico é um tipo específico de representação gráfica que contempla um conjunto de informações técnicas, que têm como objetivo comunicar a intenção de um projeto. No caso do desenho técnico voltado às engenharias e à arquitetura, as regras e os padrões para a apresentação final desses desenhos são regidas por Normas Brasileiras Regulamentadoras, as NBRs.

De forma abrangente, o desenho técnico tem por função: a comunicação entre os profissionais de uma mesma área ou de áreas afins; aprovação do cliente ou dos órgãos competentes que devem emitir parecer de aprovação do projeto; revisão; e, de fato, a execução/fabricação do projeto.

Neste capítulo, você vai ser apresentado ao universo do desenho técnico, conhecer os principais elementos que compõem este tipo de desenho, compreender o formato deste material, como ele é produzido, e os padrões que devem seguir.

Os materiais e instrumentos utilizados no desenho técnico e as Normas Regulamentadoras Brasileiras (NBR)

O desenho técnico realizado à mão deve ter precisão e bastante clareza para que as informações nele contidas sejam passadas da forma correta e compreensíveis. Para auxiliar a precisão, faz-se uso de diferentes materiais e instrumentos na execução de um desenho técnico à mão, os quais são listados: folha de desenho, lápis ou lapiseiras, borracha, canetas nanquim, escalímetro, esquadros, compasso, mesa de desenho com régua paralela, entre outros instrumentos.

Falaremos, a seguir, sobre cada um desses instrumentos e sua função no auxílio do desenho técnico. Para iniciar, trataremos da base do desenho técnico, que é a **folha de desenho**. Ela é o papel sobre o qual serão expressas as ideias do objeto ou o projeto que se está imaginando. Existem diferentes dimensões de papel e diversos tipos de folha, com gramaturas e texturas distintas (esse item será visto com maior abrangência no conteúdo seguinte deste capítulo). Os tipos de papel mais utilizados para a representação no desenho técnico são aqueles que têm certa transparência, pois facilitam a sobreposição e a replicação de desenhos.

Os **lápis** (Figura 1) ou **lapiseiras** são os instrumentos utilizados para realizar os traços que farão a composição do desenho técnico, ora com linhas mais finas, ora com linhas mais grossas. Eles podem ter diferentes espessuras de grafite e são classificados conforme sua dureza, determinada pelas séries H e B:

- Traço grosso e macio: série B (B, 2B, 3B, 4B, 5B, 6B, 7B, 8B, 9B), ideais para o desenho artístico, pois executam traços mais escuros, mais soltos, com estilo croqui, sem muita precisão; quanto maior o número, mais macio é o grafite.
- Traço fino e duro: série H (9H, 8H, 7H, 6H, 5H, 4H, 3H, 2H), ideais para o desenho técnico, pela sua precisão e também por terem um traço mais leve; quanto maior o número, mais duro é o grafite.
- Traço médio: H, F, HB, utilizados para escrita e desenho.

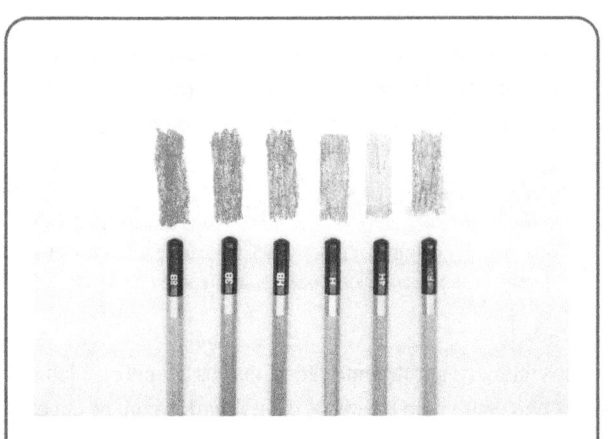

Figura 1. Exemplo de alguns lápis de diferentes séries e tipos de traçado que executam.
Fonte: Tommy Lee Walker/Shutterstock.com.

A **borracha** é o instrumento que nos permite apagar traços que foram realizados de forma equivocada. O ideal é sempre buscar uma borracha compatível com os instrumentos que estão sendo utilizados. Dê preferência às borrachas macias, dentre as quais a mais indicada é a plástica (Figura 2). As borrachas comuns acabam por esfarelar demais e não cumprem com a função de apagar com eficiência o desenho.

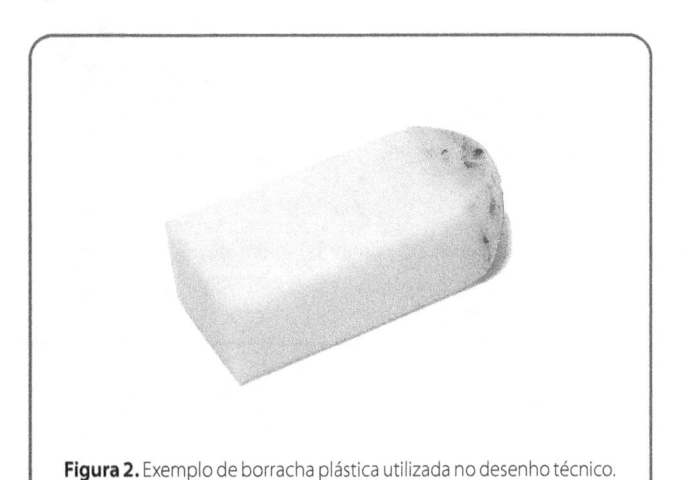

Figura 2. Exemplo de borracha plástica utilizada no desenho técnico.
Fonte: ThanantornKainet/Shutterstock.com.

As **canetas nanquim** (Figura 3) são instrumentos que "[...] produzem linhas de tinta precisas e uniformes sem a aplicação de pressão [...]" (CHING, 2011, p. 4). Elas possuem diferentes espessuras, assim como as lapiseiras:

> Há nove espessuras de ponta disponíveis, desde extremamente fina (0,13 mm) a muito grossa (2 mm). Um conjunto básico de canetas deve incluir as quatro espessuras de linha padrão — 0,25, 0,35, 0,5 e 0,7 mm — especificadas pela Organização Internacional para Padronização (ISO) [...] (CHING, 2011, p. 4).

Os desenhos técnicos geralmente são iniciados a lápis ou à lapiseira, quando as ideias ainda não estão bem precisas, e finalizados com as canetas nanquim, quando o desenho ou o projeto já está decidido.

Figura 3. Exemplos de lapiseira e caneta nanquim no uso do desenho técnico, respectivamente.
Fonte: Miroljub Miladinovic/Shutterstock.com.

O **escalímetro** (Figura 4) é o instrumento que permite desenhar projetos com áreas amplas em uma pequena folha de papel. É a partir dele que se pode realizar uma conversão das medidas reais para as medidas do desenho, com as proporções adequadas. Existem diferentes tipos de escala, mas este tema será melhor abordado no próximo capítulo.

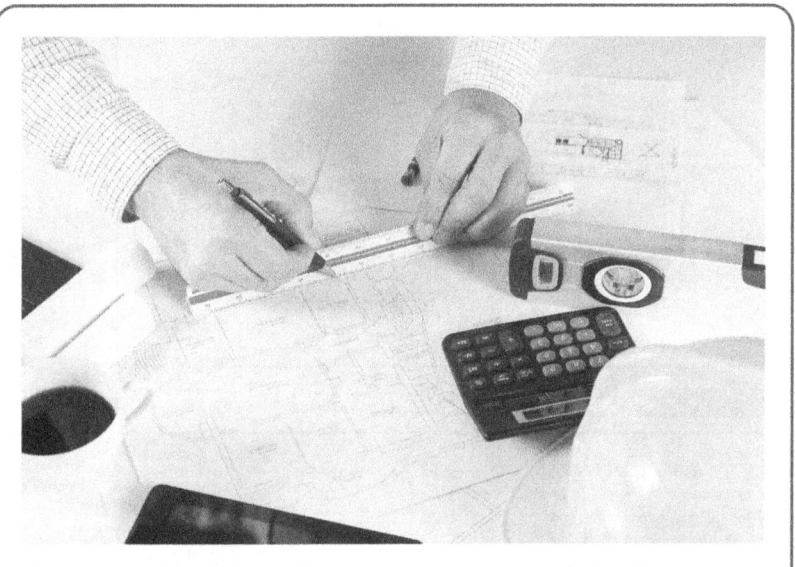

Figura 4. O escalímetro sendo utilizado de acordo com a escala do desenho.
Fonte: 135pixels/Shutterstock.com.

Os **esquadros** permitem realizar retas com diferentes ângulos, além de ser possível as retas paralelas e perpendiculares com os mesmos. Os esquadros mais conhecidos são: o 45°/45°, que possui um ângulo reto (90°) e outros dois ângulos iguais de 45°; e o 30°/60°, que possui um ângulo reto (90°) e dois diferentes, um com 30° e outro com 60°. Na Figura 5, pode-se visualizar os dois tipos de esquadros comentados. Ainda, os esquadros devem ser, de preferência, de algum material transparente (acrílico), lisos (sem graduação), para facilitar a visualização do desenho que está abaixo dele, como os esquadros da Figura 6.

Figura 5. Os dois tipos de esquadros — acima, o esquadro 30°/60° e, abaixo, o esquadro de 45°/45°.
Fonte: Richard Peterson/Shutterstock.com.

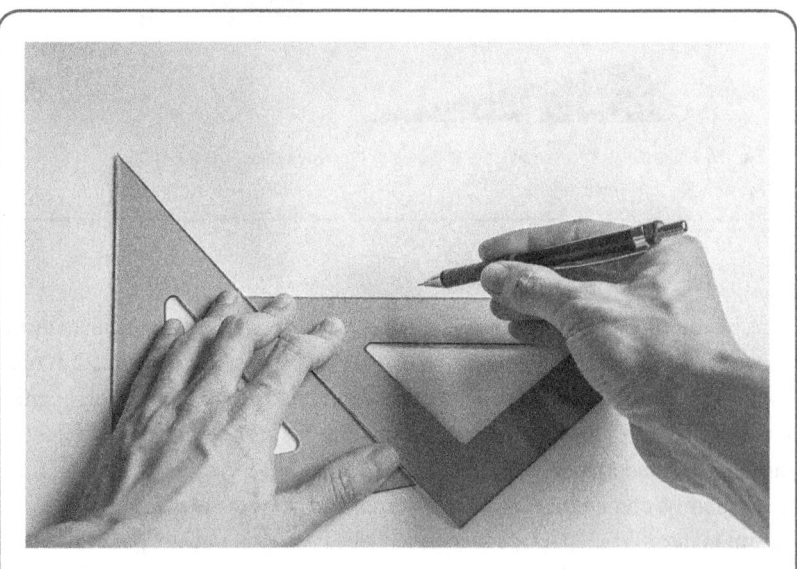

Figura 6. Os esquadros de material liso e transparente sendo utilizados em conjunto no desenho.
Fonte: tgpooley/Shutterstock.com.

Link

Acesse o link a seguir para compreender melhor sobre o uso do conjunto de esquadros na execução de retas paralelas.

https://goo.gl/gTcuKy

O **compasso** (Figura 7) tem como função principal auxiliar no desenho de círculos exatos, de acordo com o raio que se deseja. Ele tem duas pontas: uma seca e fina, que é o eixo onde ele vai girar para desenhar o círculo; e a outra contém um grafite, que gira em torno do eixo e é utilizada para fazer o desenho do círculo. Para realizar a medição do raio que se deseja, é necessário utilizar, junto, uma régua ou um escalímetro.

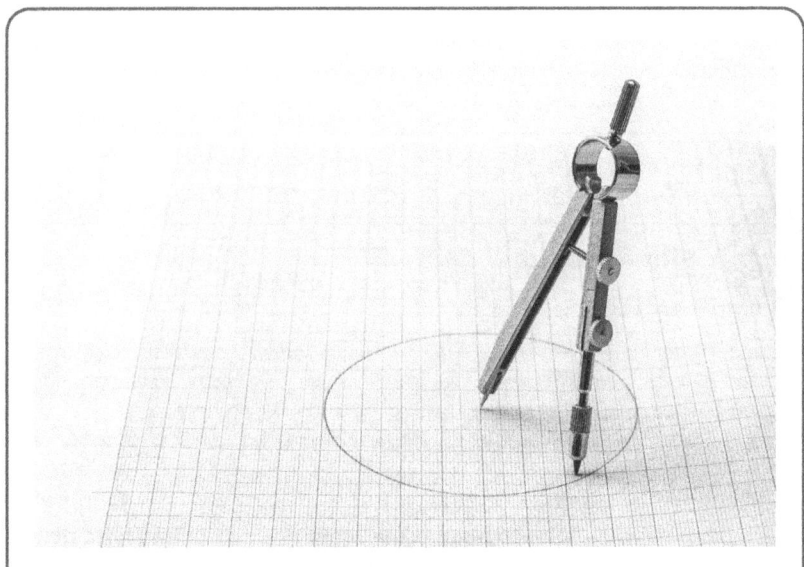

Figura 7. O círculo sendo desenhado com o compasso.
Fonte: Fishman64/Shutterstock.com.

A **mesa de desenho** com régua paralela (ou régua T, como também é conhecida) é o local onde o desenhista apoiará a folha de desenho e os seus instrumentos. É importante fixar o papel na mesa com fitas adesivas nos quatro cantos, para que a folha não se mova e o desenho fique com as linhas paralelas entre si. A régua paralela possibilita desenhar retas paralelas entre si na folha e, com o apoio dos esquadros, a realização de retas em ângulos. Na Figura 8, pode-se visualizar duas imagens da mesa de desenho com altura e inclinações reguláveis para cada usuário.

Figura 8. Exemplo de mesa de desenho com régua paralela.
Fonte: BimXD/Shutterstock.com.

Fique atento

É importante trabalhar em um local que tenha boa iluminação natural, próximo de janelas ou, então, com uma boa iluminação artificial (luminárias próprias para trabalho), para não forçar os olhos, causando irritabilidade ou dores de cabeça.

Ainda, o desenho técnico pode contar com diversas outras ferramentas para desenhar algo específico. É o caso dos gabaritos, da curva francesa ou do transferidor. Os gabaritos contêm furos com o perímetro exato do desenho que se necessita. Segundo Kubba (2014, p. 13), as curvas francesas "[...] normalmente consistem em um pedaço de plástico com curvas complexas [...]". Alguns dos instrumentos do desenho técnico estão apresentados na Figura 9.

- Régua transparente de 30cm
- Escalímetro
- Transferidor
- Esquadros de 30/60° e 45°
- Régua T
- Mesa de desenho com régua paralela
- Compasso e compasso de ponta seca
- Fita mágica e percevejos
- Lapiseira e minas ou lápis e apontador
- Borrachas e mata-gatos

Figura 9. Alguns dos instrumentos de desenho utilizados no desenho técnico.
Fonte: Kubba (2014, p. 14).

Atualmente, muitos softwares e programas de computador vêm surgindo para auxiliar na rapidez da execução, exatidão e finalização dos desenhos técnicos, que são os softwares **CAD**. A sigla CAD, em inglês, significa *computer aided design* e, em português, desenho assistido por computador. Porém, é importante lembrar que esta ferramenta não substitui o ato da sensibilidade e da cinestesia envolvida no desenho à mão e, tampouco, o conhecimento das técnicas e os tipos de desenho existentes.

Ainda, o desenho técnico, independentemente de ser desenhado à mão ou a partir de ferramentas computacionais, deve ser elaborado de acordo com as normas técnicas. As Normas Brasileiras Regulamentadoras (NBR) relacionadas ao desenho técnico têm o objetivo de padronizar a representação gráfica utilizada nos desenhos, de forma que a linguagem gráfica seja precisa e possa ser compreendida por todos os profissionais envolvidos, desde a produção do desenho até a execução do mesmo.

A ABNT é a Associação Brasileira de Normas Técnicas, órgão que rege e atualiza os diferentes tipos de normas existentes no Brasil. As principais normas técnicas relacionadas ao desenho técnico são:

- ABNT NBR 10067:1995 — princípios gerais de representação em desenho técnico, procedimento;
- ABNT NBR 10582:1998 — apresentação da folha para desenho técnico, procedimento;
- ABNT NBR 10068:1987 — folha de desenho, leiaute e dimensões, padronização;
- ABNT NBR 10126:1987 — cotagem em desenho técnico, procedimento;
- ABNT NBR 8403:1984 — aplicação de linhas em desenhos, tipos de linhas, larguras das linhas, Procedimento;
- ABNT NBR 8196:1999 — desenho técnico, emprego de escalas.

Para iniciar a produção de qualquer desenho técnico, é importante seguir todas as normas técnicas comentadas acima, pois são elas que vão regulamentar o padrão de linguagem a ser utilizado. Por exemplo, para submeter os projetos para análise e aprovação em órgãos competentes (ex: Prefeituras Municipais), também é necessário adotar os padrões exigidos pelas normas técnicas brasileiras.

As folhas de desenho: *layouts*, dimensões e margens

As folhas utilizadas no desenho técnico podem ter diferentes dimensões, configurações (*layouts*), além de diferentes tipos e espessuras (ou gramaturas). Há uma norma técnica relacionada à padronização da folha do desenho, que é a ABNT NBR 10068:1987 — folha de desenho, leiaute e dimensões, padronização. A partir dela, pode-se obter todas as informações necessárias sobre a folha de desenho técnico.

A folha de desenho pode ser utilizada em duas diferentes configurações, conforme Figura 10: no sentido horizontal ou no sentido vertical — dependerá do formato e das dimensões do desenho para se relacionar da melhor forma com a folha. Também, os desenhos devem ser realizados na folha de forma que se leve em consideração o dobramento das mesmas, conforme o formato padrão de A4.

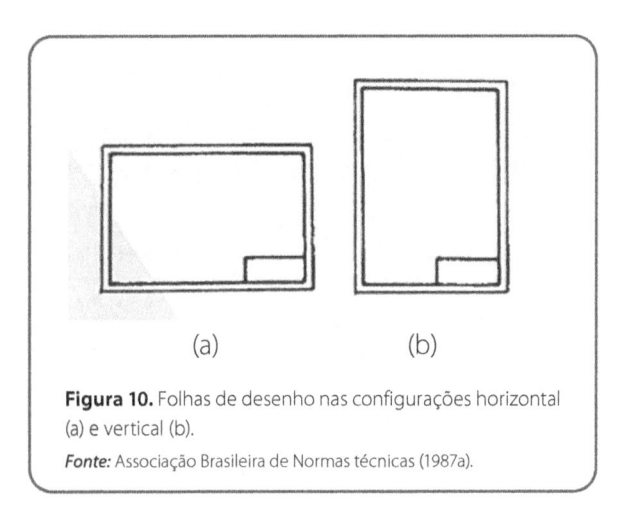

(a) (b)

Figura 10. Folhas de desenho nas configurações horizontal (a) e vertical (b).
Fonte: Associação Brasileira de Normas técnicas (1987a).

É importante lembrar que, conforme a ABNT NBR 10582:1988, a folha de desenho necessita de espaços destinados à área de desenho, área de texto e área de legendas. A Figura 11 demonstra os dois tipos de configuração possíveis para os espaços de desenho e espaços de texto nas folhas.

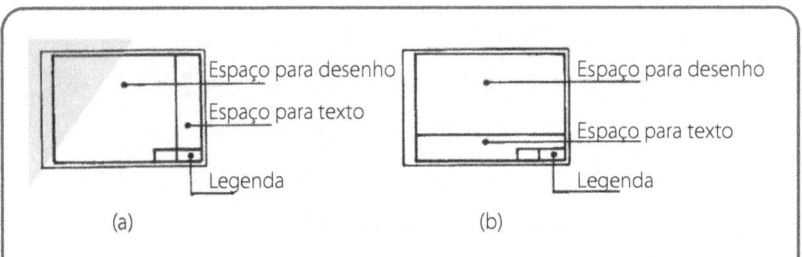

Espaço para desenho   Espaço para desenho
Espaço para texto
                             Espaço para texto
Legenda   Legenda
(a)   (b)

Figura 11. (a) Folha de desenho com espaços destinados ao desenho à esquerda e texto à direita. (b) Folha de desenho com espaços destinados ao desenho acima e o texto abaixo.
Fonte: Associação Brasileira de Normas técnicas (1988).

As folhas de desenho seguem as **dimensões** padrão da série A, que é iniciada pela folha de tamanho A0 (leia-se "A zero"), a qual tem aproximadamente 1m² de área. A partir dessa folha, a sequência das demais é a bipartição dela. Por exemplo, a folha A1 tem a metade da maior dimensão da folha A0, a folha A2 tem a metade da maior dimensão da folha A1, e assim se segue a sequência. O Quadro 1 relaciona as folhas da série A e as dimensões das folhas, e a Figura 12 traz de forma visual as dimensões e as suas relações de proporção.

Quadro 1. Folhas de série A com as respectivas dimensões.

Designação	Dimensões
A0	841 x 1189 mm
A1	594 x 841 mm
A2	420 x 594 mm
A3	295 x 420 mm
A4	210 x 297 mm

Fonte: Associação Brasileira de Normas Técnicas (1987a).

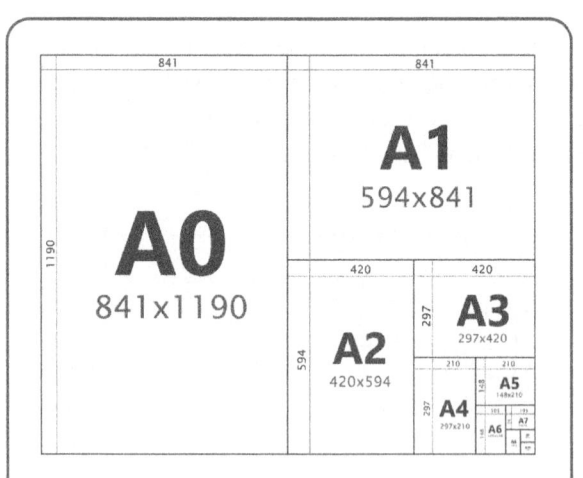

Figura 12. Dimensões das folhas da série A com as respectivas dimensões e a bipartição representada.
Fonte: Lasse_Sven/Shutterstock.com.

> **Saiba mais**
>
> Se você quiser entender melhor a origem do formato da série A, leia a ABNT NBR 10068:1987, no item 3.1 que discorre sobre os formatos das folhas de desenho.

Caso seja necessário algum formato de folha especial, fora dos padrões da série A, é indicada "[...] a escolha dos formatos de tal maneira que a largura ou o comprimento corresponda ao múltiplo ou submúltiplo ao do formato padrão [...]" (ASSOCIAÇÃO BRASILEIRA DE NORMAS TÉCNICAS, 1987a). Isso facilita a impressão e a dobragem das folhas.

> **Fique atento**
>
> As folhas de menores dimensões (A4 e A3, por exemplo) são mais fáceis de manusear, porém exigem uma grande redução do desenho, o que vai influenciar na escala escolhida. Já as folhas de maiores dimensões (A2, A1, A0) exigem uma redução menor no desenho, porém são mais difíceis de manusear, e o seu custo de impressão pode tornar-se mais elevado devido à sua grande área.

Em cada uma das folhas de desenho, são necessárias as **margens**. Estas iniciam no limite da folha do papel até o limite do desenho do quadro, que é o espaço destinado para o desenho. A Figura 13 exemplifica a margem e as demais denominações recém-descritas.

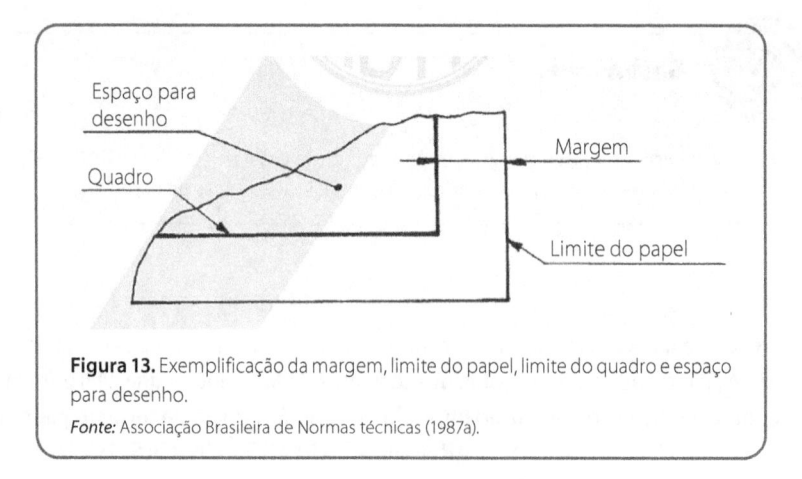

Figura 13. Exemplificação da margem, limite do papel, limite do quadro e espaço para desenho.
Fonte: Associação Brasileira de Normas técnicas (1987a).

As margens seguem um padrão de acordo com as dimensões das folhas da série A. Geralmente, as margens esquerda e direita (acima e abaixo) têm dimensões diferentes, porque as da esquerda devem ter espaço para perfuração e arquivamento, portanto são maiores. Além disso, as larguras das linhas de quadro também variam de acordo com as dimensões da folha: quanto maior a dimensão da folha, maior a largura da linha de desenho. O Quadro 2 relaciona as folhas da série A e as suas respectivas margens, bem como as larguras da linha de quadro.

Quadro 2. Largura das linhas de quadro e das margens.

Formato	Margem		Largura da linha do quadrado, conforme a ABNT NBR 8403:1984
	Esquerda	Direita	
A0	25 mm	10 mm	1,4 mm
A1	25 mm	10 mm	1,0 mm
A2	25 mm	7 mm	0,7 mm
A3	25 mm	7 mm	0,5 mm
A4	25 mm	7 mm	0,5 mm

Fonte: Associação Brasileira de Normas Técnicas (1987a).

Após escolher a dimensão da folha mais adequada para as dimensões do projeto, define-se sua configuração de *layout* (horizontal ou vertical e espaços para desenho) e faz-se o desenho do quadro das margens para delimitar o espaço de desenho. Caso este seja realizado no computador, com auxílio dos softwares, é possível modificar as dimensões e configurações de *layout* ao longo do projeto com mais facilidade, quando comparado ao desenho realizado à mão. Porém, o importante é ter ciência das suas escolhas desde o início do desenho.

As legendas e a sua importância no desenho técnico

De acordo com a ABNT NBR 10582:1988), que trata sobre a apresentação da folha para o desenho técnico, "[...] a legenda é usada para informação, indicação e identificação do desenho e deve ser traçada conforme a NBR 10068 [...]". Ou seja, ela tem a função de complementar alguma explicação ou esclarecer algo sobre o desenho.

Também, ressalta-se que a legenda tem área própria na folha de desenho. Segundo a ABNT NBR 10068:1987, que trata sobre a folha de desenho, seu leiaute e suas dimensões, independentemente se a folha tiver configuração horizontal ou vertical, a legenda deve situar-se no canto inferior direito e dentro do quadro para desenho (Figura 14).

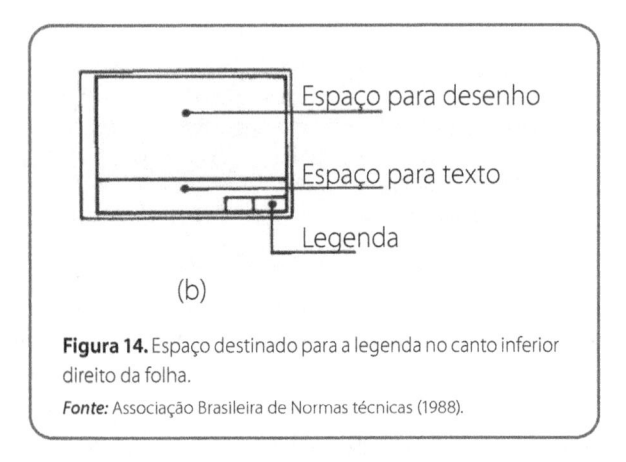

Figura 14. Espaço destinado para a legenda no canto inferior direito da folha.
Fonte: Associação Brasileira de Normas técnicas (1988).

Ainda, há dimensões corretas para a legenda, dependendo da dimensão das folhas, conforme a ABNT NBR 10068:1987. Para formatos A1 e A0, a legenda deve ter o comprimento de 175 mm; e para formatos de tamanho A4, A3, A2, deve ter comprimento de 178 mm. Note que a diferença de comprimento das legendas está relacionada ao tamanho das margens das folhas de desenho.

Existem algumas informações mínimas necessárias que a ABNT NBR 10582:1988 exige que contenha em qualquer folha de desenho técnico. Isso pode variar conforme o tipo de projeto — por exemplo, um projeto de arquitetura exigirá outras informações. Mas, de forma geral, a Norma Técnica exige algumas informações básicas: a designação da firma, o projetista responsável, o local, a data e a assinatura do responsável, o conteúdo do desenho, a indicação da escala, o número do desenho, a designação da revisão, a indicação do método de projeção e da unidade de medida utilizada no desenho.

Além disso, as legendas podem conter outras informações necessárias à correta compreensão do desenho técnico. Muitas vezes, não é possível representar todas as ideias apenas com o desenho, sendo necessária uma complementação dessas informações. Daí surgem os símbolos, as cores, as abreviações, as especificações para auxiliar no entendimento do desenho. Para representar o significado desses símbolos, faz-se a sua explanação por meio de uma legenda, ou seja, a legenda tem a função de explicar ou esclarecer o desenho.

Exemplo

Para que você compreenda melhor esse tipo de legenda, um exemplo são os projetos elétricos ou hidrossanitários. Nesses projetos, é comum visualizar as plantas baixas repletas apenas de símbolos e linhas. Para que o projeto seja corretamente compreendido, é necessária a sua legenda explicando cada um deles, pois os símbolos utilizados pelos projetistas nem sempre são padronizados; alguns criam os seus próprios. Kubba (2014, p. 170), reforça essa questão dizendo que "[...] a legenda em um projeto deve mostrar qualquer símbolo fora do padrão e o seu significado [...]".

Portanto, a legenda é de suma importância para o desenho técnico, visto que ela explica, informa, identifica, esclarece muitas das informações que não seriam possíveis de serem compreendidas se a legenda não existisse. Assim como outros elementos do desenho técnico — como os diferentes tipos de linhas, as margens, o local para desenho — a legenda tem o seu espaço específico, que deve ser respeitado. Ainda, a legenda é o primeiro item a ser visto quando se toma em mãos, pela primeira vez, qualquer tipo de projeto.

Link

Acesse o link e assista ao vídeo para que você compreenda melhor sobre margens e legendas no desenho técnico.

https://goo.gl/BAQbL4

Exercícios

1. O desenho técnico representa no papel um projeto que poderá ser executado na forma física. Para o desenvolvimento de desenhos técnicos à mão, são utilizados materiais diversos que ajudam o desenhista ou projetista a transmitir as ideias ao cliente ou interlocutor. Assinale a alternativa que contém materiais utilizados para o desenho técnico à mão, segundo as Normas Brasileiras Regulamentadoras (NBRs).
   a) Lápis, borracha e tinta guache.
   b) Lapiseira, caneta esferográfica e corretivo líquido.
   c) Lápis, borracha e escalímetro.
   d) Escalímetro, esquadro e trena.
   e) Carvão, aquarela e mina de cera.
2. Assinale a alternativa que corresponde corretamente às funções dos seguintes instrumentos de desenho: régua paralela, escalímetro e esquadro de 45°, respectivamente.
   a) Medir, medir coisas pequenas, conferir o ângulo de 45°.
   b) Servir de guia para traços retos e paralelos ao limite da folha de desenho, medir dimensões em escalas de redução, traçar ângulos de 45° e 90°.
   c) Medir, medir dimensões em escalas de aumento, traçar ângulos de 30° e 60°.
   d) Servir de guia para traços em ângulo, servir de guia para desenho de linhas retas, traçar linhas horizontais.
   e) Desenhar arcos e círculos, traçar as linhas das margens de uma folha, traçar formas em curva.
3. As margens nas folhas utilizadas para a representação de projetos são padronizadas. Quais são

as medidas das margens em uma folha tamanho A1?
a) Margem esquerda de 25 mm e margem direita de 10 mm.
b) Margem esquerda de 25 mm e margem direita de 7 mm.
c) Margem esquerda de 23 mm e margem direita de 12,5 mm.
d) Margem esquerda de 23 mm e margem direita de 7 mm.
e) Margem esquerda de 23 mm e margem direita de 10 mm.

4. Sobre as legendas de desenhos técnicos, é correto afirmar que:
a) Indicam apenas o nome do desenho, o autor, a escala e o orçamento do projeto.
b) Não são normatizadas e podem constar de acordo com o projetista.
c) A padronização das normas exige apenas a indicação da escala e da unidade de medida utilizada.
d) Devem conter as seguintes informações básicas: nome da firma, projetista responsável, local, data, assinatura do responsável, conteúdo do desenho, indicação da escala, número do desenho, revisão, indicação do método de projeção, indicação da unidade de medida utilizada no desenho.
e) As legendas são utilizadas para manter os direitos autorais e o sigilo industrial.

5. Das folhas para desenho técnico, a folha A1 e a folha A2 são muito utilizadas e bastante comuns. Essas duas folhas têm relação direta entre suas medidas. Assinale a alternativa que apresenta qual é essa relação dimensional entre elas.
a) A folha A1 é o dobro do tamanho da folha A2.
b) A folha A2 é o dobro do tamanho da folha A1.
c) A folha A2 é quatro vezes maior que a folha A1.
d) As folhas A1 e A2 são do mesmo tamanho, porém apenas uma é vertical e a outra horizontal.
e) A folha A1 é duas vezes menor que a A2.

Referências

ASSOCIAÇÃO BRASILEIRA DE NORMAS TÉCNICAS. ABNT NBR 10067:1995. Princípios gerais de representação em desenho técnico – Procedimento. Rio de Janeiro: ABNT, 1995.

ASSOCIAÇÃO BRASILEIRA DE NORMAS TÉCNICAS. ABNT NBR 10068:1987. Folha de desenho – Leiaute e dimensões – Padronização. Rio de Janeiro: ABNT, 1987a.

ASSOCIAÇÃO BRASILEIRA DE NORMAS TÉCNICAS. ABNT NBR 10126:1987. Cotagem em desenho técnico – Procedimento. Rio de Janeiro: ABNT, 1987b.

ASSOCIAÇÃO BRASILEIRA DE NORMAS TÉCNICAS. ABNT NBR 10582:1988. Apresentação da folha para desenho técnico – Procedimento. Rio de Janeiro: ABNT, 1988.

ASSOCIAÇÃO BRASILEIRA DE NORMAS TÉCNICAS. ABNT NBR 8196:1999. Desenho técnico – Emprego de escalas. Rio de Janeiro: ABNT, 1999.

ASSOCIAÇÃO BRASILEIRA DE NORMAS TÉCNICAS. ABNT NBR 8403:1984. Aplicação de linhas em desenhos – Tipos de linhas – Larguras das linhas – Procedimento. Rio de Janeiro: ABNT, 1984.

CHING, F. D. K. *Representação gráfica em arquitetura*. 5. ed. Porto Alegre: Bookman, 2011.

KUBBA, S. A. *Desenho técnico para construção*. 5. ed. Porto Alegre: Bookman, 2014. (Série Tekne).

Tipos de escalas

Objetivos de aprendizagem

Ao final deste texto, você deve apresentar os seguintes aprendizados:

- Definir o que é escala e reconhecer os tipos de escalas existentes.
- Reconhecer as classificações das escalas.
- Aplicar as escalas por meio da utilização do escalímetro.

Introdução

Na maioria das vezes, a representação gráfica de um objeto não é feita no seu tamanho real. Isso porque as peças e os objetos são muito pequenos e contêm muitos detalhes para serem desenhados e compreendidos por meio de um desenho, ou porque os mesmos são muito grandes e, assim, não é possível desenhá-los no tamanho real.

Dentro da disciplina de Desenho Técnico, um importante conceito a ser aprendido é o de escalas. Fazendo uso das escalas, é possível desenhar ou projetar um produto qualquer, ampliando ou reduzindo o tamanho real do objeto.

Essa é uma ideia muito antiga e bastante comum, na realidade, e nós a utilizamos desde o início da nossa comunicação gráfica: sempre que crianças desenham casas, árvores ou, mesmo, pessoas, elas estão fazendo uma redução do tamanho real dos objetos para que caibam na folha, ou seja, estão aplicando o conceito de escala. Neste capítulo, você vai conhecer os tipos de escalas mais usuais no Desenho Técnico, como utilizá-las e, ainda, aprender a aplicar algumas delas por meio do uso do escalímetro — ferramenta essencial para trabalhar com escalas.

Definição e tipos de escala no desenho técnico

O desenho técnico é capaz de representar qualquer objeto, seja ele grande ou pequeno, e isso somente é possível em função da escala. A escala, no desenho técnico, é utilizada para possibilitar a conversão das medidas reais de um objeto ou projeto para as medidas do desenho, mantendo as proporções do elemento. Muitas vezes, não é possível desenhar os objetos no seu tamanho real, e é por causa da escala que conseguimos desenhar qualquer objeto em uma folha de papel, sem que o mesmo perca as suas dimensões reais.

Assim como tantos outros temas no desenho técnico, há uma norma técnica específica relacionada às escalas no desenho. A ABNT NBR 8196:1999, intitulada "Desenho técnico - Emprego de escalas", é a norma responsável por relacionar os objetivos, as definições e os requisitos gerais das escalas no desenho técnico. Segundo a ABNT NBR 8196:1999,

> [...] a escala a ser escolhida para um desenho depende da complexidade do objeto ou elemento a ser representado e da finalidade da representação. Em todos os casos, a escala selecionada deve ser suficiente para permitir uma interpretação fácil e clara da informação representada [...]. (ASSOCIAÇÃO BRASILEIRA DE NORMAS TÉCNICAS, 1999)

Portanto, para escolher a escala adequada a ser utilizada no seu desenho, é necessário refletir sobre o quão complexo é o objeto a ser representado e quais informações são necessárias para passar a quem estará lendo o desenho, com o objetivo de ser interpretado da forma correta, sem equívocos. Para auxiliar na escolha adequada da escala, são apresentados os diferentes **tipos** existentes: de ampliação, de redução e natural. A seguir, veremos cada uma delas.

- **De ampliação:** quando é necessário **ampliar** a representação do objeto para seja possível compreender as suas partes. O desenho é **maior** que o objeto real. Em geral, é utilizada quando se trabalha com peças muito pequenas e é necessário enxergar pequenos elementos, principalmente nas áreas da engenharia mecânica e de produção. Ex.: 50:1 (leia-se "cinquenta por um" ou "cinquenta para um"). Isso significa que o objeto teve que ser ampliado 50 vezes no desenho em relação ao tamanho real. Na escala de ampliação, o numeral à direita é sempre 1, e à esquerda é sempre maior que 1, pois representa a quantidade de vezes que teve que ser ampliado no desenho.

- **De redução:** quando é necessário **reduzir** a representação do objeto, para que seja possível representá-lo no papel. O desenho é **menor** que o objeto real. Em geral, utilizado para mapas, edificações, pontes e projetos de grandes dimensões. Ex.: 1:50 (leia-se "um por cinquenta" ou "um para cinquenta"). Isso significa que o objeto teve que ser diminuído 50 vezes no desenho em relação ao tamanho real. Na escala de redução, o numeral à esquerda é sempre 1, e à direita é sempre maior que 1, pois representa a quantidade de vezes que teve que ser reduzido no desenho.
- **Natural:** quando o desenho tem as **mesmas dimensões** do objeto real, portanto não há nenhuma redução ou ampliação no desenho. O desenho é **igual** ao objeto real em relação às suas medidas. Em geral, utilizada para peças médias a pequenas, sem muitos detalhes. Ex: 1:1 (leia-se "um por um" ou "um para um"). A escala natural sempre será representada em 1:1, com o numeral 1 à esquerda e à direita.

Saiba mais

"Quanto maior for a escala de um desenho, mais informações ele pode e deve apresentar [...]" (CHING, 2012, p. 122). Lembre-se disso quando precisar desenhar na escala natural ou de ampliação.

A ABNT NBR 8196:1999 traz a Tabela 1 que relaciona os exemplos de escalas: de redução, natural e de ampliação, para que fique mais claro o seu entendimento em relação aos tipos de escalas.

Tabela 1. Exemplos de representação das escalas de redução, natural e de ampliação.

Redução	Natural	Ampliação
1:2	1:1	2:1
1:5		5:1
1:10		10:1

Nota: as escalas desta tabela podem ser reduzidas ou ampliadas à razão de 10.

Fonte: Associação Brasileira de Normas Técnicas (1999).

Para que você compreenda melhor sobre esse assunto, a Figura 1 demonstra a elevação frontal de um móvel com a escala de redução (1:10) sendo utilizada. Já a Figura 2 representa um desenho técnico com quatro detalhes necessários para o entendimento do projeto, que utilizam a escala de ampliação (2:1).

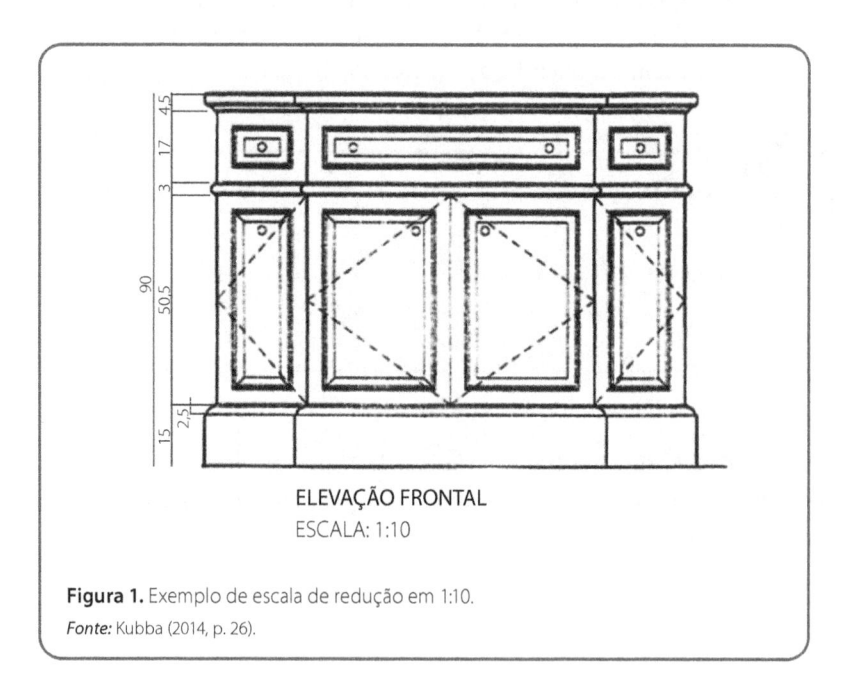

ELEVAÇÃO FRONTAL
ESCALA: 1:10

Figura 1. Exemplo de escala de redução em 1:10.
Fonte: Kubba (2014, p. 26).

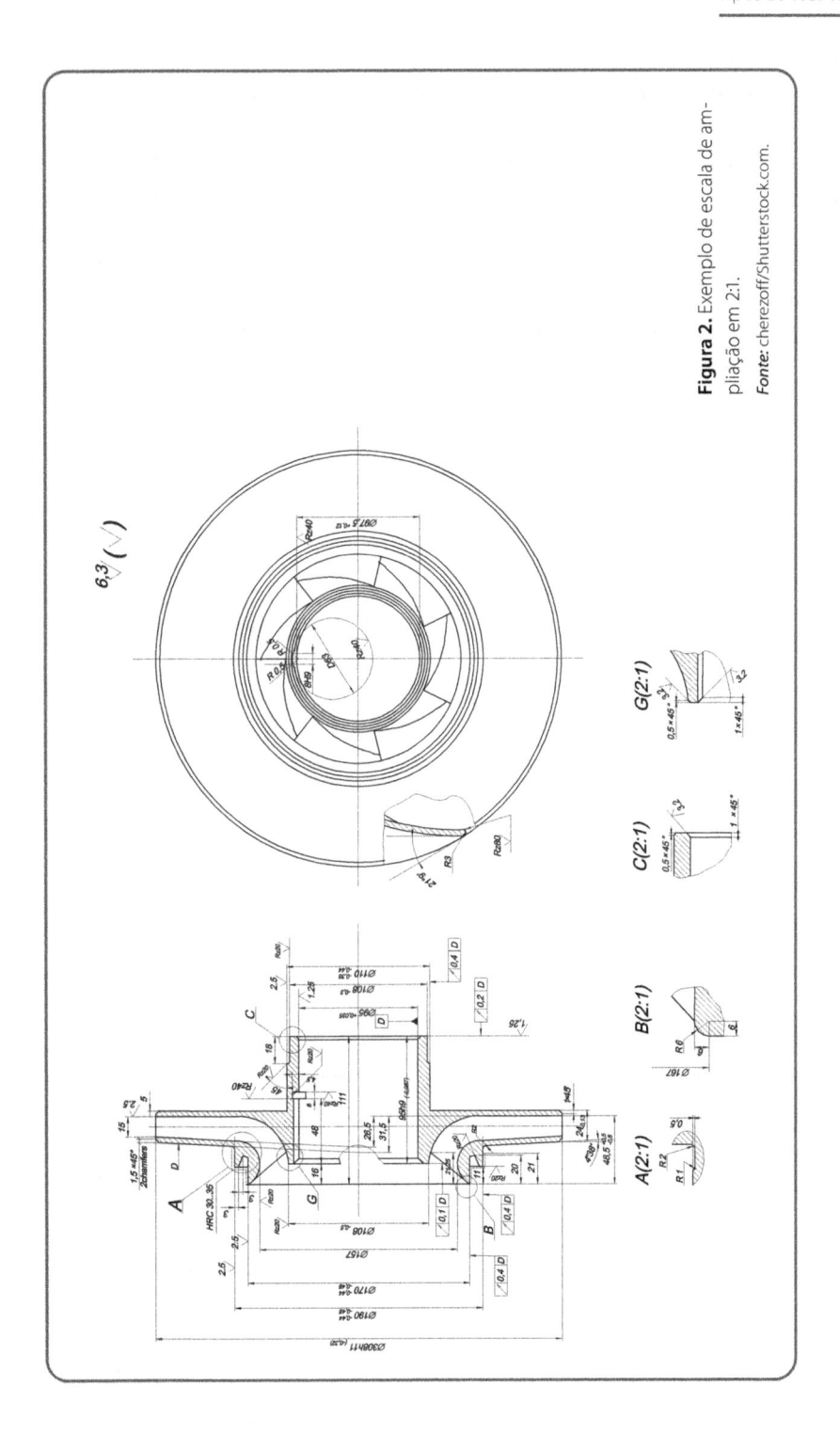

Figura 2. Exemplo de escala de ampliação em 2:1.
Fonte: cherezoff/Shutterstock.com.

Ainda, quando as escalas são alocadas uma abaixo da outra, podemos comparar de uma forma mais visual a relação que as dimensões têm entre si. Nota-se que as escalas de redução são muito mais comumente utilizadas de forma geral, pois, na maioria das vezes, temos que reduzir as dimensões reais para que o desenho caiba no papel. Porém, isso dependerá da área em que se está trabalhando. Escalas de ampliação são mais utilizadas na engenharia de produção e mecânica, por exemplo, em peças ou elementos. É possível enxergar essa comparação entre as escalas natural, de redução e de ampliação a partir da Figura 3.

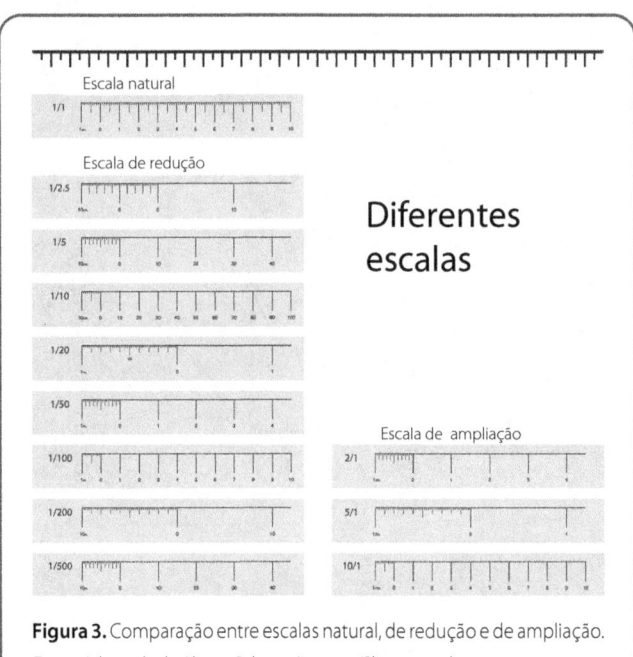

Figura 3. Comparação entre escalas natural, de redução e de ampliação.
Fonte: Adaptada de Alvaro Cabrera Jimenez/Shutterstock.com.

> **Fique atento**
>
> As escalas podem ser escritas de diferentes formas: com "dois pontos" entre os numerais, com uma "barra" separando os mesmos, ou como forma de fração, mas sempre representará uma razão. Por exemplo, todas essas escalas têm o mesmo significado: 1:50 ou 1/50 ou $\frac{1}{50}$.

Segundo Kubba (2014, p. 53), "[...] a escala de um desenho, em geral, é indicada no selo [...]" (a legenda também pode ser comumente chamada de selo). Isso ocorre quando o desenho todo está representado em somente uma escala. Porém, é possível que, em uma mesma folha, existam desenhos com diferentes escalas, pois, às vezes, necessitamos esclarecer alguma parte específica do projeto que deva ser desenhada em outra escala, e, para que as escalas não sejam confundidas, o ideal é indicar cada uma delas próxima ao desenho ao qual se refere.

> **Fique atento**
>
> A escala pode aparecer com a palavra escrita por extenso "ESCALA" ou na forma abreviada "ESC" (ASSOCIAÇÃO BRASILEIRA DE NORMAS TÉCNICAS, 1999).

Classificação das escalas

Agora que já aprendemos sobre as definições e os tipos de escalas, veremos as suas diferentes **classificações**, cada uma para uma aplicação distinta. As escalas podem ser separadas em dois grupos: **numérica e gráfica**. Como os próprios nomes já dizem, a escala numérica traz uma relação entre números, e a gráfica é representada com algum tipo de desenho ou figura. Veremos as suas definições mais detalhadas a seguir.

■ **Escala numérica:** é informada por meio de uma relação entre a dimensão real do objeto e a dimensão do desenho; tem-se uma relação de proporção entre as duas dimensões. A escala numérica pode ser representada desta forma: 1:25 ou 1/25 ou $\frac{1}{25}$. Lembre-se que já vimos a representação desse tipo de escala no conteúdo anterior. A escala numérica é bastante utilizada para as áreas das engenharias em geral e arquitetura. A Figura 4 representa o desenho de um móvel com a indicação da escala numérica.

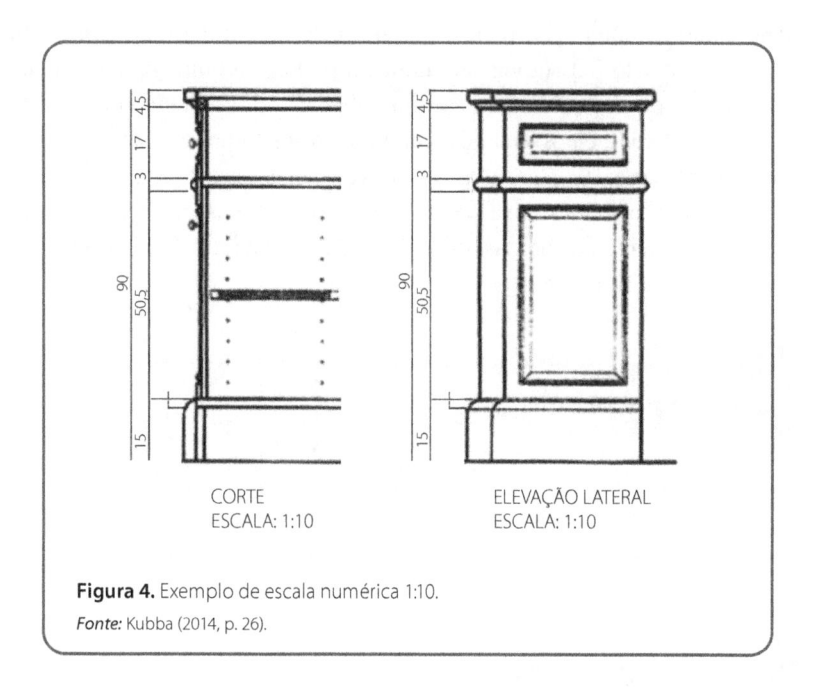

CORTE
ESCALA: 1:10

ELEVAÇÃO LATERAL
ESCALA: 1:10

Figura 4. Exemplo de escala numérica 1:10.
Fonte: Kubba (2014, p. 26).

Exemplo

Um exemplo de utilização da escala numérica pode ser mais bem entendido desta forma: a escala de 1:75 significa que 1cm do desenho (ou 1 m) equivale a 75 cm do tamanho real; a escala de 1:1 significa que 1 cm no desenho equivale a 1 cm na dimensão real; já, na escala de 20:1, significa que 20 cm do desenho equivale a 1 cm do tamanho real.

- **Escala gráfica:** é informada por meio de um pequeno gráfico ou uma figura (similar a uma régua graduada), onde cada intervalo representado no desenho corresponde à determinada dimensão na realidade. Logo abaixo da escala, estão indicados alguns números que representam as medidas reais. A unidade de medida sempre deve estar representada junto à escala gráfica. Esse tipo de escala facilita quando queremos fazer fotocópia de algum desenho, com ampliações ou reduções, pois, assim, o desenho não perde a sua proporcionalidade e a sua referência de dimensões. A escala gráfica é bastante utilizada em mapas e outros desenhos com grandes dimensões. Na Figura 5, você poderá visualizar um mapa de uma cidade com a utilização da escala gráfica.

Figura 5. Mapa com exemplo de utilização da escala gráfica.
Fonte: Tish11/Shutterstock.com.

Exemplo

Para compreender melhor a escala gráfica, veja o exemplo da Figura 6. A escala está representada em km, ou seja, conforme podemos observar, cada traço (preto ou branco) representa 5 km. Isso significa que cada medida de um traço no desenho equivale a 5 km na medida real. A cada dois traços no desenho, teremos 10 km na medida real, e assim por diante. Podemos ainda transformar essas dimensões, utilizando a régua para medir cada um dos traços. Supondo que cada traço equivale a 1 cm, então, 1 cm no mapa equivale a 5 km na medida real.

0   5   25 km

Figura 6. Exemplo de escala gráfica com a representação da unidade de medida ao final.

Link

Acesse o *link* e assista ao vídeo com exemplos de utilização da escala gráfica para compreender melhor o tema.

https://goo.gl/59pkKZ

Link

Além das escalas numérica e gráfica, existem também as escalas cartográfica e geográfica. Para ler um pouco mais sobre esses temas e compreender as diferenças entre as classificações das escalas, acesse o *link* ou o código a seguir.

https://goo.gl/pyXyko

Uso do escalímetro e aplicação da escala

O escalímetro é o instrumento utilizado no desenho técnico para a aplicação de diferentes escalas. É com ele que conseguimos fazer a conversão das medidas reais para as do desenho, de forma direta e com precisão, pois é um instrumento bem graduado e numerado. Em geral, para o desenho técnico, utilizamos um escalímetro triangular, contando com seis escalas distintas. A Figura 7 representa um escalímetro triangular indicando uma das escalas bastante utilizadas no desenho técnico. Repare que cada unidade no escalímetro corresponde a 1 m na sua devida escala.

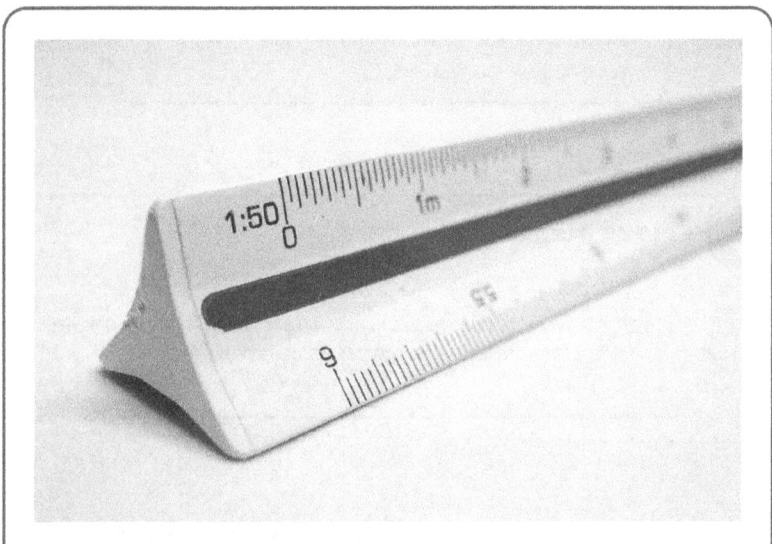

Figura 7. Exemplo de escalímetro com a indicação da escala 1:50.
Fonte: Epps_Taniam/Shutterstock.com.

Ching (2012) traz outro tipo de escalímetro, não tão usual no desenho técnico, mas bastante utilizado para medições rápidas em projetos impressos, que é o escalímetro de bolso, também conhecido como "escalímetro plano". Este instrumento conta com várias réguas, geralmente cinco lâminas, cada uma com duas escalas em um dos lados (ou ambos os lados). A Figura 8 traz um exemplo de escalímetro de bolso.

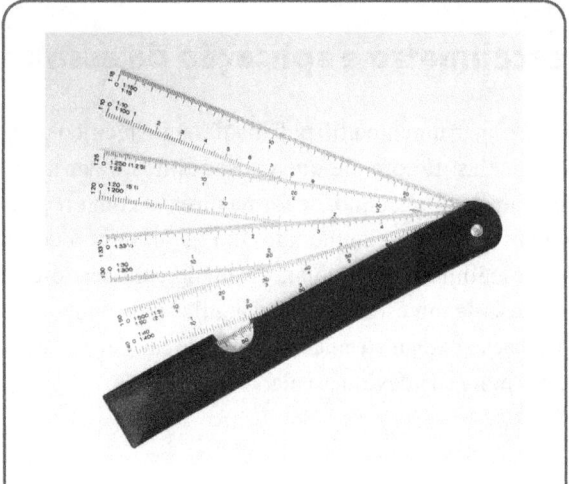

Figura 8. Exemplo de escalímetro de bolso.
Fonte: Amarund/Shutterstock.com.

Fique atento

Ao utilizar um escalímetro você deve perceber que: "[...] as escalas devem ter graduações marcadas com precisão e gravações resistentes ao uso constante [...]" (CHING, 2012, p. 122).

O escalímetro triangular mais popular tem 30 cm de comprimento, mas também existem as versões menores de 15 cm. Ele é feito de material resistente e conta com duas escalas em cada um dos três lados.

> Cada uma dessas escalas utiliza todo o comprimento do instrumento: um é lido da esquerda para a direita e o outro da direita para a esquerda. Da mesma forma, uma escala geralmente corresponde à metade ou ao dobro da escala do mesmo lado do escalímetro. Por exemplo, na face que apresenta a escala de 1:100 (um para 100) também costuma estar a escala de 1:50 (KUBBA, 2014, p. 54).

> **Saiba mais**
>
> Os escalímetros podem conter diferentes escalas e, para isso, eles estão classificados por tipos. O escalímetro do tipo 1 é o mais usual para desenho de peças ou de engenharia e contém as seguintes escalas: 1:20, 1:25, 1:50, 1:75, 1:100, 1:125.

Então, de que forma utilizamos o escalímetro? O instrumento é utilizado de forma parecida a uma régua. É necessário, antes de tudo, selecionar a escala que será utilizada para o desenho. Escolhida a escala no escalímetro, apoiamos este sobre o desenho com a escala referente a que queremos desenhar (a escala estará indicada à esquerda do instrumento). Utilizando a mesa de desenho, executamos as linhas de acordo com as dimensões do objeto ou projeto, porém utilizando as graduações que aparecem no escalímetro.

É importante lembrar que a unidade de medida que estamos trabalhando deve ser a mesma no desenho e nas dimensões reais. Por exemplo, se quisermos desenhar uma peça que tem 5 metros de comprimento em suas dimensões reais, no escalímetro, teremos que utilizar as medidas também em metros. Para desenhar esse objeto na escala 1:100, devemos lembrar que cada 1 m do desenho equivale a 100 m do tamanho real. Portanto, apoiamos o escalímetro na escala de 1:100 sobre a folha de papel e traçamos uma linha a partir do ponto que está marcado 0 até a graduação que está marcado o número 5, ou seja, essa é a medida de 5 m da peça (lembrando que cada unidade no escalímetro equivale a 1 m).

Dependendo da escala, os escalímetros são divididos em mais ou menos graduações (ou divisões). Na escala 1:100, temos 10 divisões dentro de uma unidade, ou seja, em 1 m, temos 10 divisões, então, cada um desses espaços equivale a 10 cm (ou 100 mm). Na escala 1:20, temos 50 divisões dentro de uma unidade — isso porque há mais espaço, já que a escala 1:20 reduz menos que a escala 1:100. Então, para a escala de 1:20, temos 2 cm (ou 20 mm) em cada um desses pequenos espaços entre as divisões. Perceba que cada escala traz uma proporção diferente em relação ao metro, equivalente a uma unidade. É possível enxergar essa comparação entre as escalas e as suas proporções em relação ao metro por meio da Figura 9.

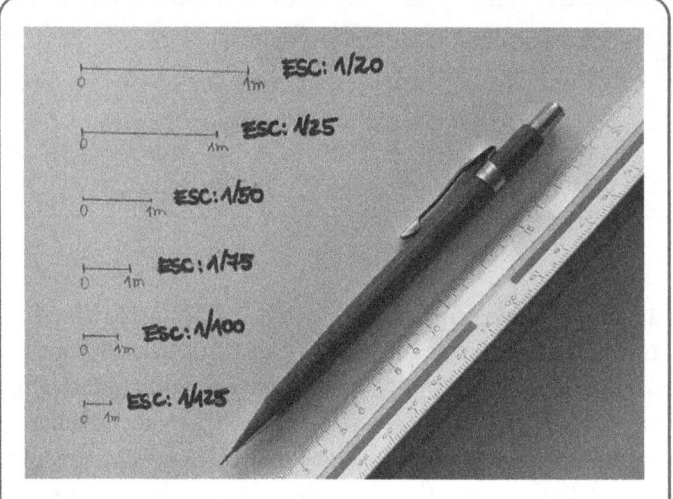

Figura 9. Representação de 1 m em diferentes escalas.

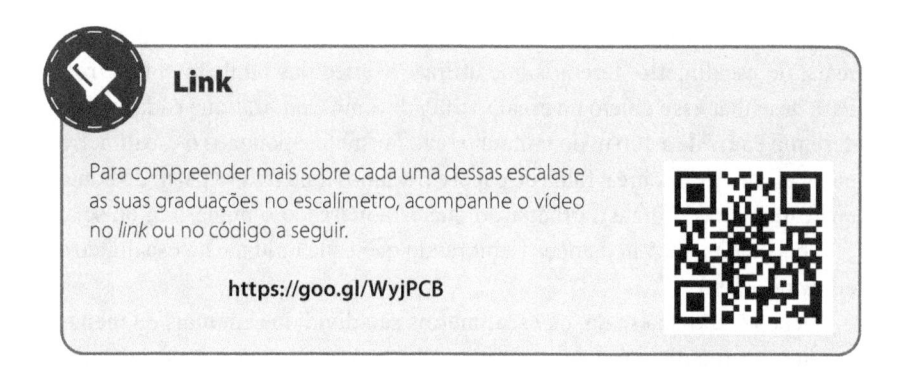

Link

Para compreender mais sobre cada uma dessas escalas e as suas graduações no escalímetro, acompanhe o vídeo no *link* ou no código a seguir.

https://goo.gl/WyjPCB

Não há uma regra ou normatização com indicação de que cada escala é específica para cada tipo de desenho. O que acontece é que algumas escalas são mais usuais que outras para determinados conjuntos de desenho. Por exemplo, os projetos arquitetônicos de residência são realizados, em geral, na escala 1:50 ou 1:100, e os seus detalhes arquitetônicos são executados na escala 1:10 ou 1:5. Para o design de interiores, é importante visualizar o mobiliário. Então, são utilizadas escalas 1:20 e 1:10. Para projetos de engenharia mecânica, são bastante utilizadas as escalas de ampliação até 20:1, pois existem peças pequenas que necessitam ser ampliadas e também as escalas de redução até 1:20. É válido relembrar que a escolha da escala dependerá da quantidade de informações que você necessita passar ao seu desenho e, com o tempo, você vai adquirindo experiência de decidir rapidamente as melhores escalas para os seus projetos no desenho técnico.

Exercícios

1. Na empresa em que trabalha, foi solicitado que você representasse o objeto da foto a seguir por meio do desenho técnico. Levando em consideração as dimensões reais desse objeto, qual escala você escolheria para representá-lo?

   a) Escala de ampliação.
   b) Escala natural.
   c) Qualquer escala, não faz diferença nesse caso.
   d) Escala de redução.
   e) Escala natural ou de ampliação.

2. Selecione a alternativa que apresenta a escala numérica que mais amplia o tamanho original do objeto a ser desenhado.
   a) 10:1.
   b) 1:1.
   c) 2:1.
   d) 1:2.
   e) 1:10.

3. A escala natural ou escala real é dada pela notação numérica 1:1. Ela retrata objetos que não precisam ser reduzidos e nem ampliados para a representação em desenho técnico. Das alternativas a seguir, escolha o objeto que poderia facilmente ser representado nessa escala, em uma folha de papel no tamanho A4 (210x297mm), sem que faltem detalhes ou informações para sua compreensão.
   a) Geladeira.
   b) Peças internas de notebook.
   c) Uma impressora multifuncional de mesa.
   d) Aparelho de ar condicionado Split.
   e) Xícara de café.

4. A escala gráfica é uma classificação de escala aplicada, principalmente, para a representação de objetos muito grandes ou para desenhos que serão apresentados em meio virtual em diferentes dispositivos (p.ex., celulares, monitores e tablets) e que possam ser ajustados sem perda de referência dimensional. Selecione o desenho que deve ser acompanhado de escala gráfica, ou seja, a situação em que a escala numérica não ajudaria o leitor.
   a) Um mapa da cidade de Paris.
   b) Planta-baixa de uma fábrica.
   c) Desenho técnico de um automóvel.
   d) Desenho de um ventilador de mesa.
   e) Diagrama de circuito elétrico.

5. A régua comum que todos nós já utilizamos um dia no colégio contém graduações em centímetros e marcações também em milímetros. Mas ela também serve como escalímetro para a escala 1:100. Isso porque quando um objeto (em metros) é representado no desenho (em milímetros), é feita uma redução de 100 vezes. Assim, 1 m do objeto real equivale a 1 cm, que equivale a 10 mm do escalímetro e no desenho. Considere um desenho produzido na escala 1/50. Assinale a alternativa que corresponde corretamente à medida obtida na medição do escalímetro e sua dimensão real.

a) 1 no escalímetro = 10 centímetros no objeto real.
b) 3 no escalímetro = 3 metros no objeto real.
c) 10 no escalímetro = 10 metros x 50 no objeto real.
d) 1 no escalímetro = 1 centímetro no objeto real.
e) 3 no escalímetro = 10/3 no objeto real.

Referências

ASSOCIAÇÃO BRASILEIRA DE NORMAS TÉCNICAS. *ABNT NBR 8196:1999*. Desenho técnico - Emprego de escalas. Rio de Janeiro: ABNT, 1999.

CHING, F. D. K. *Desenho para arquitetos*. 2. ed. Porto Alegre: Bookman, 2012.

KUBBA, S. A. *Desenho técnico para construção*. 5. ed. Porto Alegre: Bookman, 2014. (Série Tekne).

Leituras recomendadas

BUXTON, P. *Manual do arquiteto:* planejamento, dimensionamento e projeto. 5. ed. Porto Alegre: Bookman, 2017.

VASCONCELLOS, M. A. *Escala cartográfica*. InfoEscola, [2018?]. Disponível em: <https://www.infoescola.com/cartografia/escala-cartografica/>. Acesso em: 14 jan. 2018.

Cotas

Objetivos de aprendizagem

Ao final deste texto, você deve apresentar os seguintes aprendizados:

- Analisar os aspectos gerais das cotas e definir os elementos da cotagem.
- Demonstrar os métodos de execução das cotas nos desenhos.
- Identificar as formas de apresentação das cotas e as representações especiais.

Introdução

Qualquer que seja o tipo ou objetivo de um desenho técnico, ele deve possuir indicações das dimensões do objeto que se quer representar.

Isso também independe da escala em que o objeto está representado e, mesmo que o leitor consiga obter todas as medidas por meio do uso de um escalímetro, é sempre necessário que tenhamos as medidas principais junto ao desenho para que, em uma leitura rápida, se obtenha o máximo de informações daquele objeto.

Para isso, o desenho técnico conta com as "cotas". Tratam-se de indicações numéricas das dimensões reais referenciadas por meio de linhas guias no próprio desenho. A importância das cotas está tanto para objetos que virão a existir (o caso de um projeto), quanto para objetos reais que se queira documentar, anotar, conferir ou alterar.

Neste capítulo, você vai compreender a importância das cotas no desenho técnico, conhecer os elementos da cotagem, os métodos de execução da mesma, além de identificar como representá-la em diversas aplicações reais.

Definição de cotagem e seus elementos

A cotagem, segundo a NBR 10126 (ASSOCIAÇÃO..., 1987), é definida como sendo a "representação gráfica no desenho da característica do elemento, através de linhas, símbolos, notas e valor numérico numa unidade de medida". Ou seja, tem a função de identificar alguma característica do elemento, porém a forma mais frequentemente utilizada das cotas é para representar as dimensões desse elemento, objeto ou projeto no desenho técnico.

Qualquer objeto representado no desenho técnico deve ter as suas dimensões indicadas, tanto das suas partes como do todo, descrevendo o dimensionamento de forma completa e clara. As dimensões aplicadas nos elementos do desenho técnico auxiliam no entendimento do tamanho do objeto, evitam que cálculos em relação às dimensões sejam necessários, além de equívocos na execução dos objetos, pois, muitas vezes, há falta de precisão das dimensões em função da qualidade da impressão dos desenhos.

Existem diferentes formas de cotagem que podem ser aplicadas nos desenhos, isso dependerá da intenção da informação a ser passada e da configuração do elemento desenhado. Conforme Kubba (2015), as dimensões podem ser representadas de forma linear ou ordenada, além das medidas relacionadas às curvas ou círculos, que necessitam da dimensão de raio ou de diâmetro e, ainda, as indicações de ângulo. Esses tipos diferentes de representações das cotas estão exemplificados na Figura 1.

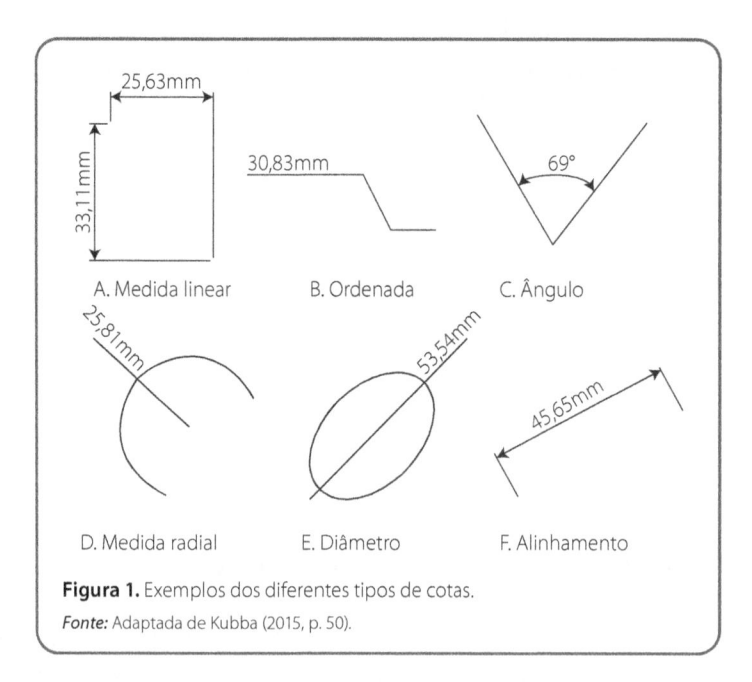

Figura 1. Exemplos dos diferentes tipos de cotas.
Fonte: Adaptada de Kubba (2015, p. 50).

É relevante conhecer quais são os elementos fundamentais da cotagem e as suas características para a correta execução do desenho técnico. Esses elementos são normatizados pela NBR 10126 (ASSOCIAÇÃO..., 1987), que trata da "cotagem em desenho técnico", e são: linha auxiliar, linha de cota, limite da linha de cota e cota. Tais elementos estão indicados na Figura 2, para que fique mais claro o entendimento.

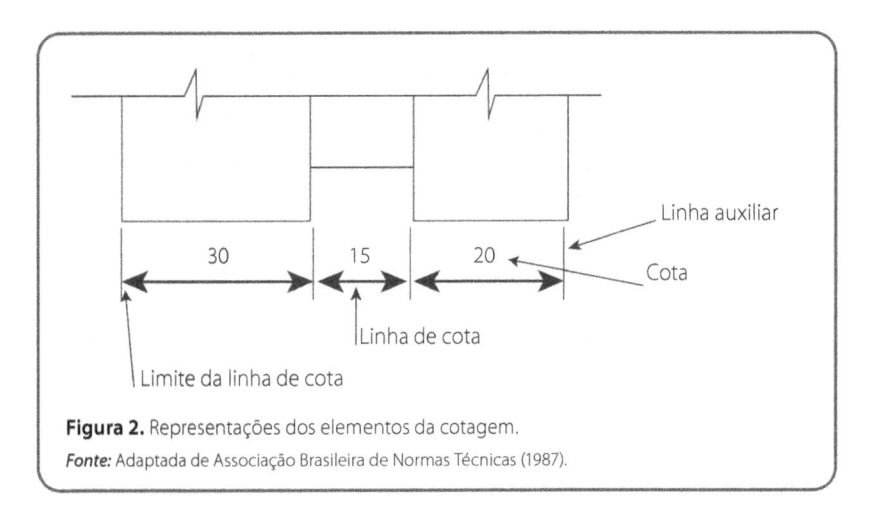

Figura 2. Representações dos elementos da cotagem.
Fonte: Adaptada de Associação Brasileira de Normas Técnicas (1987).

Fique atento

É importante salientar que o elemento referente à "linha de cota" traz outra norma relacionada, a NBR 8403 (ASSOCIAÇÃO..., 1984), que trata sobre "aplicação de linhas em desenhos – tipos de linhas - larguras das linhas". Essa norma traz as definições sobre larguras de linhas, espaçamentos, evidencia os diferentes tipos de linha e demonstra aplicações.

Falaremos, a seguir, sobre cada um desses elementos e sua função na cotagem, com base nas informações fornecidas pela NBR 10126 (ASSOCIAÇÃO..., 1987):

- **Linha de cota:** é um segmento de reta ou uma linha curva, geralmente paralela ao contorno e fora do objeto a ser cotado, realizada de forma contínua e usualmente representada mais fina que o contorno do desenho. Acima dessa linha, consta uma informação, como a dimensão, o raio ou o ângulo do elemento. Em geral, evita-se o cruzamento de linhas de cota (tanto entre si, quanto com outras linhas); pois isso, pode confundir o desenho e interferir na interpretação do mesmo. A linha de cota nunca será interrompida, mesmo que o objeto seja segmentado, conforme apresentado na Figura 3.

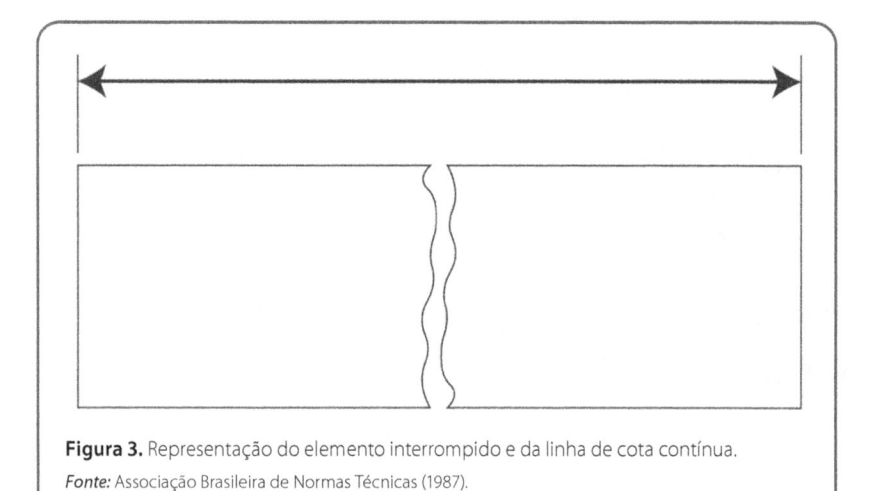

Figura 3. Representação do elemento interrompido e da linha de cota contínua.
Fonte: Associação Brasileira de Normas Técnicas (1987).

- **Linha auxiliar:** é uma linha, em geral, que limita as linhas de cota, pois é desenhada de forma perpendicular ao objeto (e também à linha de cota), de forma fina e contínua. É iniciada com um pequeno espaçamento em relação ao contorno do objeto, para não confundir o desenho, e é um pouco prolongada além da linha de cota.
- **Limite da linha de cota:** o limite da linha de cota deve ser representado com uma seta (aberta ou fechada e preenchida, com inclinação de 15° (Figura 4 e Figura 5) ou com um traço oblíquo, curto, a 45° (Figura 6).

Ressalta-se que apenas uma das representações deve ser escolhida para ser utilizada em um mesmo desenho, bem como apenas um tamanho.

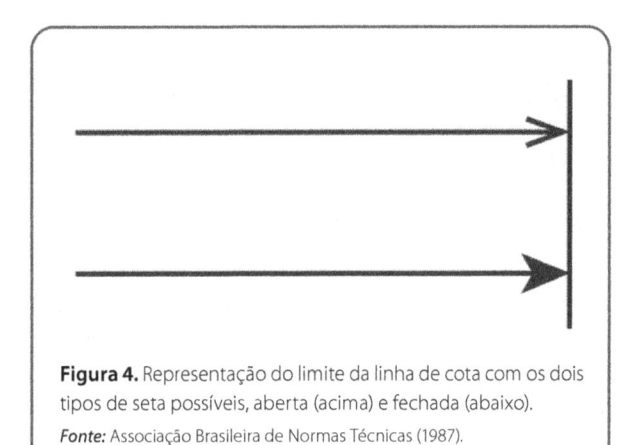

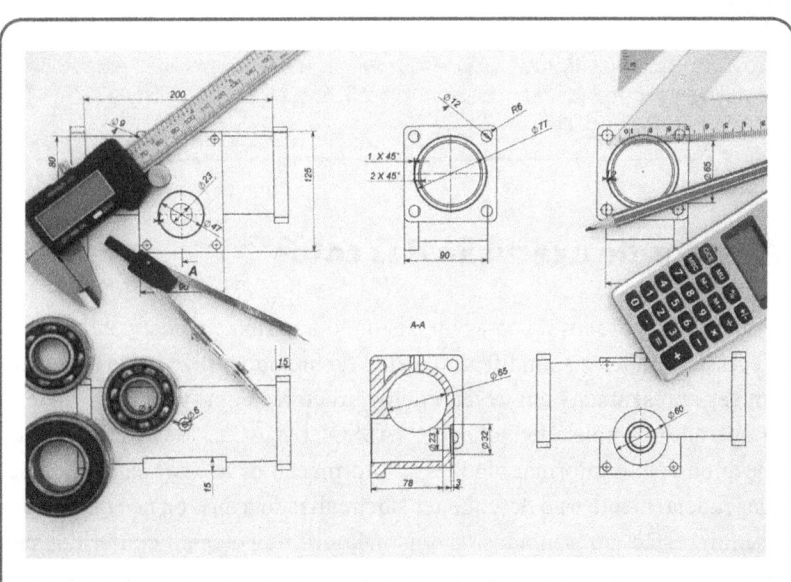

Figura 4. Representação do limite da linha de cota com os dois tipos de seta possíveis, aberta (acima) e fechada (abaixo).
Fonte: Associação Brasileira de Normas Técnicas (1987).

Figura 5. Exemplo de utilização das setas fechadas como limite da linha de cota no desenho técnico.
Fonte: Africa Studio/Shutterstock.com.

Figura 6. Representação do limite da linha de cota com o traço oblíquo a 45°.
Fonte: Associação Brasileira de Normas Técnicas (1987).

- **Cota:** a cota, propriamente dita, é a indicação de uma dimensão (comprimento, altura, largura) do objeto desenho; também pode ser a indicação de um ângulo, de um raio, ou de um diâmetro. Os métodos de aplicação da cota serão estudados no conteúdo seguinte.

Saiba mais

Se você quiser entender melhor, com mais exemplos e de forma mais específica sobre os elementos de cotagem, leia a NBR 10126 (ASSOCIAÇÃO..., 1987), a partir do item 4.1, que discorre sobre o tema.

Métodos de execução das cotas

Existem dois métodos de cotagem, segundo a norma técnica, porém, antes, é necessário saber que, indiferentemente do método utilizado, "as cotas devem ser apresentadas em desenho em caracteres com tamanho suficiente para garantir completa legibilidade" (ASSOCIAÇÃO..., 1987). Ou seja, se a função da cota é informar algo, essa informação deve estar clara e legível, independentemente de o desenho ter sido realizado à mão ou no computador. A seguir, estão apresentados os dois métodos de cotagem conferidos pela norma técnica. É importante dizer que somente um dos métodos deve ser utilizado no mesmo desenho.

■ **Método 1:** a cota é escrita acima da linha de cota e paralela à mesma e, de preferência, deve estar localizada no centro (Figura 7 e Figura 8).

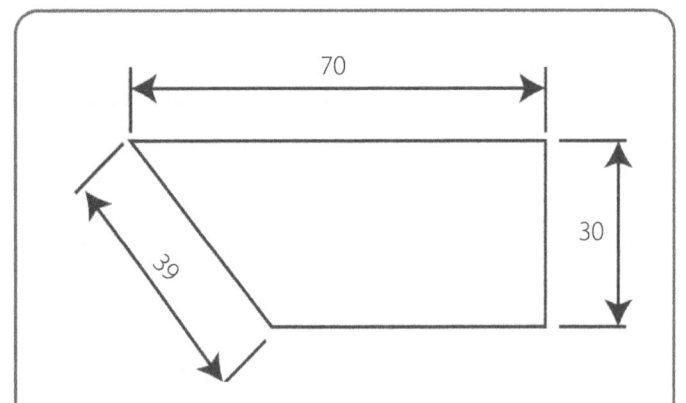

Figura 7. Exemplo de representação da cota escrita acima da linha de cota.
Fonte: Adaptada de Associação Brasileira de Normas Técnicas (1987).

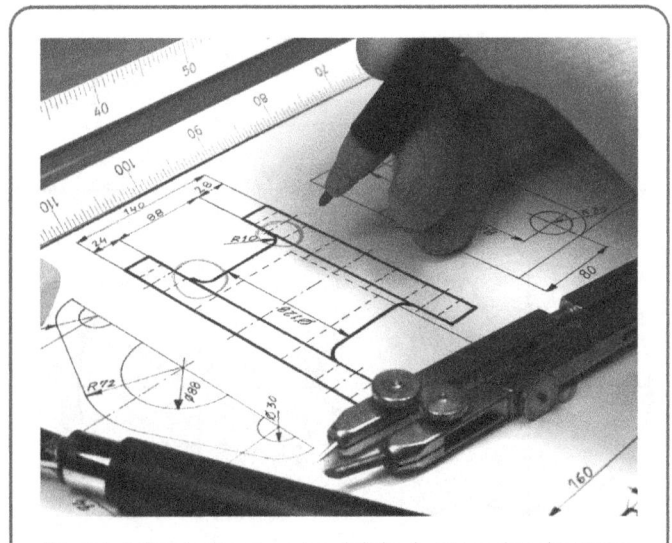

Figura 8. Aplicação das cotas acima da linha de cota no desenho técnico.
Fonte: FERNANDO BLANCO CALZADA/Shutterstock.com.

Quando o desenho tiver linhas inclinadas, as cotas devem seguir paralelamente o desenho, com a indicação das dimensões respeitando a base da folha, ou seja, os números não podem estar virados ao contrário do sentido de leitura (Figura 9). Para a cotagem de ângulos, duas formas são permitidas (Figura 10).

Figura 9. Exemplo de execução da cotagem com linhas inclinadas.
Fonte: Adaptada de Associação Brasileira de Normas Técnicas (1987).

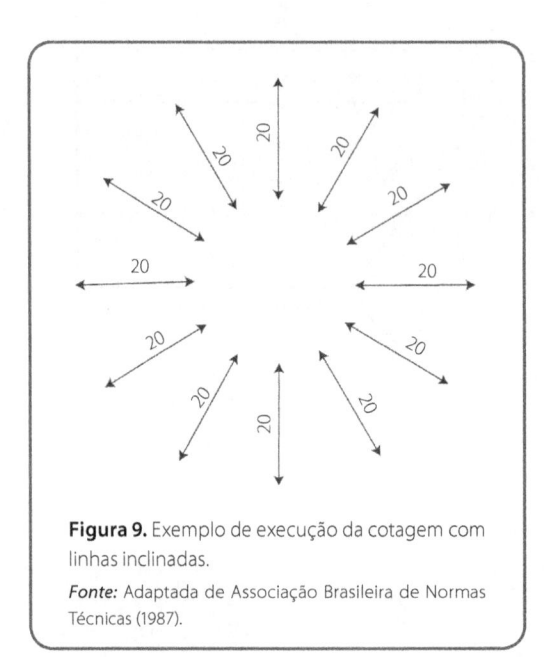

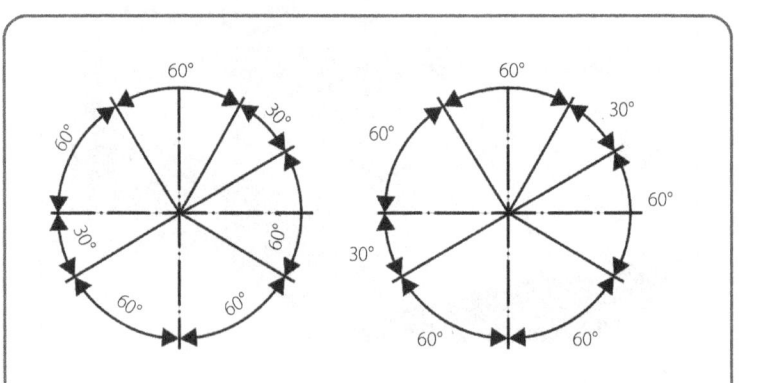

Figura 10. Duas formas diferentes de representar cotagem em ângulos com o método 1.
Fonte: Adaptada de Associação Brasileira de Normas Técnicas (1987).

- **Método 2:** a cota é escrita centralizada na linha de cota, a qual é interrompida apenas para a colocação do número. A leitura deve ser realizada sempre a partir da base do papel, ou seja, o número não "rotacional" em relação à linha de cota (Figura 11).

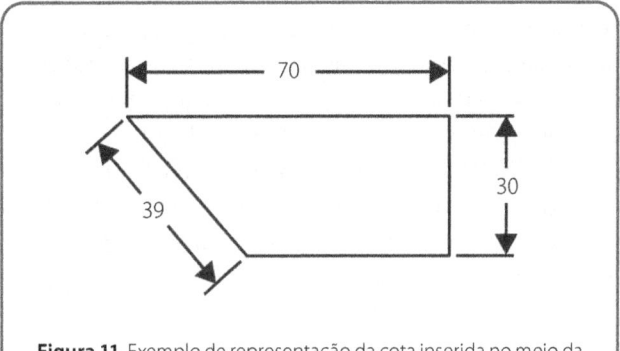

Figura 11. Exemplo de representação da cota inserida no meio da linha de cota, interrompendo-a com a leitura dos números a partir da base do papel.
Fonte: Adaptada de Associação Brasileira de Normas Técnicas (1987).

Para o método 2, quando houver indicação em ângulo, podem ser seguidas as formas da Figura 12. Repare que a indicação do ângulo por fora da linha de cota em curva e com o número sempre no mesmo sentido de leitura (na horizontal) é validado tanto no método 1 quanto no método 2.

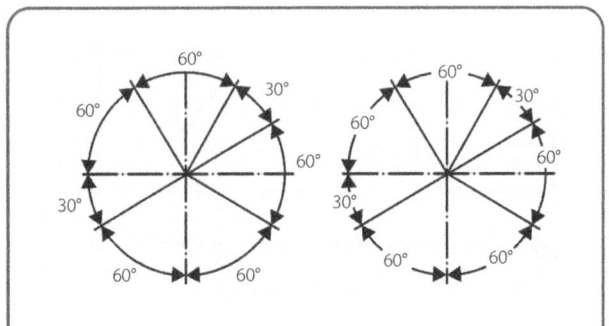

Figura 12. Duas formas diferentes de representar cotagem em ângulos com o método 2.
Fonte: Adaptada de Associação Brasileira de Normas Técnicas (1987).

Formas de apresentação das cotas e suas representações especiais

Existem distintas formas de apresentar a cotagem no desenho técnico, para que ele seja de fácil compreensão e sem equívocos. Para esse tema, é importante comentar que a repetição de cotas em um desenho deve ser evitada, sendo que somente casos especiais podem ser considerados; caso contrário, fazemos a cotagem do que é necessário e suficiente para a compreensão do desenho, com cotas parciais (partes do desenho ou elemento) e cotas totais (dimensão total do elemento). Geralmente, a unidade de medida não é apresentada junto às cotas. Para o desenho técnico mecânico, a unidade de medida utilizada usualmente é mm. Portanto, se houver a utilização de alguma unidade de medida diferente, essa deve ser indicada. Neste conteúdo, abordaremos algumas formas de apresentação das cotas.

- **Em cadeia (em série):** as cotas são colocadas lado a lado, em uma mesma direção, sendo utilizadas quando há espaço suficiente para a sua indicação e dos limites da mesma, pois não pode comprometer a correta compreensão das demais dimensões (ver Figura 13). Caso não haja espaço suficiente para inserir uma cota, a mesma pode ser alocada externamente à linha auxiliar, sem que prejudique a compreensão do desenho, conforme mostra a cota 30 da Figura 13.

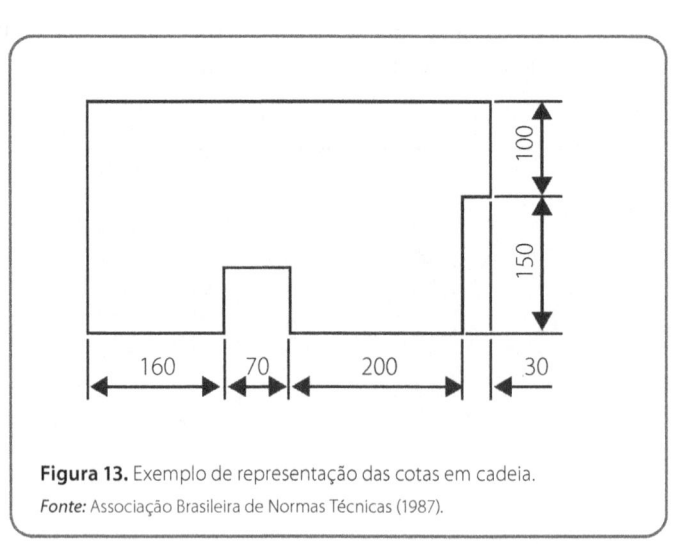

Figura 13. Exemplo de representação das cotas em cadeia.
Fonte: Associação Brasileira de Normas Técnicas (1987).

- **Por elemento de referência:** utilizada quando as cotas que estiverem em uma mesma direção utilizarem um mesmo elemento de referência. Podem dividir-se em cotagem em paralelo — colocadas em paralelo e espaçadas para colocação do número (Figura 14) — ou aditivas — simplificação da cotagem em paralelo, pode ser usada quando há limitação de espaço, porém essa não é tão usual por confundir o desenho.

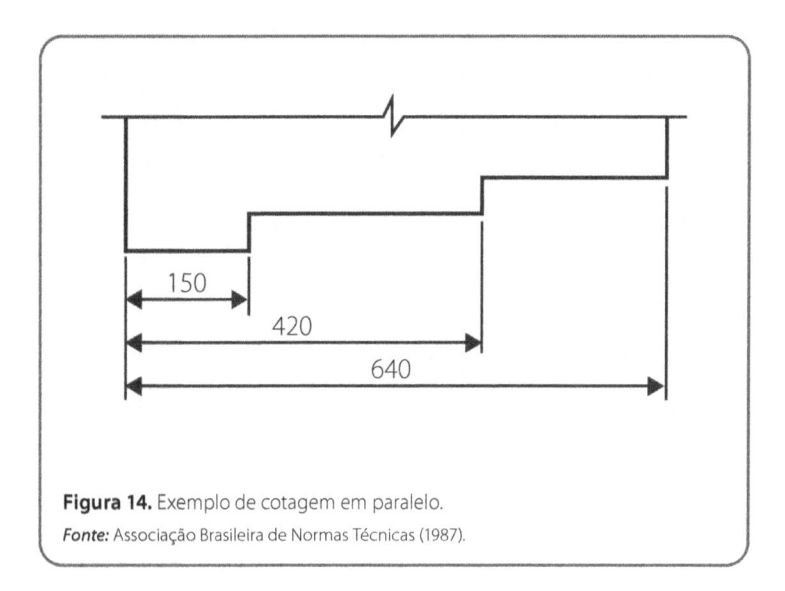

Figura 14. Exemplo de cotagem em paralelo.
Fonte: Associação Brasileira de Normas Técnicas (1987).

- **Por coordenadas:** a cotagem por coordenadas exigirá, geralmente, uma tabela (Quadro 1) acompanhando a figura (Figura 15) com a indicação das coordenadas X e Y, indicando os seus valores; também poderá conter diretamente na figura o valor das coordenadas. A leitura é facilitada quando os pontos são localizados em uma malha.

Quadro 1. Exemplo de cotagem por coordenadas.

	X	Y
1	10	20
2	80	40
3	70	80
4	20	60

Fonte: ASSOCIAÇÃO..., (1987).

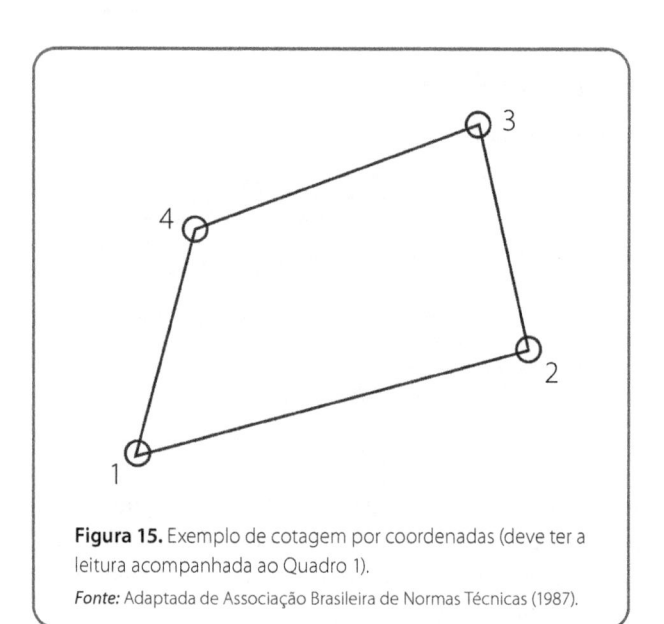

Figura 15. Exemplo de cotagem por coordenadas (deve ter a leitura acompanhada ao Quadro 1).
Fonte: Adaptada de Associação Brasileira de Normas Técnicas (1987).

- **Combinada:** é utilizada quando se combinam as cotagens simples, aditiva e por elemento comum.

Além dessas formas de apresentação das cotas, é importante lembrar que existem as indicações especiais, quando se trata de raio, diâmetro e ângulo, além de outros elementos específicos. Para tal, os símbolos seguintes são utilizados para facilitar a interpretação do desenho: Diâmetro, ESF: Diâmetro esférico; R: Raio; R ESF: Raio esférico; Quadrado.

- **Raio:** a indicação é realizada com uma seta, por dentro ou por fora do limite da curva, até o seu centro, indicado com o símbolo.
- **Diâmetro:** a indicação é realizada a partir do seu centro até os limites do diâmetro do desenho, também indicado com uma seta e o seu símbolo (Figura 16).

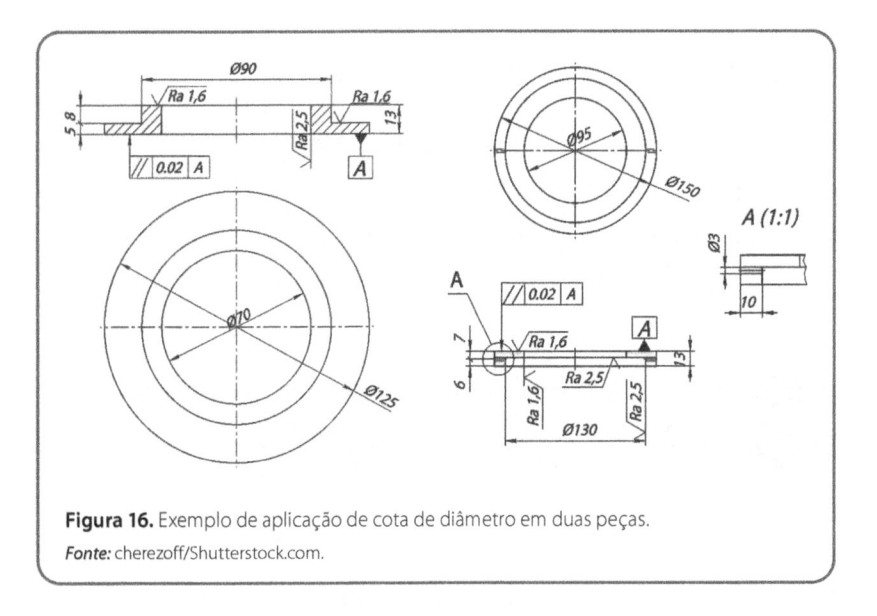

Figura 16. Exemplo de aplicação de cota de diâmetro em duas peças.
Fonte: cherezoff/Shutterstock.com.

- **Ângulo:** a indicação é realizada com uma linha arqueada, cujo centro está no vértice desse ângulo, e a cota é indicada logo acima (Figura 17).

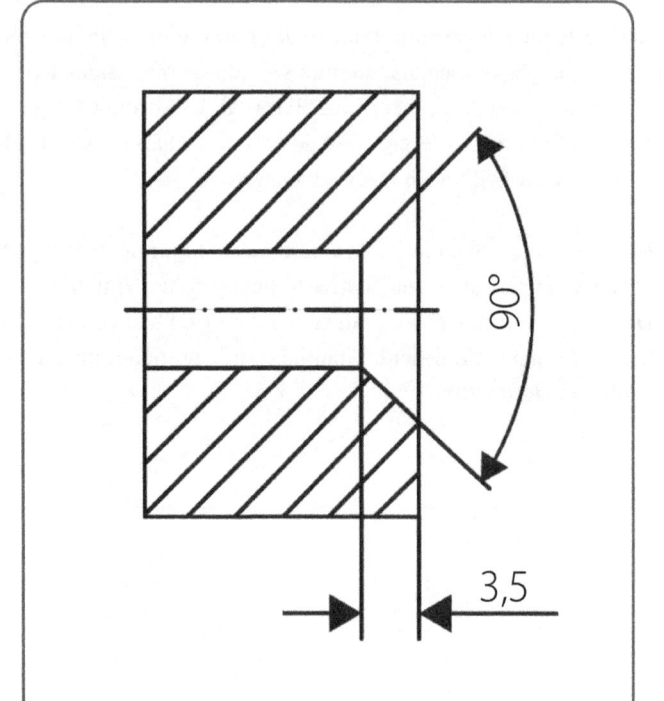

Figura 17. Exemplo de cotagem com ângulo.
Fonte: Adaptada de Associação Brasileira de Normas Técnicas (1987).

Link

Acesse o link para resolver em conjunto com o autor do vídeo uma questão de concurso comentada sobre a cotagem no desenho técnico (CONCURTEC, 2016).

https://goo.gl/uPnmQv

Exercícios

1. As cotas são elementos gráficos compostos por mais de um símbolo ou linha. Entre as alternativas a seguir, selecione o elemento da cotagem que pode ter o formato de seta.
   a) Cota.
   b) Linha auxiliar.
   c) Linha de cota.
   d) Limite da linha de cota e da linha auxiliar.
   e) Limite da linha de cota.

2. Qual das alternativas a seguir apresenta corretamente a cotagem?
   a) 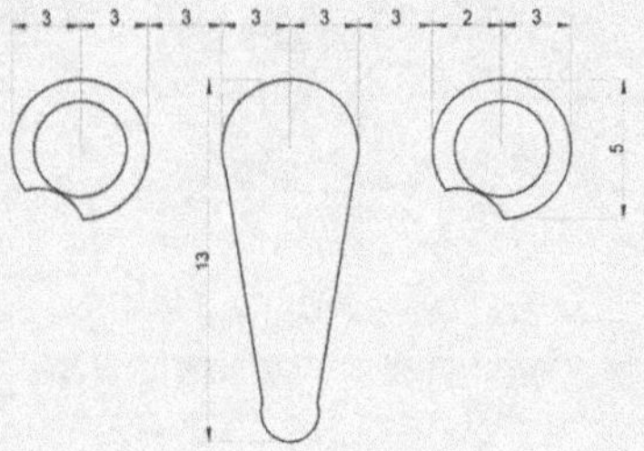
   b) 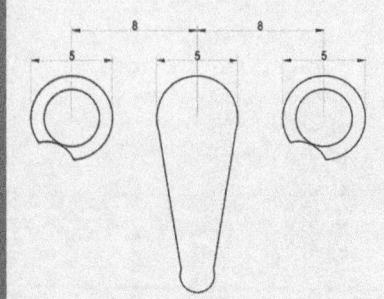
   c) 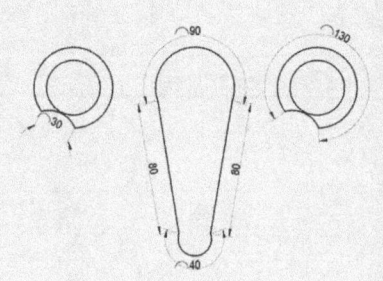
   d) 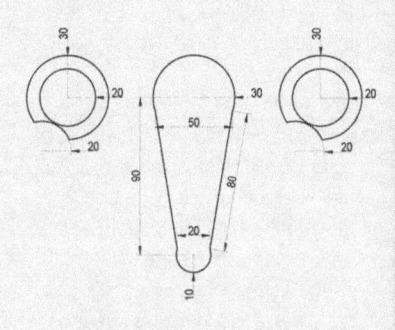
   e)

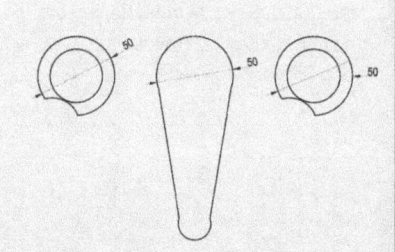

3. No caso de desenhos curvos, que contenham arcos e círculos, as cotas devem sempre apontar o seu centro e indicar o raio ou diâmetro. Para objetos conformados por linhas retas, as cotas devem se apresentar como linhas paralelas a esses lados

Analisando o desenho a seguir, responda: qual o comprimento total do objeto, sabendo que ele está cotado em milímetros?

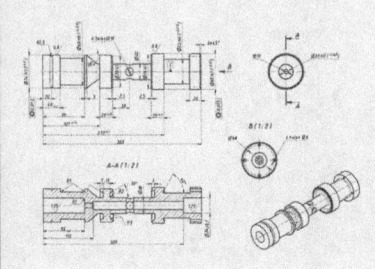

a) 320 mm.
b) 360 mm.
c) 68 mm.
d) 177 mm.
e) 74 mm.

4. Na leitura de um desenho técnico, as cotas são elementos primordiais. Por meio delas, é fácil compreender o tamanho real do objeto representado e sua proporção. Analise o desenho a seguir, atentando para as linhas das cotas já traçadas, mas sem as informações dimensionais em si. Indique que tipo de medidas devem aparecer, respectivamente, nos números 1, 2 e 3 do desenho.

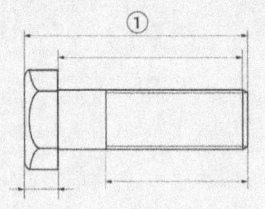

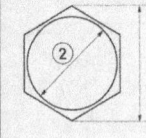

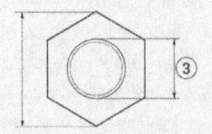

a) Ângulo; diâmetro; largura.
b) Comprimento; raio; raio.
c) Comprimento; diâmetro; diâmetro.
d) Raio; largura; comprimento.
e) Altura; raio; diâmetro.

5. Na empresa em que você trabalha, são feitos recortes em chapas de alumínio, latão, inox e aço. Um cliente quer cortar algumas unidades de aço com o desenho a seguir (cujas medidas estão em milímetros). O seu chefe solicita que você faça a quantificação de material que vai ser utilizado em cada peça recortada.

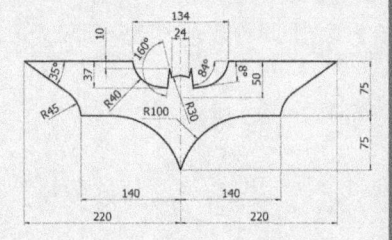

Selecione a alternativa que apresenta as dimensões mínimas de uma chapa de aço que será utilizada para cortar uma peça desse projeto, levando em consideração que devem sobrar 10mm ao redor do desenho para que a peça não se desloque na máquina durante o corte.

a) 440 x 150 mm.
b) 460 x 170 mm.
c) 220 x 75 mm.
d) 440 x 170 mm.
e) 460 x 150 mm.

Referências

ASSOCIAÇÃO BRASILEIRA DE NORMAS TÉCNICAS. *NBR 8403*. Aplicação de linhas em desenhos - Tipos de linhas - Larguras das linhas – Procedimento. Rio de Janeiro: ABNT, 1984.

ASSOCIAÇÃO BRASILEIRA DE NORMAS TÉCNICAS. *NBR 10126*. Cotagem em desenho técnico – Procedimento. Rio de Janeiro: ABNT, 1987.

CONCURTEC. Desenho Técnico – Cotagem. *YouTube*, 2016. Disponível em: <https://www.youtube.com/watch?v=86mEJsLlyLg>. Acesso em: 04 fev. 2018.

KUBBA, S. A. A. *Desenho Técnico para Construção*. Porto Alegre: Bookman, 2015. (Série Tekne).

Regras básicas para desenho à mão livre

Objetivos de aprendizagem

Ao final deste texto, você deve apresentar os seguintes aprendizados:

- Organizar as ideias de projeto em desenhos do tipo esboço.
- Construir as ideias de projeto em desenho do tipo croquis.
- Sintetizar o projeto com desenhos em nível de anteprojeto.

Introdução

A necessidade de representar elementos tangíveis é tão antiga quanto a humanidade civilizada, porém deve-se diferenciar as formas de expressão técnicas das artísticas, mesmo que se encontre precisão em ambas. O desenho técnico feito à mão livre é a evolução de uma linguagem gráfica (observa-se nas criações de Leonardo da Vinci, por exemplo) que assumiu padronização de técnicas e estilos para transmitir, a engenheiros, arquitetos, construtores e comerciantes, informações de comum compreensão. Na engenharia, o desenho técnico é uma parte do projeto de extrema importância, pois nele se expressam muitas informações fundamentais para a confecção das peças e características dos elementos cruciais para montagem de conjuntos, pois graficamente fornecem uma compreensão rápida e simples por meio da visualização dos detalhes, sendo assim um elo entre concepção e execução em um projeto e, por isso, merece nossa atenção.

Neste capítulo, você vai estudar uma das primeiras etapas do projeto gráfico: os traçados à mão livre. Além disso, vai entender a necessidade e importância dos desenhos tipo esboço e croqui, bem como orientações e técnicas para a elaboração e concepção de um anteprojeto.

Esboço de desenho técnico

Hoje, você ouve falar em projetos de engenharia e logo imagina uma tela de computador onde a imagem de um sólido rodopia enquanto partes aproximam-se e são conectadas? Ou uma projeção holográfica repleta de linhas coloridas onde o autor acresce ou subtrai detalhes e altera a escala com o simples movimento de um dedo?

Para quem responder positivamente ou até já vivenciou essa realidade, o assunto esboço à mão livre pode parecer inapropriado por associar o desenho técnico aos recursos computacionais ou, mesmo, aos instrumentos manuais. No entanto, o engenheiro ou arquiteto, ao imaginar um uma criação (inovação, alternativa a um problema, renovação estética ou funcional de algo já existente), precisa representar essas ideias de forma significativamente rápida e precisa. O esboço feito à mão livre tem essa finalidade, possibilitando ao profissional expressar-se enquanto ainda implementa mentalmente alterações na concepção que será descrita.

> Um esboço (do grego antigo "temporário") é qualquer obra (literária, visual, audiovisual, musical...) em estado inicial, que se encontre inacabada porque ainda possui muito pouca informação. É o conjunto dos objetos iniciais, mais gerais e elementares da obra a ser composta. Também se denomina esboço qualquer rascunho ou delineamento inicial elaborado com o propósito de facilitar uma análise preliminar a respeito da realização de uma obra. Por exemplo: antes de fazer um desenho, uma pessoa pode querer elaborar um modelo simplificado dele. Tal modelo facilitará a consecução de projetos ou ideias, além de poder ser útil na hora de definir onde serão necessárias modificações ou adaptações. (INSTITUTO FEDERAL DE SANTA CATARINA, 2016)

Nessa fase de projeto, empregam-se apenas lápis, papel e borracha, e, mesmo assim, bons desenhistas conseguem expressar eficientemente sua ideia, pois desenvolvem habilidade nas técnicas de desenho, aperfeiçoadas com treinamento. O esboço não deve parecer um conjunto de rabiscos aleatórios, mas, sim, apresentar linhas sólidas e bem posicionadas, traçados de contornos que remetam com grande proximidade ao objeto imaginado.

Veja, agora, algumas dicas para você desenvolver sua habilidade em desenho à mão livre:

- Utilize inicialmente uma folha em branco, sem margem e nem pautas ou grades de qualquer tipo.

- Com a ajuda de instrumentos, divida a folha em quatro quadrantes, trace uma figura geométrica regular qualquer (círculo, retângulo, etc.) em um dos quadrantes, tente reproduzir a figura nos demais espaços, reproduzindo seu contorno dentro de cada cópia com espaçamentos regulares até o total preenchimento da forma.
- Evolua para formas mais complexas, associando traçados curvos e retilíneos.

Repita quantas vezes puder — isso aprimora a percepção de linearidade e simetria.

> **Link**
>
> O material disponível no *link* a seguir é uma boa opção para desenvolver a habilidade de traçados manuais.
>
> https://goo.gl/WfnZHE

Acompanhe o raciocínio das etapas para realizar um esboço (Figura 1):

- Atente para a dimensão geométrica e o formato do objeto a ser projetado com relação ao papel, bem como o posicionamento do desenho.
- Se, por exemplo, você idealizou um aeromodelo como um todo, deverá manter em mente que alguns detalhes pequenos nem se quer aparecerão. Se desejar visualizar partes superiores das asas, a cauda e o trem de pouso ao mesmo tempo, você deve imaginar o seu pequeno avião em uma posição em que isso seja possível.
- Você pode traçar algumas linhas de referência que possam distinguir e limitar os planos de trabalho ou indicar a sua inclinação.
- Cuide da proporcionalidade dos elementos – largura, altura, comprimento de cada setor inter-relacionados – para evitar distorções de imagem que possam comprometer a compreensão da ideia que se deseja expressar.
- Alguns detalhes podem ser omitidos por questão de escala e ser tratados à parte, se forem pertinentes ao desenvolvimento da ideia.

- Reforce as linhas de contorno, pois são elas que darão ênfase ao objeto como tangível, realístico.
- Aplique o sistema de contagem apropriado ou insira informações complementares, se necessário.

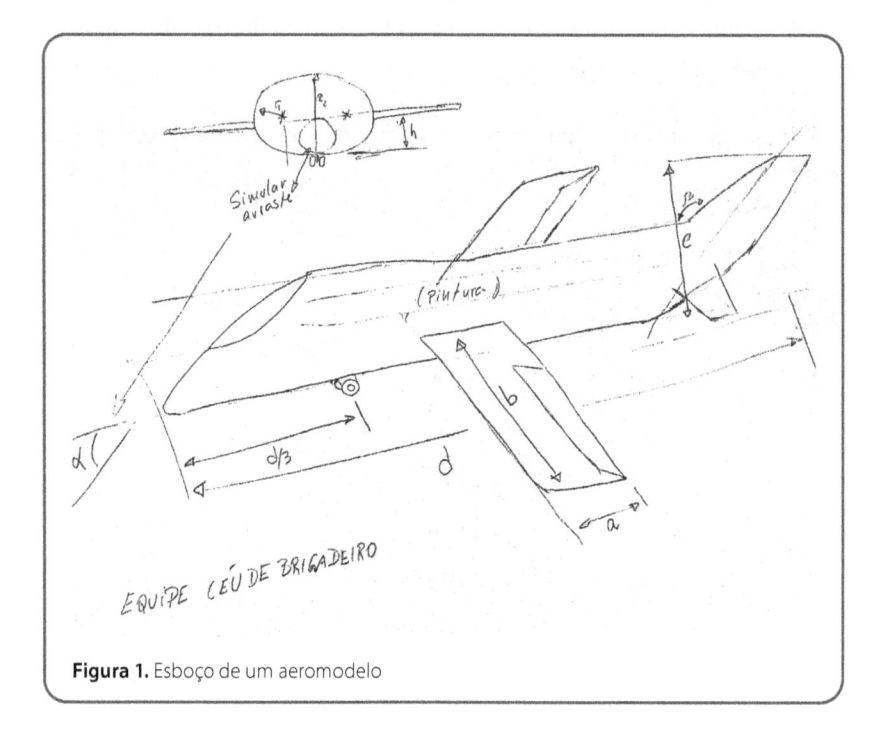

Figura 1. Esboço de um aeromodelo

Saiba mais

Muitos profissionais mantêm em seus escritórios e até levam consigo folhas de papel milimetrado para elaboração rápida de esboços. É uma ferramenta simples e muito eficiente quando você estiver traçando contornos de um objeto ou tentando representar graficamente a ideia de um cliente que está descrevendo os detalhes daquilo que deseja. Assim, fica muito mais fácil manter simetria e proporcionalidade no esboço, inclusive com projeções ortogonais, além das malhas de 120, para você elaborar desenhos de perspectiva. Papel milimetrado pode ser encontrado em vários tamanhos padronizados (ABNT), e malhas podem ser impressas de modelos na Internet.

Desenho de croqui

Um croqui também é o tipo de desenho onde se dispensam instrumentos, além de lápis, papel e borracha. Aliás, comece contemplando, na Figura 2, um dos muitos desenhos de projeto do grande inventor Leonardo da Vinci.

Figura 2. Desenho de Leonardo da Vinci.
Fonte: Everett Historical/Shutterstock.com.

O termo croqui é uma adequação da palavra francesa *croquis*, que poderia ser traduzida como esboço. No entanto, usa-se a palavra croqui justamente para diferenciar do esboço, que se refere a desenhos mais simplificados e menos importantes dentro da documentação do projeto ou que nem fazem parte dela. Enquanto um evolui na elaboração das ideias e é contextualizado como uma etapa do desenvolvimento do projeto, aproximando-se gradativamente do objetivo, o outro pode apenas surgir na transcrição inicial de uma ideia qualquer e dar espaço a outras tentativas de expressão ou ser substituído por desenhos melhor elaborados, embora na prática encontram-se profissionais atribuindo o mesmo significado às duas palavras, principalmente em projetos mecânicos. O croqui normalmente é a reformulação de um esboço, mas não necessariamente um depende do outro para existir.

Um croqui é utilizado, muitas vezes, para validar junto ao cliente algumas ideias fundamentais de estética ou funcionalidade ou discutir adequações no item conforme os recursos de fabricação e montagem. Mesmo não exigindo muita perfeição ou precisão nos traçados, pode conter símbolos e outras informações normatizadas, como textos, cálculos preliminares e algumas referências externas que auxiliem na sua interpretação, tornando-se logo uma ferramenta importante de comunicação nas primeiras etapas de um projeto.

Fique atento

Segundo a norma técnica de desenho aplicada no Brasil, a ABNT NBR 8402:1994, existem condições para a inserção de qualquer elemento textual em desenhos técnicos, a fim de assegurar:
- legibilidade;
- uniformidade;
- adequação à microfilmagem e a outros processos de reprodução.

Por isso, é bom praticar sua caligrafia técnica, pois, toda vez que você precisar escrever algo em um desenho, deve fazer isso da maneira correta.

Link

Veja algumas dicas importantes extraídas da norma no link a seguir:

https://goo.gl/X333xB

Você pode empregar, nos croquis, tanto projeções ortogonais como perspectivas, ou ambas, dependendo da necessidade de expressar com clareza as ideias. Pode-se lançar mão de efeitos como sombreado, por exemplo, para caracterizar melhor saliências ou reentrâncias. Ampliar ou reduzir a escala também é válido quando se enfatiza um detalhe da peça ou se busca uma visão mais ampla do ambiente.

Um exemplo de croqui é representado pela Figura 3, onde há um setor de estoque sendo projetado. Observe que existem informações sobre *layout*, estrutura e detalhes de seu funcionamento.

Figura 3. Exemplo de croqui.

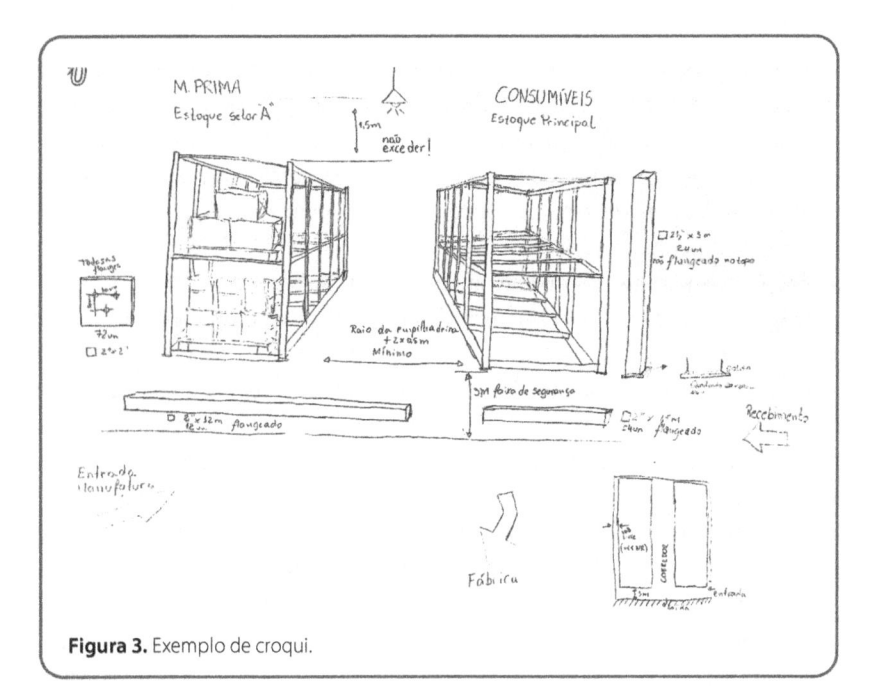

Saiba mais

SketchUp
Esse *software* é uma ferramenta de desenho muito popular entre profissionais e leigos, assumindo a função do conjunto lápis-papel-borracha. Necessita apenas um dispositivo, como computador, *tablet* ou *smartphone*. Permite tanto a criação rápida de objetos e ambientes 3D, como alterações nos modelos ou substituição dos mesmos.

Muitos profissionais já abandonaram seus blocos de papel e empregam a tecnologia do *software* para elaborar croquis e esboços, principalmente na área de arquitetura e engenharia civil, mas a ferramenta é usada até por desenvolvedores de games.

O que é anteprojeto?

Se você precisa realizar uma estimativa de custos ou o prosseguimento das atividades depende de um parecer do seu cliente, provavelmente necessitará organizar desenhos, listas de materiais, cotações de serviços e outros elementos pertinentes. Isso permite caracterizar mais precisamente a realização do projetado, ainda que em fase preliminar, com estimativas de tempo e custo para diversas ações necessárias.

No anteprojeto é que a ideia do elemento que se pretende realizar torna-se mais definida, pois trata-se de um conjunto de documentos que você reunirá de forma organizada para fomentar tomadas de decisão importantes como alterações de parâmetros que até então não foram avaliados.

Segundo Pahl et al. (2005), nessa etapa preliminar do projeto devem ser detalhados o suficiente de forma que se permita avaliar desde os atributos essenciais como funcionalidade, confiabilidade, obediência à legislação em segurança e meio ambiente, atributos de vida útil como durabilidade, meios de fabricação, descarte pós uso, e outros como tipos de materiais, fonte de energia, geometria, etc.

Os desenhos técnicos são parte essencial e demandam atenção extra, como elaboração em folha de tamanho compatível com a escala e sequenciamento ordenado para conjuntos de detalhes ou lista decomponentes relacionados. Nesses desenhos a observância das normas é mais criteriosa pois pode ser atribuída a eles a condição de documentação técnica, motivo este que leva os projetistas a empregarem ferramentas de desenho instrumental ou computacional de forma a assegurar que esses desenhos fiquem seguramente dentro dos critérios de análises que o projeto requer.

Exemplo

Uma aplicação de desenhos em anteprojeto é para a realização de análises de elementos finitos. Essa técnica consiste em dividir o desenho do objeto em pequenos segmentos interligados que constituem uma malha. Cada traço dessa estrutura, segundo sua dimensão e outros fatores como tipo de material é considerado como um corpo sujeito a uma fração proporcional da solicitação a qual o objeto se sujeitará. Assim é possível simular por meio de cálculos quais regiões da peça estarão suscetíveis a falhas mecânicas. A parte boa dessa história é que essa metodologia é realizada por computador, então não é necessário calcular os esforços em cada segmento, apenas desenhar corretamente a peça.

Imagine que se tem que partir se um esboço e chegar em um modelo tridimensional muito bem elaborado para então simular sua resistência mecânica, só depois o item poderá compor o conjunto de componentes para o qual está sendo projetado.

Fonte: Ensus, 2015, documento *on-line*.

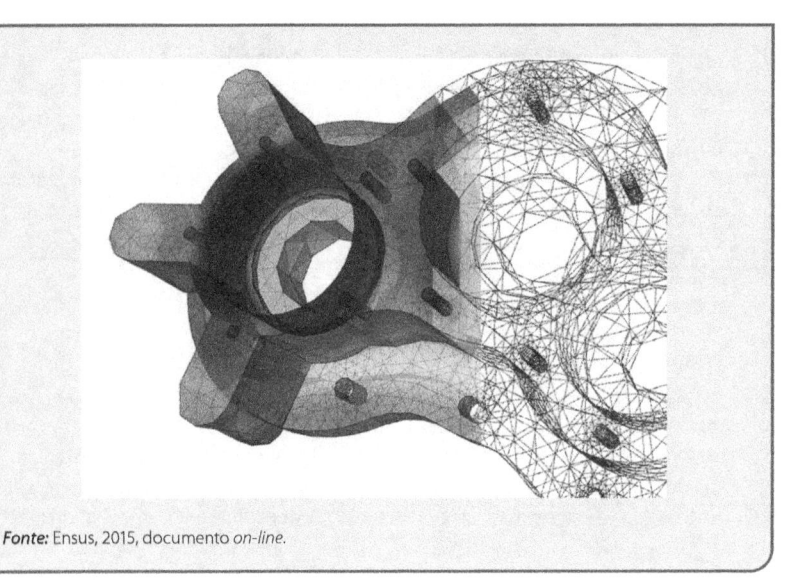

Exercícios

1. Desenhos a mão livre são empregados em etapas iniciais dos projetos de Engenharia e Arquitetura; constituem um conjunto de traçados ordenados de forma a definir características básicas do elemento que se deseja representar. Quanto aos desenhos feitos a mão livre, é correto afirmar que:
   a) É obrigatório o uso mínimo de instrumentos como lápis, borracha, papel, régua e esquadro.
   b) Pessoas habilidosas podem realizar desenhos técnicos sem qualquer treinamento, pois os esboços ou rascunhos nada mais são que um conjunto ordenado de rabiscos que expressam claramente a ideia de um objeto.
   c) É necessário praticar alguns movimentos para desenvolver habilidade com os traçados, além de observar condições de posição e proporção entre os elementos do desenho.
   d) Desenhos a mão livre estão sendo abolidos do cotidiano dos engenheiros devido ao surgimento e proliferação de tecnologias digitais.
   e) Somente arquitetos usam desenhos a mão livre nos projetos, pois podem se valer de sua característica artística para fornecer ao cliente uma prévia do projeto final.

2. Em uma situação onde o projetista precisa elaborar rapidamente um desenho, ainda que de forma simples, mas que represente um

objeto, por exemplo, fará um esboço. Esse desenho pode ser feito a mão livre e em qualquer lugar, inclusive diante de outras pessoas que participem da concepção da ideia. Quanto a elaboração do esboço, é correto afirmar que:

a) Obrigatoriamente se usam folhas de papel padrão ABNT, dos formatos A4 ao A0, pois são os únicos formatos permitidos em esboço de desenho técnico.
b) Seu uso está restrito a situações onde não existam meios ou recursos tecnológicos, por isso vem a ser mais uma necessidade que uma opção.
c) Malhas isométricas e papel milimetrado são recursos que auxiliam o desenhista na elaboração de um esboço, pois facilitam o traçado de linhas orientadas aos planos de projeção, bem como sua linearidade.
d) Um esboço é uma representação gráfica e deve ser livre de anotações ou símbolos.
e) Esboço não é uma obra incompleta, pois, se representa a ideia de um objeto, deve conter todos os detalhes ou características do mesmo.

3. Antes da execução de uma obra ou da liberação de um produto para fabricação deve-se realizar cálculos, cotações, desenhos, etc. A documentação técnica correspondente pode compreender os desenhos de croquis. Quanto a essa modalidade de desenho a mão livre, está correto dizer que:

a) Croqui e esboço são a mesma coisa, pois caracterizam-se apenas pela ausência de instrumentos na sua elaboração.
b) Não há qualquer norma aplicável aos croquis devido ao seu aspecto preliminar num projeto.
c) Croqui é um termo exclusivo da Arquitetura, enquanto que esboço só se usa para peças mecânicas.
d) Desenho de croqui é definitivo e inalterável por tratar-se de parte da documentação técnica de um projeto.
e) O croqui pode trazer elementos de desenho que possibilitem a aproximação da imagem gráfica com a ideia real do objeto representado, como perspectivas e sombreamentos, por exemplo.

4. O conjunto de documentos reunidos de forma organizada, incluindo desenhos técnicos, que ocorrem em uma fase intermediária do projeto, é chamado de anteprojeto. Indique a alternativa que fornece apenas informações corretas a respeito do anteprojeto.

a) Não pode ser usado para realização de estimativas de prazos e custos por não conter informações precisas.
b) Esse tipo de documentação não tem validade técnica por assumir a condição de preliminar, tanto é que os desenhos nele anexados são tratados como rascunhos.
c) A norma ABNT NBR 6492/1994 sugere que no anteprojeto sejam empregados já os desenhos instrumentais, o que não é mencionado pra esboços e croquis.
d) Nada consta na norma NBR 6492/1994 sobre plantas,

cortes e fachadas, aspectos construtivos, documentos para aprovação em órgãos públicos e lista preliminar de materiais.

e) Anteprojeto é obrigatoriamente o primeiro passo para o desenvolvimento de uma ideia pois nele se transcrevem listas de materiais, cotações de serviços, disposições legais e até desenhos significativos.

5. Os profissionais das áreas de Engenharia e Arquitetura lançam mão de recursos para descrever suas ideias durante a elaboração de um projeto. Dentre os meios empregados, a representação gráfica é destaque como forma de expressão. Com relação a desenhos de mão livre, está correto afirmar que:

a) Não se pode desenhar um croqui antes de realizar o esboço, pois a hierarquia deve ser seguida
b) O anteprojeto pode conter desenhos a mão livre, como croqui, no entanto as normas técnicas devem ser observadas com maior rigor.
c) O esboço de um objeto demasiadamente grande não é viável devido a omissão inevitável de detalhes.
d) São agrupados por ordem de importância técnica e detalhamento construtivo na sequência: croqui; esboço; anteprojeto.
e) O desenho técnico a mão livre é um conjunto de práticas únicas, essenciais às áreas de Engenharia e Arquitetura e é improvável que venha a ser substituído por recursos computacionais.

Referências

ASSOCIAÇÃO BRASILEIRA DE NORMAS TÉCNICAS. *ABNT NBR 6492:1994*. Representação de projetos de arquitetura. Rio de Janeiro: ABNT, 1994.

ASSOCIAÇÃO BRASILEIRA DE NORMAS TÉCNICAS. *ABNT NBR 8402:1994*. Execução de caracter para escrita em desenho técnico. Rio de Janeiro: ABNT, 1994.

ENSUS. *Elementos finitos. O que é? Quando utilizar? Quais são os benefícios? 2015*. Disponível em: <http://ensus.com.br/elementos-finitos-quais-os-beneficios/>. Acesso em: 16 fev. 2018.

INSTITUTO FEDERAL DE SANTA CATARINA. *Croqui ou esboço*. Chapecó: IFSC, 2016. Disponível em: <http://professores.chapeco.ifsc.edu.br/renato/files/2016/08/4.Croqui--ou-Esboço.pdf>. Acesso em: 01 fev. 2018.

Leituras recomendadas

ASSOCIAÇÃO BRASILEIRA DE NORMAS TÉCNICAS. *ABNT NBR 10067:1995*. Princípios gerais representação desenho técnico. Rio de Janeiro: ABNT, 1995.

CATAPAN, M. F. *Apostila de desenho técnico*. Curitiba: UFPR, 2015. Disponível em: <http://www.exatas.ufpr.br/portal/degraf_marcio/wp-content/uploads/sites/13/2014/09/Apostila-DT-com-DM.pdf>. Acesso em: 01 fev. 2018.

CHING, F. D. K. *Representação gráfica em arquitetura*. 6. ed. Porto Alegre: Bookman, 2017.

FRENCH, T. E.; VIERCK, C. J. *Desenho técnico e tecnologia gráfica*. 8. ed. São Paulo: Globo, 2005.

INSTITUTO BRASILEIRO DE AUDITORIA DE ENGENHARIA. *Elementos mínimos para anteprojetos de engenharia:* Orientação técnica OT-002/2014-IBRAENG. Fortaleza: IBRAENG, 2014.

KUBBA, S. A. A. *Desenho técnico para construção*. Porto Alegre: Bookman, 2015. (Série Tekne).

SERVIÇO NACIONAL DE APRENDIZAGEM INDUSTRIAL. *Leitura e interpretação de desenho mecânico*. Curitiba: SENAI, 2001.

UNIDADE 2

Vistas ortográficas

Objetivos de aprendizagem

Ao final deste texto, você deve apresentar os seguintes aprendizados:

- Elaborar e representar corretamente as vistas ortográficas por meio da interpretação de uma perspectiva isométrica.
- Reconhecer as diferenças entre os diedros.
- Diferenciar as vistas ortográficas a partir de suas características e do seu posicionamento.

Introdução

As vistas ortográficas podem facilitar sobremaneira a forma de enxergar alguns objetos. Com elas, a interpretação de um objeto torna-se mais fácil e possibilita uma visão geral de como é sua geometria e suas dimensões. Por via de regra, essa é uma representação comum no desenvolvimento de projetos na engenharia, pois se pode representar uma face, as arestas, os eixos de simetria, enfim, informações que podem contribuir na compreensão de um objeto.

Neste capítulo, você aprenderá um pouco mais sobre as vistas ortográficas, ampliando seu conhecimento em desenho técnico mecânico.

Diedros

Segundo Miceli e Ferreira (2008, p. 23), o diedro é "[...] um sistema de dois planos de projeção perpendiculares entre si, um na posição horizontal e outro na vertical, que se interceptam determinando uma reta denominada linha de terra [...]". Para Rodrigues et al. (2015), o diedro é descrito como sendo um espaço tridimensional formado entre dois semiplanos com origem numa mesma reta, denominada **aresta do diedro**. Observe, na Figura 1, a representação gráfica dos diedros.

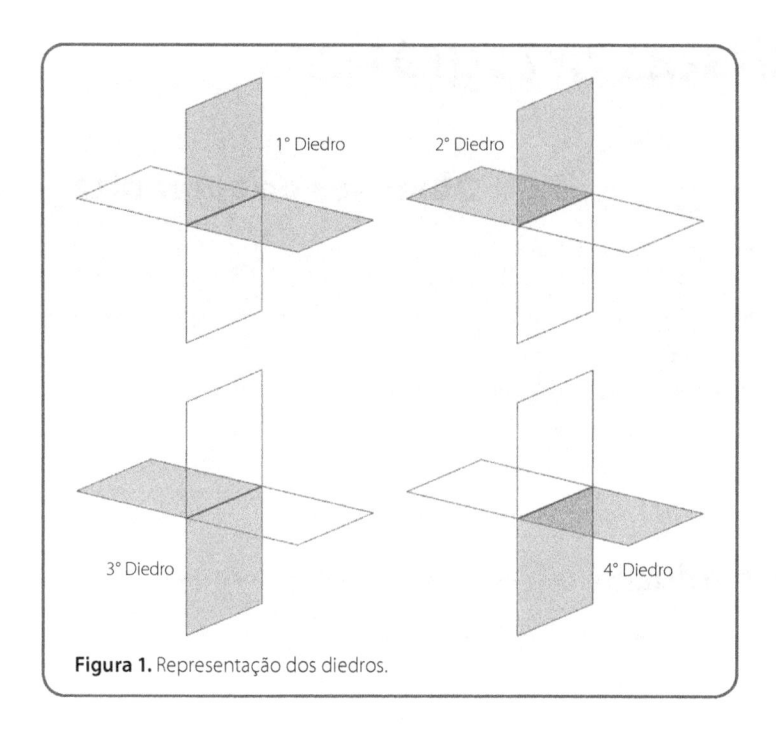

Figura 1. Representação dos diedros.

Pode-se verificar que o 1º diedro vai do ângulo de 0º a 90º, o 2º diedro de 90º a 180º, o 3º diedro de 180º a 270º, e o 4º diedro vai de 270º a 360º.

Utilizando a geometria descritiva, que representa objetos tridimensionais em planos bidimensionais, a partir de figuras planas, pode-se representar qualquer objeto por meio do rebatimento de suas faces e arestas em quaisquer diedros.

Porém, o desenvolvimento industrial fez com que surgisse uma padronização, permitindo o entendimento e o intercâmbio de informações em nível mundial. Assim, foram definidos o 1º e o 3º diedros como os sistemas de projeções ortogonais utilizados no mundo. Rodrigues et al. (2015) afirmam que, no Brasil, o 1º diedro é o mais utilizado, sendo o sistema europeu de representação. Os mesmos autores afirmam, ainda, que, em países como os Estados Unidos e Canadá, se utiliza o 3º diedro, sendo o sistema americano de representação. Dessa forma, deve-se atentar para a norma adotada pelo país de origem do desenho, a fim de ter a sua correta interpretação.

Mas isso não é uma regra. Lembre-se de que a interpretação deve ser minuciosa para que não ocorram problemas de interpretação e consequente confecção de produtos defeituosos. Problemas de interpretação de um desenho técnico podem, às vezes, levar uma empresa a ter sérios prejuízos financeiros.

Projeções ortogonais

Segundo Rodrigues et al. (2015), Gaspar Monge, um matemático francês, definiu que a geometria descritiva tem como objetivo projetar figuras no espaço em um plano bidimensional. Assim, como continuam os autores, o sistema mongeano é aquele projetivo, formado por dois planos ortogonais, onde há a projeção do objeto. Portanto, podemos dizer que as projeções ortogonais ou vistas ortográficas geram figuras planas a partir da observação das faces e arestas de um objeto tridimensional, projetadas em planos.

Veja, na Figura 2, as projeções ortogonais do objeto, em perspectiva, no 1º diedro.

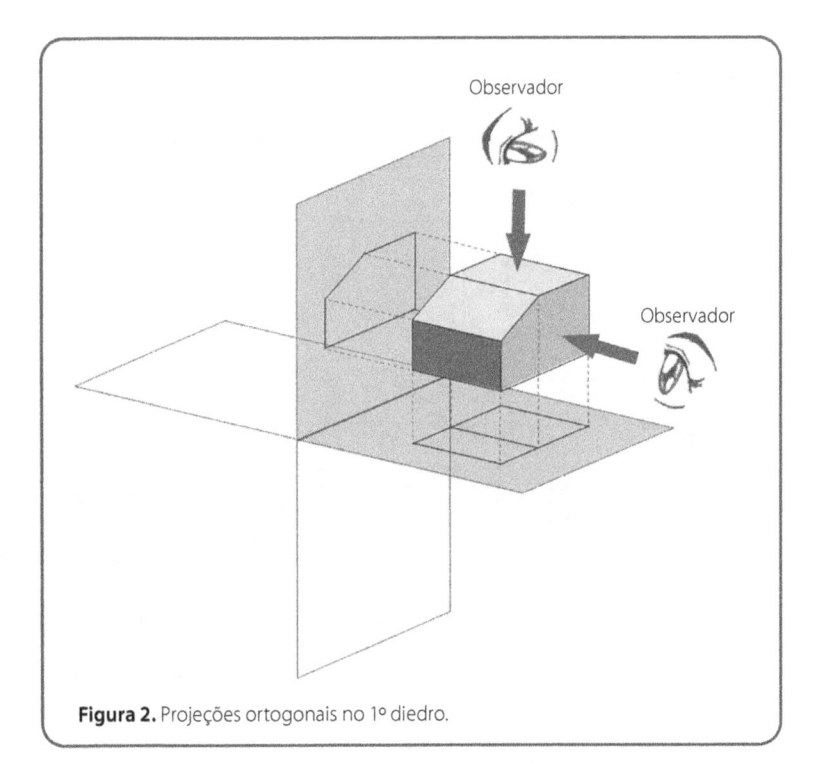

Figura 2. Projeções ortogonais no 1º diedro.

Segundo Miceli e Ferreira (2008), as representações gráficas advindas da projeção ortogonal, quando utilizamos o 1º diedro, são: a vista frontal, a vista superior e a vista esquerda. No caso do exemplo anterior, as vistas seriam desenhadas conforme a Figura 3.

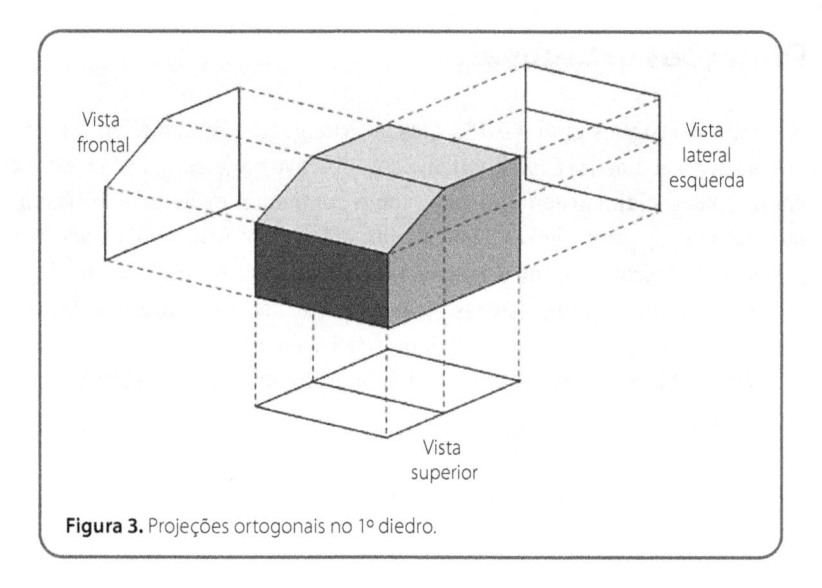

Figura 3. Projeções ortogonais no 1º diedro.

Miceli e Ferreira (2008) afirmam que, se as três vistas ortográficas principais não conseguem esclarecer suficientemente os objetos, é possível aumentar o número de vistas. Veja, nas Figuras 4 e 5, as vistas tanto do 1º quanto do 3º diedro. Note que elas são diferentes, embora representem o mesmo objeto.

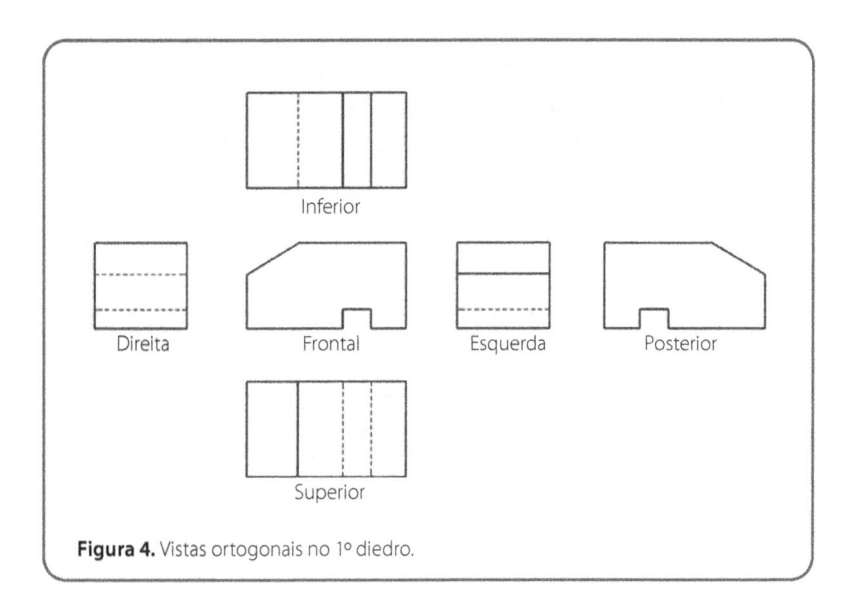

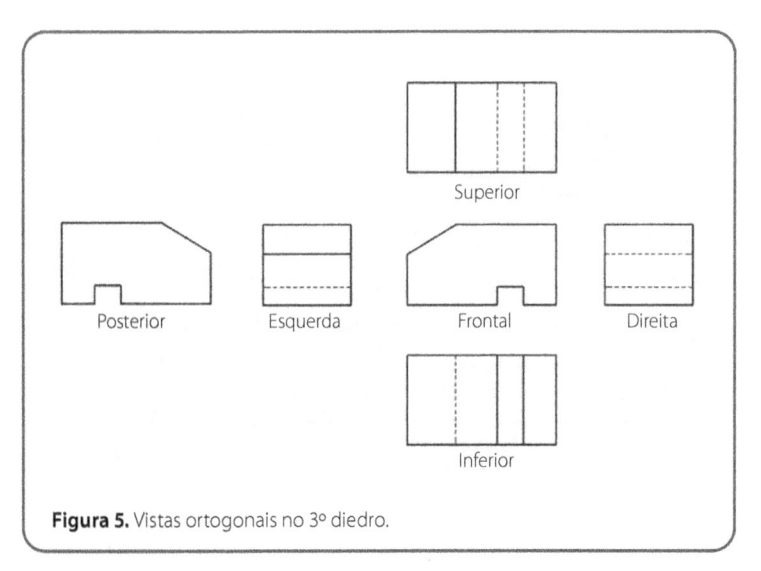

Figura 4. Vistas ortogonais no 1º diedro.

Figura 5. Vistas ortogonais no 3º diedro.

É possível verificar que elas têm diferenças no posicionamento. Por exemplo, em um desenho com as três vistas padrão do 1º diedro, a vista esquerda estará localizada à direita da vista frontal, e a vista superior estará abaixo da vista frontal. Se o mesmo desenho for realizado no 3º diedro, a vista esquerda estará localizada à esquerda da vista frontal, e a vista superior estará localizada acima da vista frontal.

Observando um pouco mais os detalhes das Figuras 4 e 5, podemos concluir que as vistas ortográficas são representadas por linhas contínuas, onde estão as arestas visíveis do objeto e as linhas tracejadas, que correspondem às arestas que não podemos ver na posição em que o objeto está sendo observado.

Porém, há outras representações que devem ser observadas com cuidado ao se interpretar um desenho técnico, principalmente em vistas ortográficas. A ABNT NBR 8403:1983, que dispõe sobre "[...] aplicação de linhas em desenhos [...]", tem como diretriz, por exemplo, que linhas contínuas são aplicadas para contornos ou arestas visíveis, linhas tracejadas para contornos e arestas não visíveis, traço e ponto estreito para linhas de centro, linhas de simetria e linhas de trajetória. Há outros tipos de representação, mas vamos nos ater apenas a esses apresentados. Veja, na Figura 6, a representação de um objeto nas três principais vistas ortográficas projetadas 1º diedro.

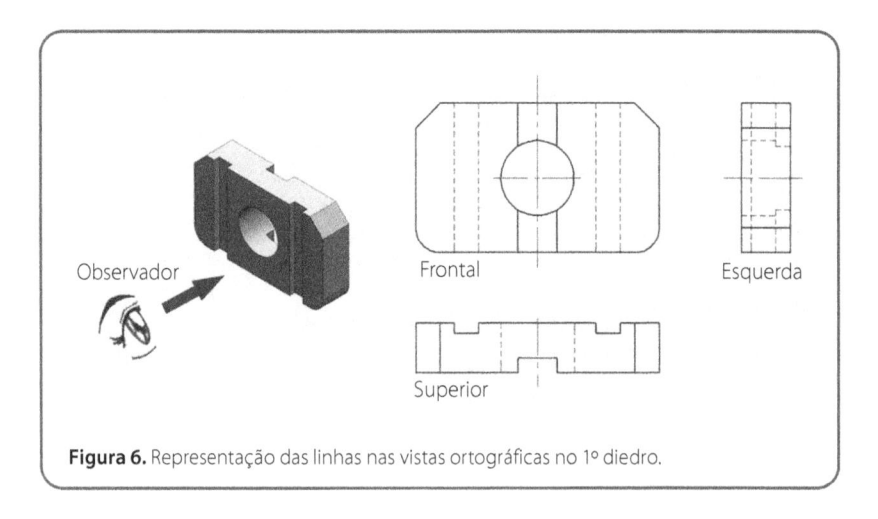

Figura 6. Representação das linhas nas vistas ortográficas no 1º diedro.

Na figura, é possível verificar, com base no posicionamento do observador, que existe a linha contínua que mostra o contorno do objeto, ou seja, as arestas visíveis; as linhas tracejadas que representam as arestas não visíveis e as linhas traço e ponto que representam a linha de centro do furo e a linha de simetria do objeto. Cabe esclarecer que a linha de simetria, como o próprio nome sugere, informa-nos que, na vista frontal, tanto o lado esquerdo quanto o direito do objeto são idênticos.

> **Fique atento**
>
> Para saber mais sobre representações no desenho técnico, consulte a ABNT NBR 8403:1983 – "Aplicação de linhas em desenhos – Tipos de linhas – Largura das linhas".

Outro fato relevante é que, se uma aresta visível está posicionada no mesmo alinhamento de uma aresta não visível, se deve representar no desenho apenas a que aparece primeiro — nesse caso, a linha contínua. Veja a Figura 7, que mostra essa situação.

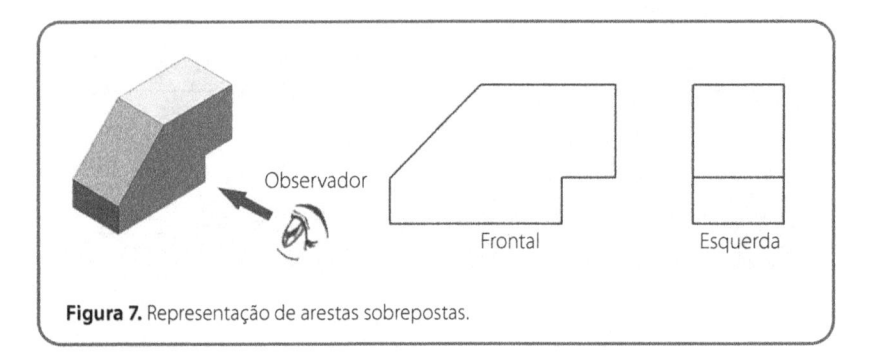

Figura 7. Representação de arestas sobrepostas.

Outra informação relevante é que as vistas ortográficas devem estar, obrigatoriamente, alinhadas e equidistantes umas das outras. Veja, na Figura 8, a demonstração do alinhamento e das distâncias entre as vistas.

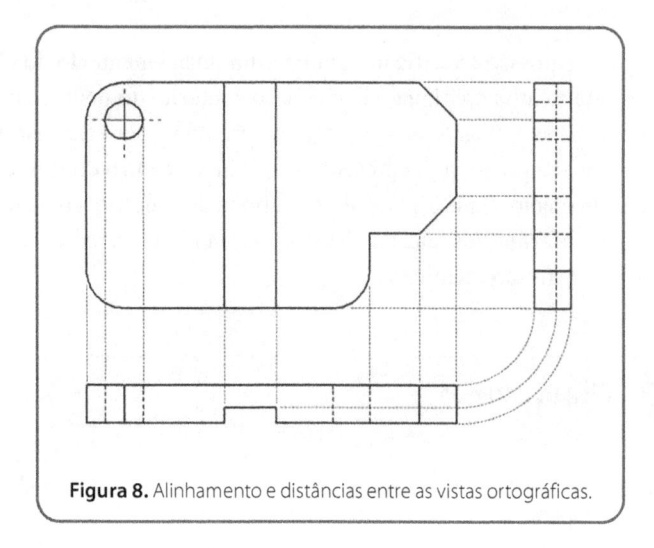

Figura 8. Alinhamento e distâncias entre as vistas ortográficas.

Vale ressaltar que tantas devem ser as vistas ortogonais quantas forem necessárias para o entendimento da geometria do objeto, ou seja, se em apenas uma vista é possível compreender a geometria do objeto, não há a necessidade de se colocar mais vistas. Provenza (2014) afirma que, para a representação completa de uma peça, pode ser necessária mais de uma vista. Note que, na Figura 9, as três peças têm a mesma representação na vista frontal, porém se tratam de três peças diferentes.

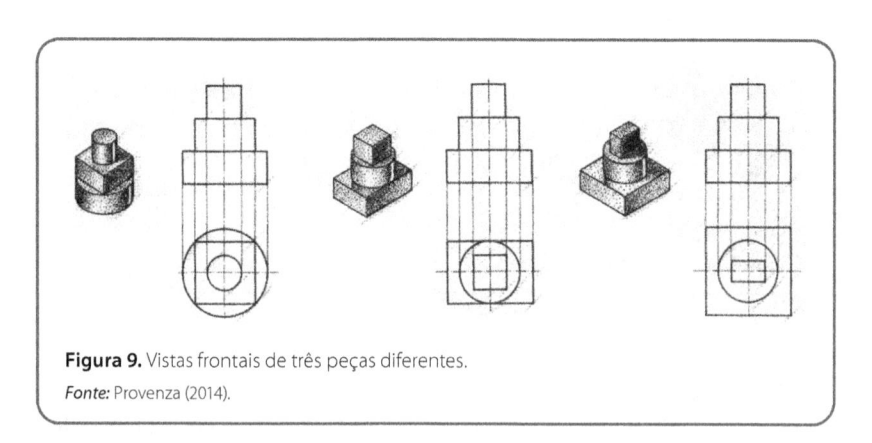

Figura 9. Vistas frontais de três peças diferentes.
Fonte: Provenza (2014).

Rodrigues et al. (2015) partilham da mesma ideia, afirmando que o desenho técnico deve ser apresentado com o número ideal de vistas, sem excessos ou vistas faltantes. Veja o exemplo da Figura 10, que apresenta o desenho de uma arruela nas três principais vistas ortogonais.

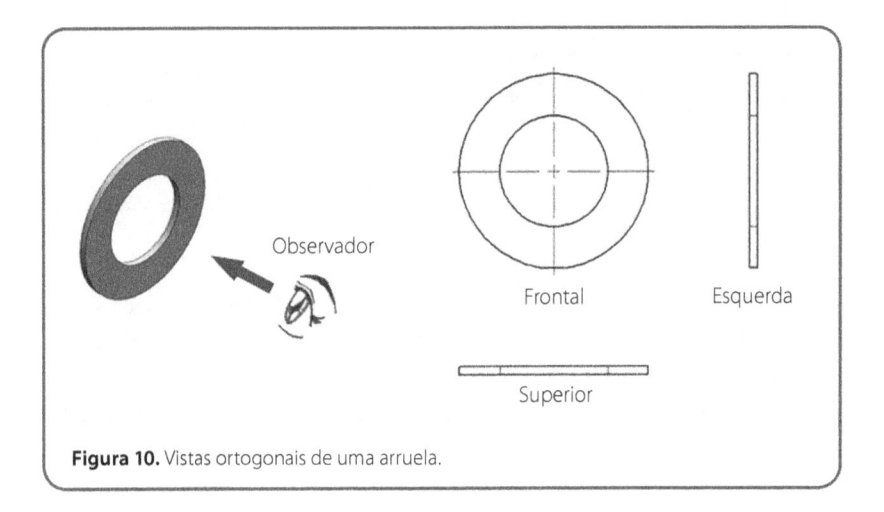

Figura 10. Vistas ortogonais de uma arruela.

Note que as vistas superior e esquerda não agregam quaisquer informações relevantes ao desenho. Pelo contrário, elas apenas ocupam espaço. Há quem diga que elas podem trazer a informação de espessura da arruela, mas esse argumento é muito fraco para justificar a colocação de uma vista para essa informação. Veja, na Figura 11, como essa informação poderia ser colocada no desenho, tendo apenas uma vista frontal.

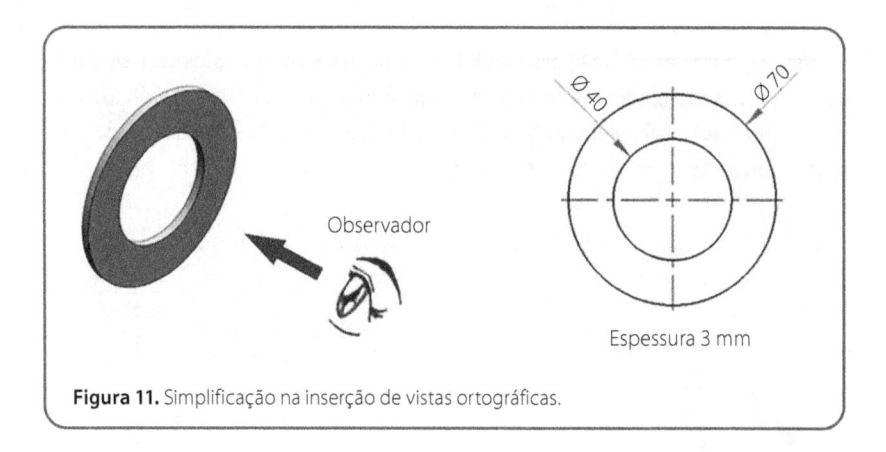

Figura 11. Simplificação na inserção de vistas ortográficas.

Nessa figura, há uma sensível redução no número de vistas ortogonais em relação à Figura 10, visto que as informações relevantes estão todas presentes na vista frontal. Assim, resta apenas informar a espessura do objeto. Isso faz com que o desenho seja mais facilmente compreendido e evita trabalho desnecessário.

Mais do que colocar informações no desenho, devemos avaliar a qualidade delas. Isso é o que difere um bom projeto de um ruim.

Vejamos, agora, as Figuras 12 e 13, que apresentam vistas ortogonais projetadas nos 1º e 3º diedros para um mesmo objeto.

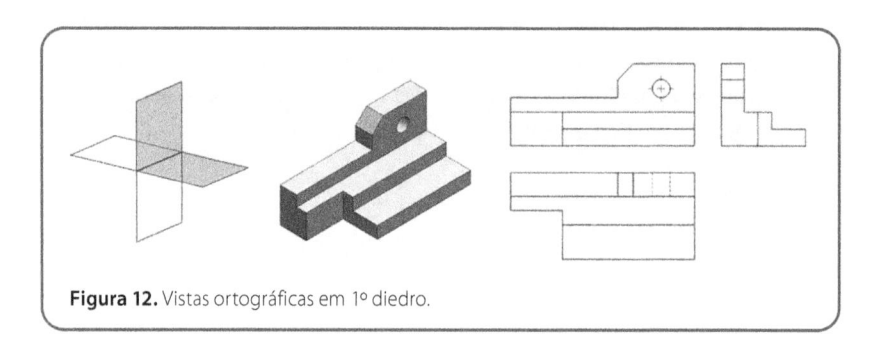

Figura 12. Vistas ortográficas em 1º diedro.

Figura 13. Vistas ortográficas em 3º diedro.

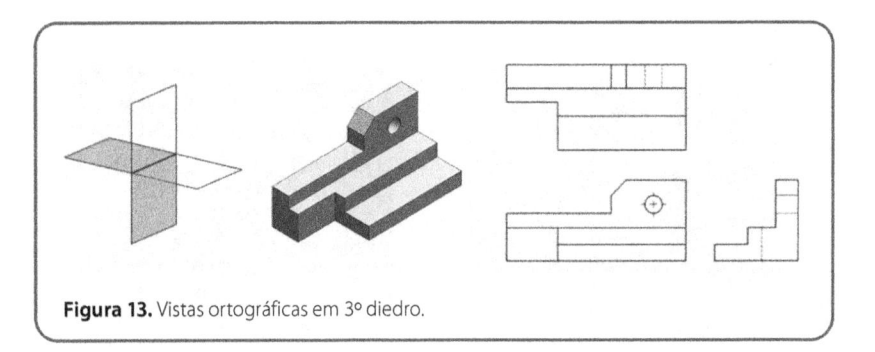

Aqui, poderiam ser apresentados incontáveis objetos e suas representações no 1º e 3º diedros, porém teríamos um capítulo infindável. Sugiro a você, caro estudante, que utilize objetos simples para treinar seu aprendizado na observação de arestas e planos, colocando em prática o que estudou neste capítulo.

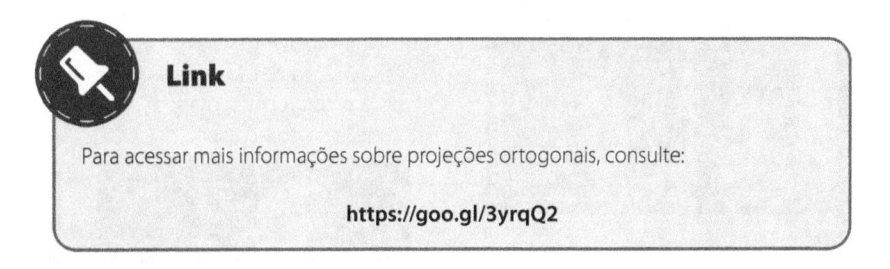

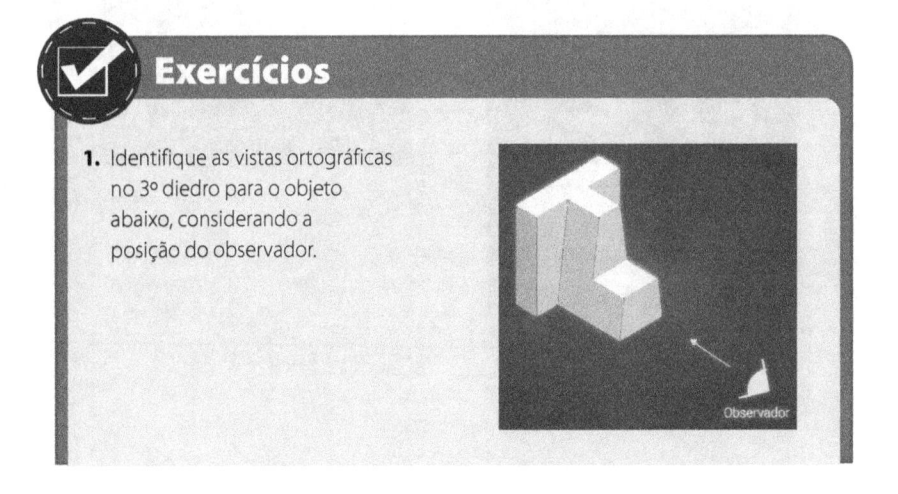

Link

Para acessar mais informações sobre projeções ortogonais, consulte:

https://goo.gl/3yrqQ2

Exercícios

1. Identifique as vistas ortográficas no 3º diedro para o objeto abaixo, considerando a posição do observador.

a)

b)

c)

d)

e)

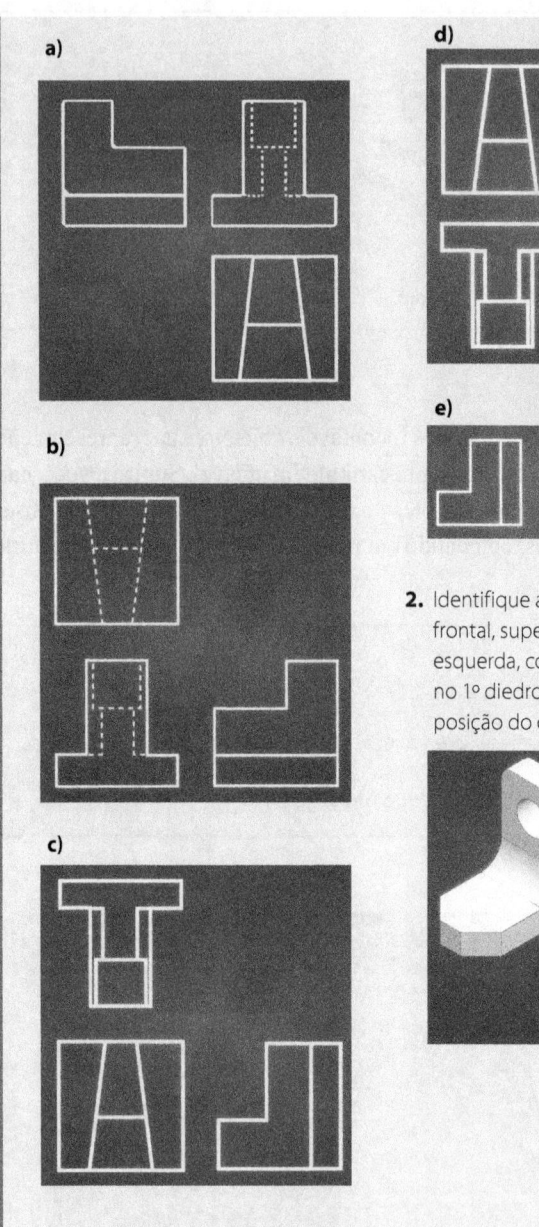

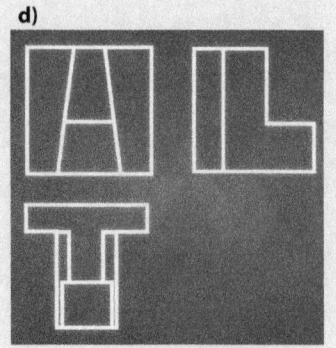

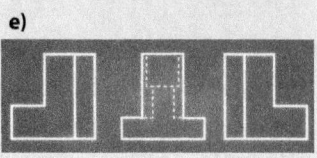

2. Identifique as vistas ortográficas frontal, superior e lateral esquerda, confeccionadas no 1º diedro, considerando a posição do observador.

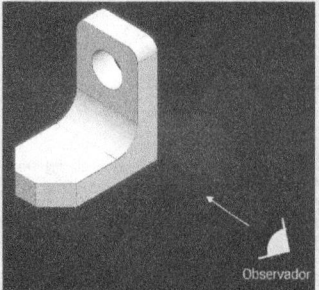

Observador

a)

b)

c)

d)

e)

3. Identifique as vistas ortográficas frontal, superior e lateral direita, confeccionadas no 3º diedro, considerando a posição do observador.

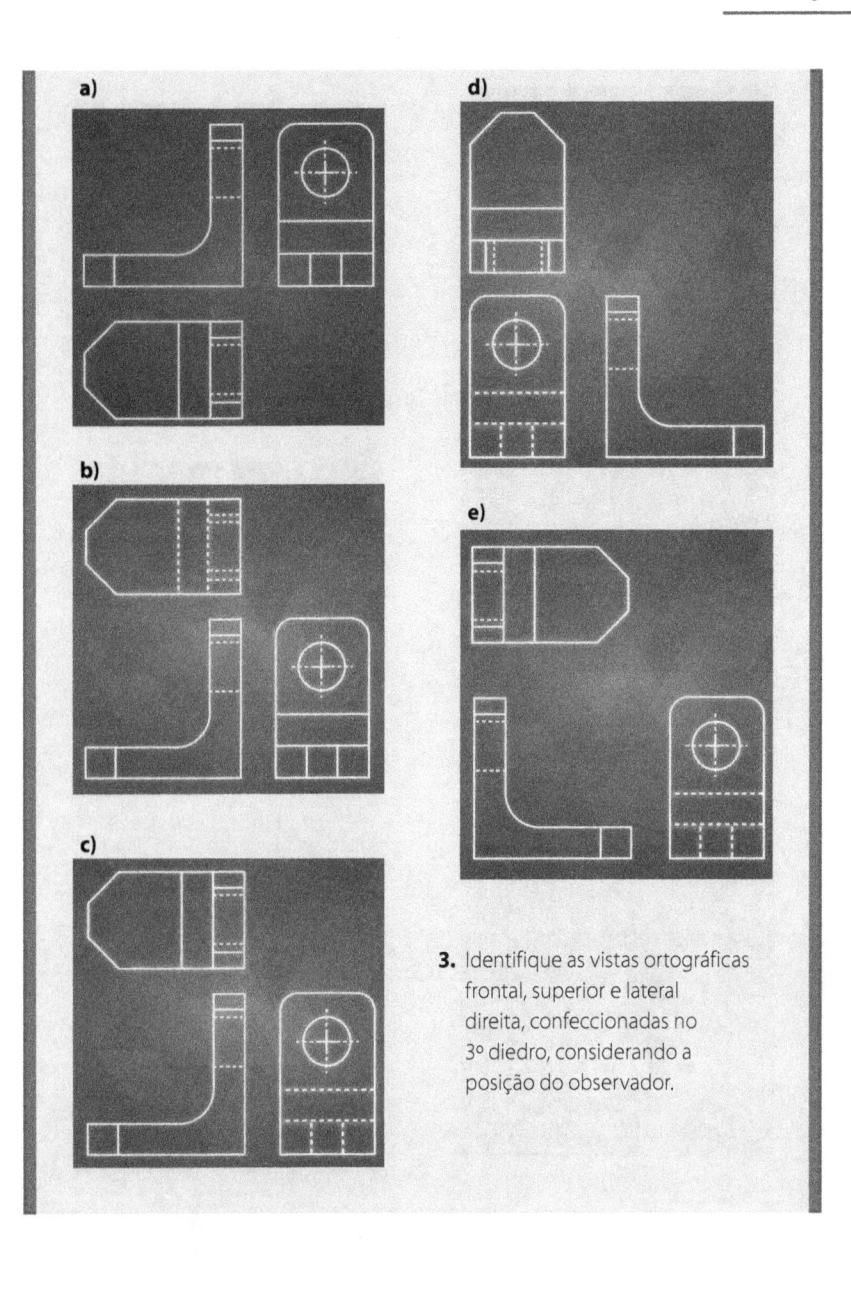

4. Identifique as vistas ortográficas frontal, superior e lateral esquerda, confeccionadas no 1º diedro, considerando a posição do observador.

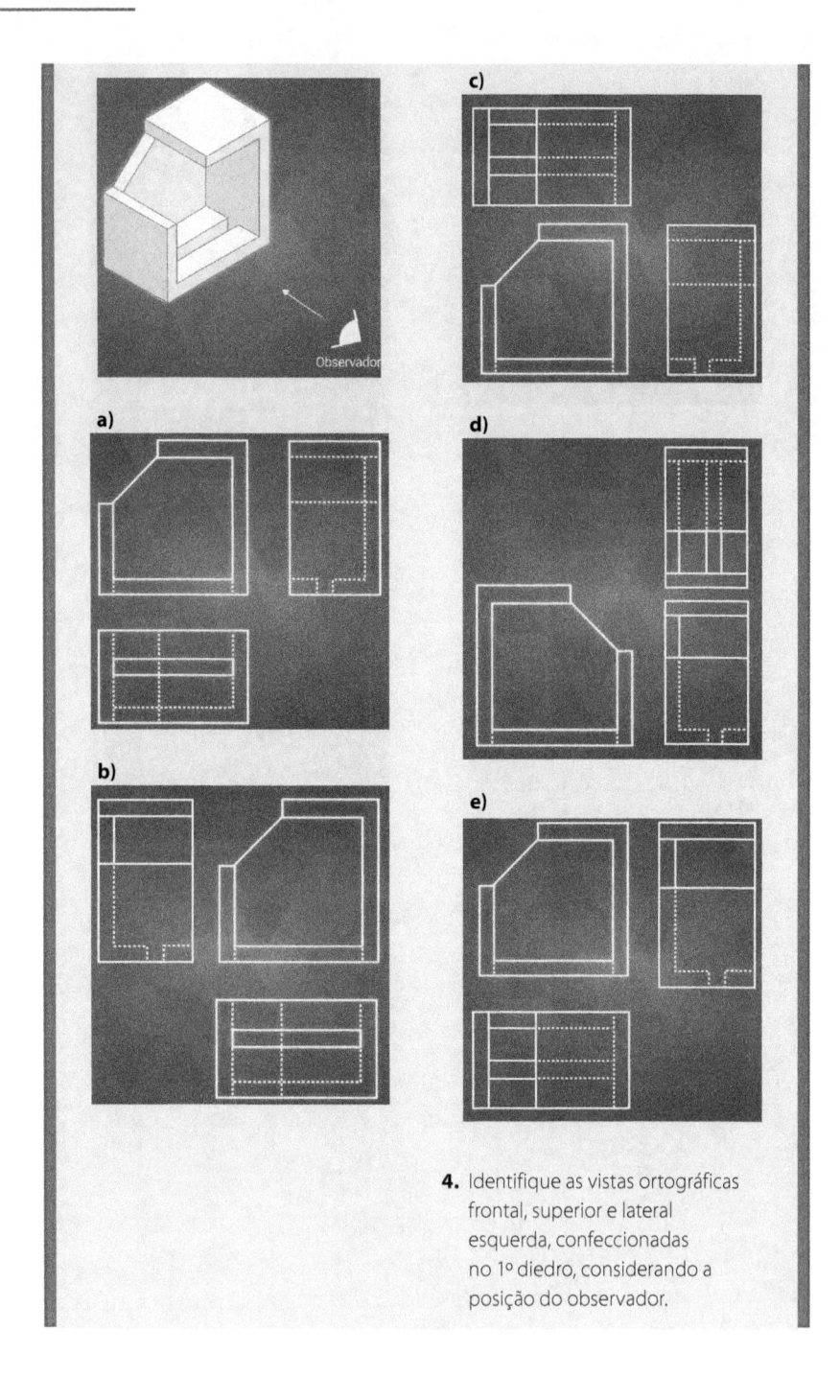

5. Identifique as vistas ortográficas frontal, superior e lateral direita, confeccionadas no 3º diedro, considerando a posição do observador.

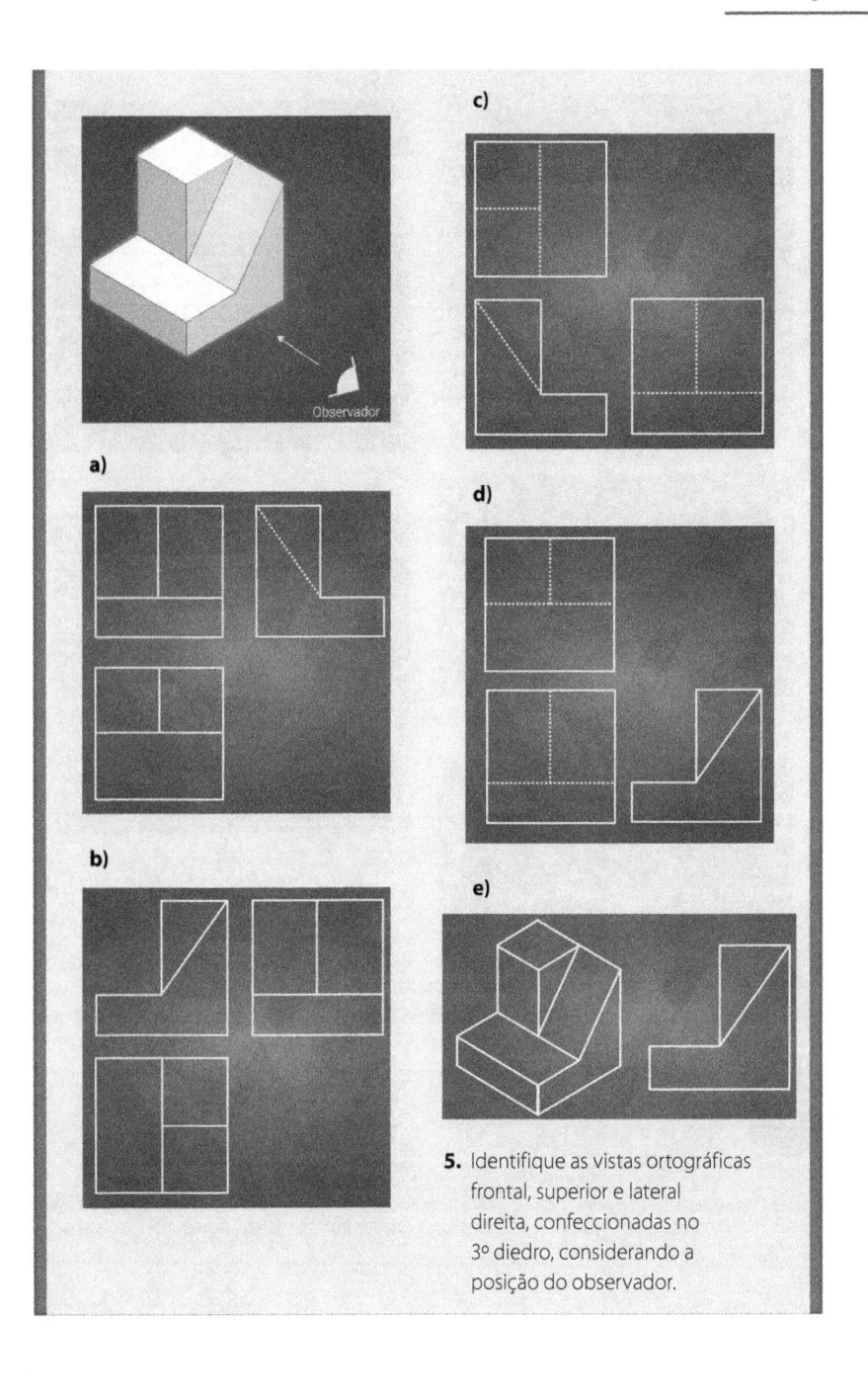

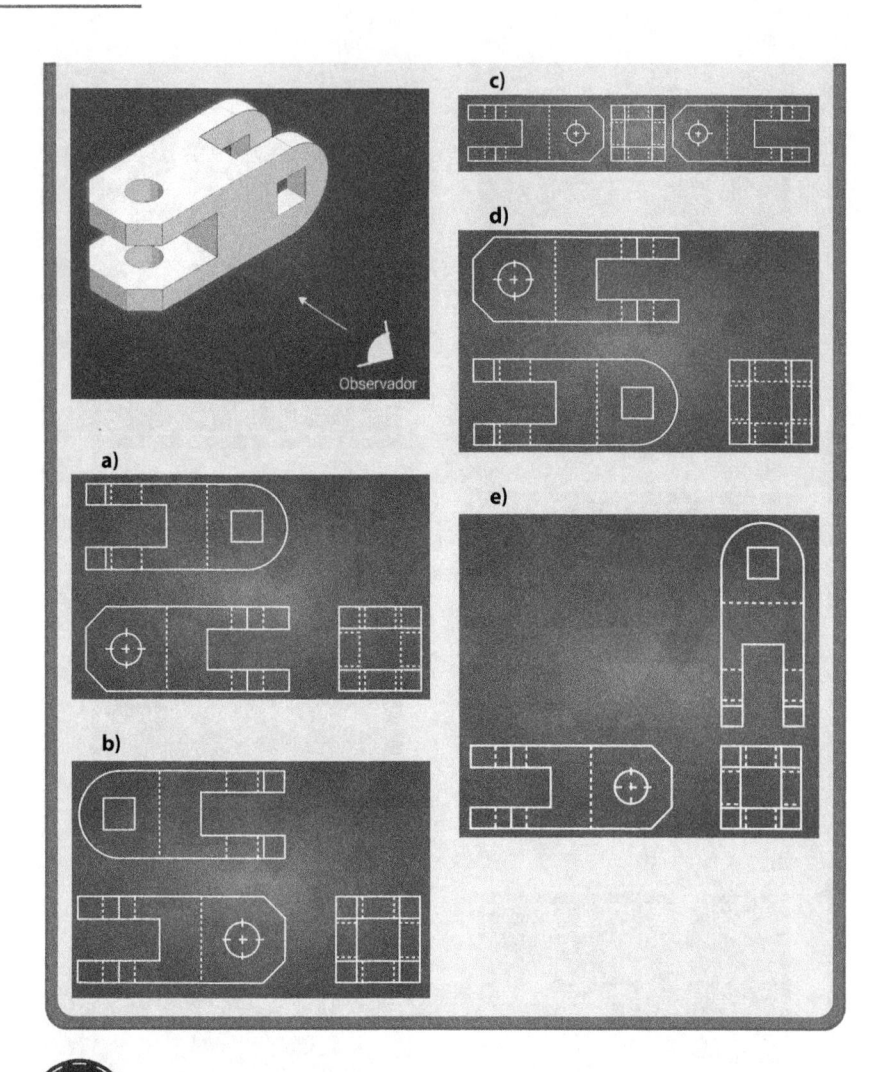

Referências

ASSOCIAÇÃO BRASILEIRA DE NORMAS TÉCNICAS. *ABNT NBR 8403:1983. Aplicação de linhas em desenhos – Tipos de linhas – Larguras das linhas.* Rio de Janeiro: Associação Brasileira de Normas Técnicas, 1983.

MICELI, M. T.; FERREIRA, P. *Desenho técnico básico.* 2. ed. Rio de Janeiro: Imperial Novo Milênio, 2008.

PROVENZA, F. *Desenhista de máquinas.* São Paulo: F. Provenza, 2014.

RODRIGUES, A. R. et al. *Desenho técnico mecânico.* Rio de Janeiro: Elsevier, 2015.

Perspectiva isométrica

Objetivos de aprendizagem

Ao final deste texto, você deve apresentar os seguintes aprendizados:

- Explicar as perspectivas isométricas.
- Identificar as perspectivas isométricas.
- Expressar as perspectivas isométricas por meio de desenhos.

Introdução

A perspectiva isométrica é uma forma relativamente simples de representar um objeto, fazendo com que sua visualização torne-se mais simples — além do que, é um dos conhecimentos básicos que um engenheiro deve possuir, em se tratando de desenho técnico.

Neste capítulo, você aprenderá um pouco mais sobre as perspectivas isométricas e como elas podem auxiliar na compreensão da geometria de alguns objetos.

Perspectiva isométrica

A perspectiva isométrica é uma maneira relativamente simples de se representar um objeto, facilitando sua compreensão. Normalmente, numa perspectiva isométrica, são representadas a vista frontal, a superior e a lateral esquerda, concomitantemente. Segundo Provenza (2014), a escolha da perspectiva deve levar em consideração o traçado simples e a posição que oferece melhor visão, ou seja, a maior quantidade possível de detalhes com traçado mais simplificado possível. Para esclarecer melhor, tomemos como exemplo a Figura 1, onde estão as vistas ortográficas de um objeto.

Figura 1. Vistas ortográficas.

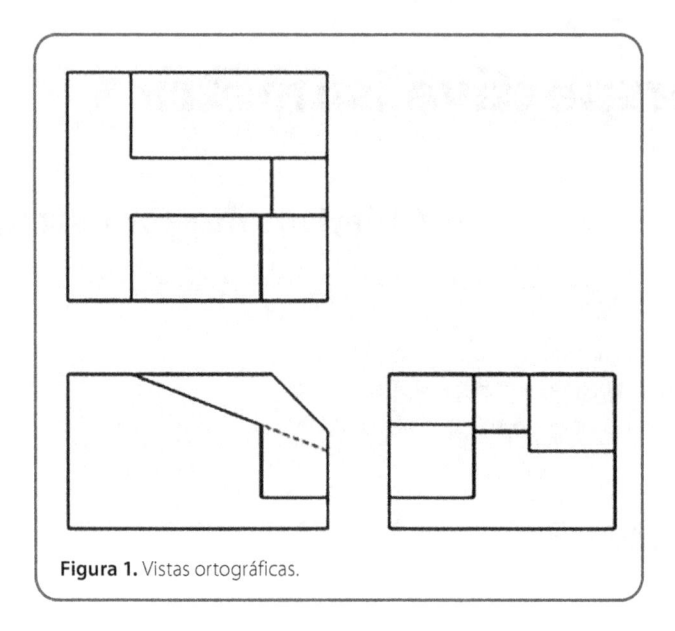

Nela, estão as três principais vistas, porém pode ser que sua compreensão não seja tão clara. Agora, se, a partir dessas vistas, construirmos uma perspectiva isométrica, a visualização do objeto torna-se muito mais clara, como apresentado na Figura 2, com as três vistas ortogonais em um único desenho.

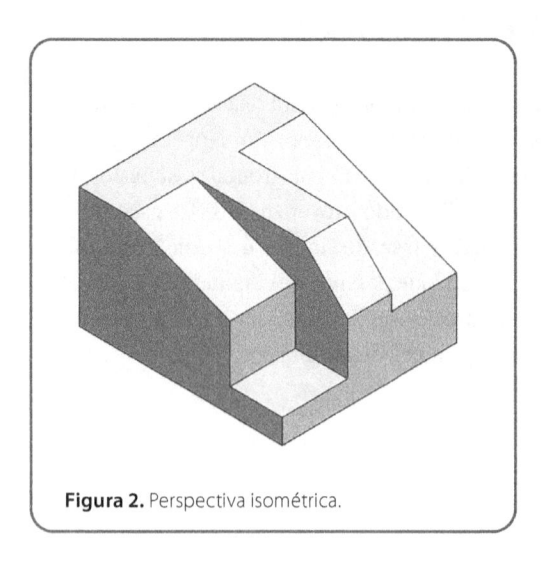

Figura 2. Perspectiva isométrica.

É fácil perceber que a perspectiva isométrica auxilia sobremaneira a compreensão de detalhes que provavelmente as vistas ortográficas não fornecem. Isso não significa que as vistas ortográficas são obsoletas, mas, sim, que uma perspectiva pode auxiliar na interpretação do objeto. Lembre-se de que nas vistas ortográficas são colocadas as cotas de todas as arestas, onde se baseiam os profissionais que fabricam os moldes de injeção, os profissionais que transferem as informações de dimensões e formas para as máquinas CNC, enfim, nas vistas ortográficas estão as informações para fabricação de um objeto.

Na perspectiva isométrica, os três eixos no espaço estão igualmente inclinados em relação ao plano de projeção, sendo assim, os ângulos formados pelos eixos projetados são iguais a 120°.

Mas, voltando às perspectivas isométricas, há, também, uma informação relevante quanto à sua construção: segundo Miceli e Ferreira (2008, p. 61), "[...] elas são desenhadas em três eixos que correspondem à altura, largura e ao comprimento de um objeto e os ângulos entre os eixos é de 120° [...]". Veja, na Figura 3, a representação do eixo no objeto.

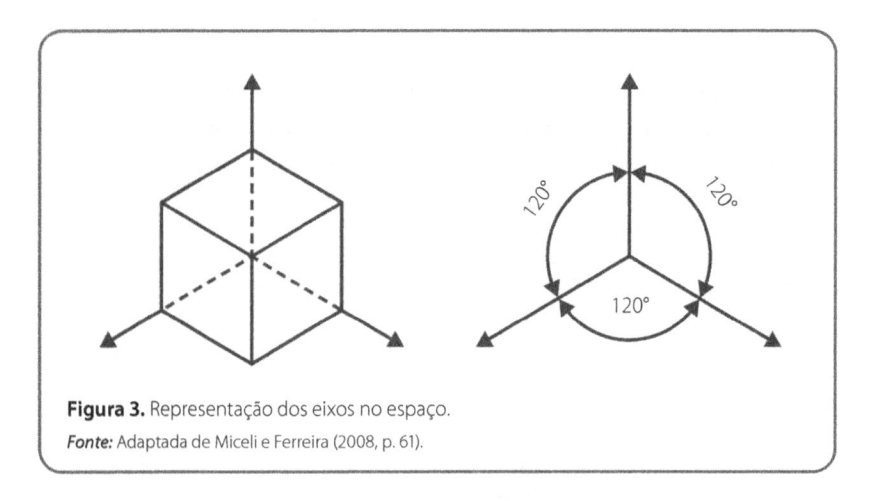

Figura 3. Representação dos eixos no espaço.
Fonte: Adaptada de Miceli e Ferreira (2008, p. 61).

Os autores ainda afirmam que, quando a perspectiva é desenhada no papel, há uma reta horizontal que passa pelo ponto 0 do sistema de coordenadas X, Y e Z. Assim, a perspectiva isométrica tem um ângulo de 30° entre a reta horizontal e os eixos. A Figura 4 ilustra essa explicação.

Figura 4. Representação do objeto nos eixos XYZ.

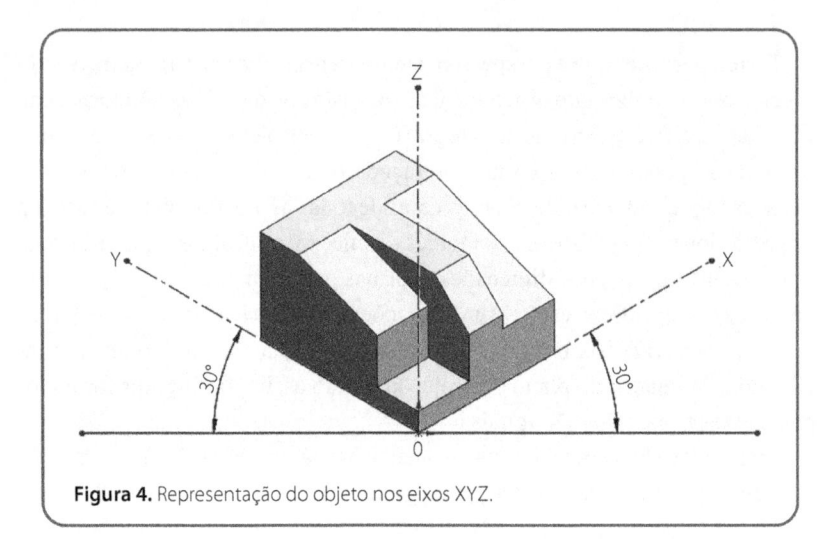

Dessa forma, as linhas isométricas do desenho serão sempre paralelas aos eixos isométricos. Porém, pode ocorrer, por exemplo, que seja necessário desenhar linhas não isométricas nesse sistema de coordenadas e, portanto, elas não serão paralelas aos eixos. Giesecke et al. (2002) afirmam que, enquanto as linhas isométricas e suas paralelas são desenhadas em verdadeira grandeza, as não isométricas não podem ser medidas diretamente. Observe, na Figura 5, a representação de linhas isométricas e não isométricas.

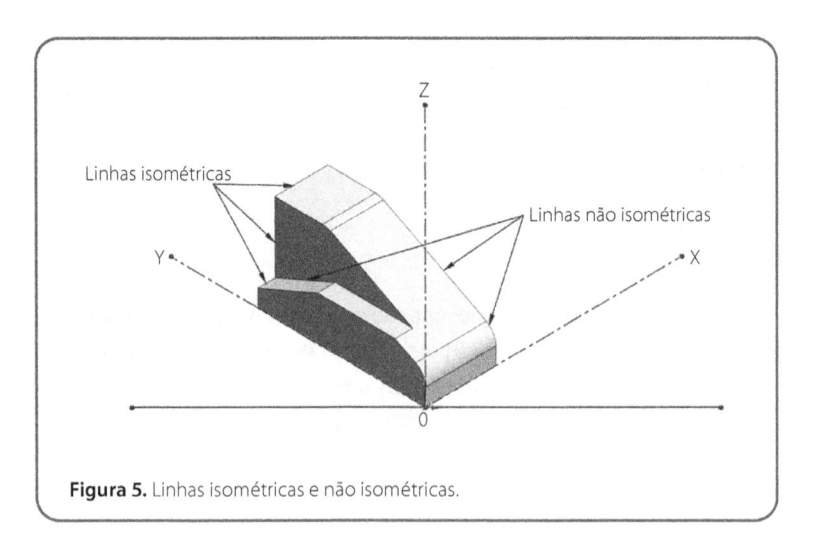

Figura 5. Linhas isométricas e não isométricas.

Mas como construir uma perspectiva isométrica? Vejamos, passo a passo, a construção de uma perspectiva simples, a partir das vistas ortográficas desenhadas no 1º diedro e apresentadas na Figura 6.

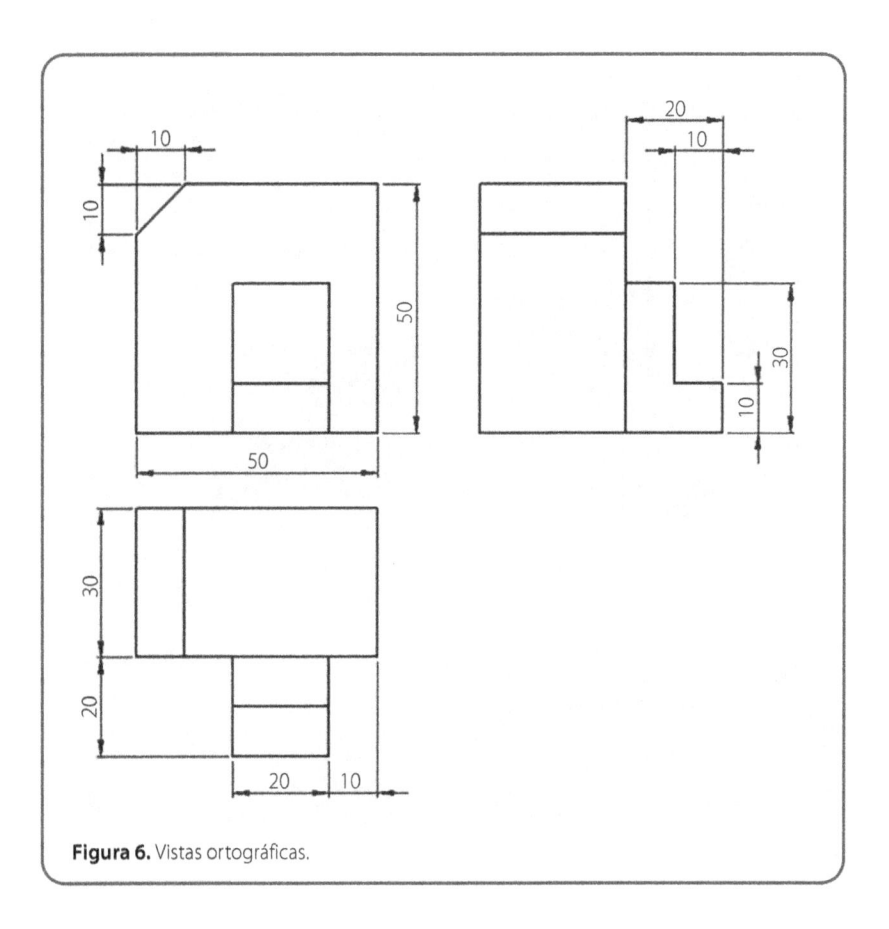

Figura 6. Vistas ortográficas.

O primeiro passo é traçar as linhas dos eixos isométricos XYZ, que se constituem a base para nosso desenho, semelhante ao apresentado na Figura 7.

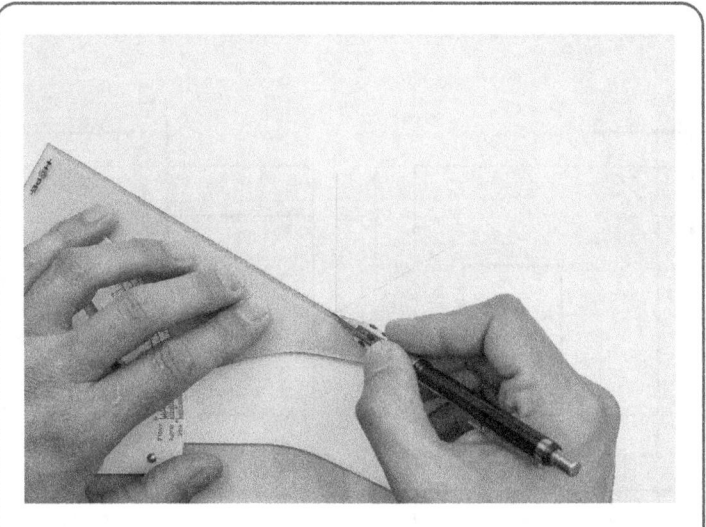

Figura 7. Construção dos eixos isométricos XYZ.

Fique atento

Para ter um resultado melhor, faça todo o traçado das linhas auxiliares com traço fino, com bastante cuidado e leveza. Não deixe o traço muito forte, pois será difícil apagá-lo posteriormente. Lembre-se da apresentação final do seu trabalho.

Depois, é preciso verificar as maiores dimensões do objeto, tanto no comprimento como na largura (ou espessura) e na altura. Nesse caso, temos que todas essas dimensões são de 50 mm. Então, traçamos, com o auxílio de esquadro e régua, as dimensões reais do objeto nos eixos isométricos, conforme apresentado na Figura 8.

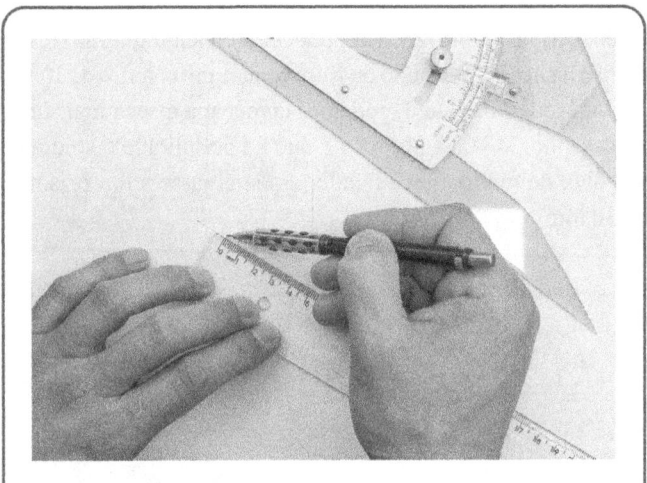

Figura 8. Marcação das dimensões do objeto nos eixos.

Com as principais dimensões marcadas, desenharemos as linhas isométricas que formarão um cubo. Fazendo uma analogia, é como se construíssemos um bloco maciço para posteriormente começar a recortá-lo para dar sua forma final. Veja, na Figura 9, o desenho do cubo de 50 mm de aresta. Ele poderá ser confundido com um hexágono, mas tente imaginar um cubo.

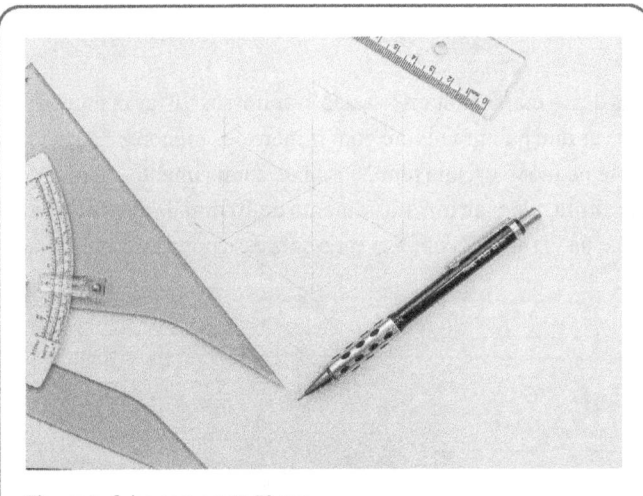

Figura 9. Cubo com aresta 50 mm.

Analisando as vistas ortográficas, podemos concluir que, na parte posterior do objeto, não há nenhum rebaixo ou furo, apenas um chanfro de 10 x 10 mm no lado superior esquerdo. Assim, podemos começar a inserir mais informações em nosso desenho. Veja, na Figura 10, que foi delimitado o volume posterior do objeto, que, de modo simplificado, assemelha-se a um prisma de lados 50 x 50 x 30 mm.

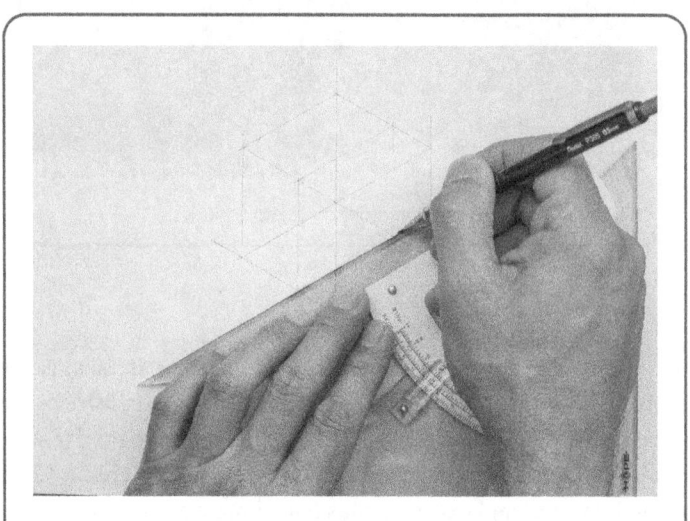

Figura 10. Delimitação do volume posterior do objeto.

Depois dessa etapa, voltamos a analisar nossas vistas ortográficas e podemos observar que há um volume com dimensões menores na parte frontal do objeto. Esse pequeno prisma tem 20 mm de comprimento, 10 mm de largura e 30 mm de altura, além de um afastamento de 10 mm da aresta direita do corpo maior. Veja, na Figura 11, como se apresenta essa nova informação no desenho.

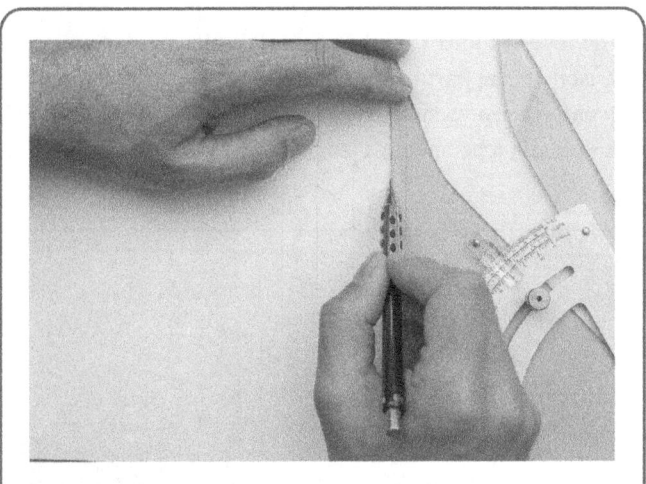

Figura 11. Delimitação do volume anterior do objeto.

Analisando novamente nossas vistas ortográficas, podemos observar que, nesse pequeno volume anterior, há um rebaixo com dimensões de 20 mm de comprimento, 10 mm de largura e 10 mm de altura, além de estar 10 mm afastado da aresta inferior do prisma. Veja, na Figura 12, a delimitação desse rebaixo, além do chanfro na lateral superior esquerda do prisma posterior.

Figura 12. Delimitação do rebaixo e inserção do chanfro.

Depois de inserir todas as linhas para delimitação das arestas da nossa perspectiva isométrica, basta eliminar as linhas que não serão visíveis e as auxiliares, conforme apresentado na Figura 13. Note que já é possível ter uma ideia de como ficará a perspectiva isométrica finalizada.

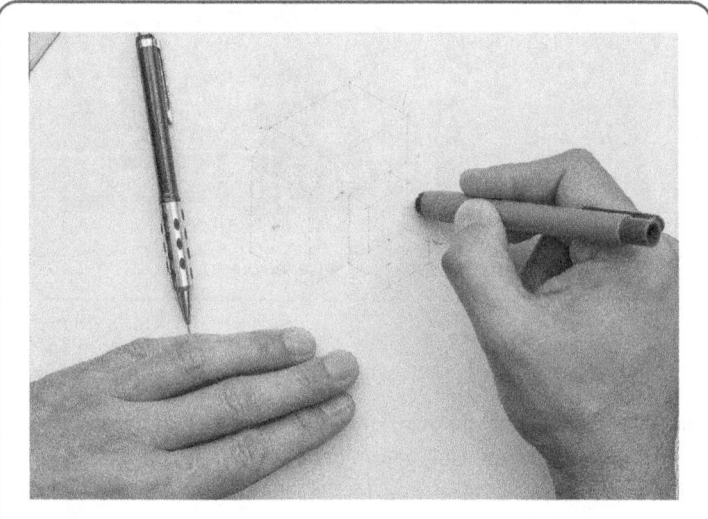

Figura 13. Eliminação das linhas auxiliares e linhas não visíveis.

Com o auxílio de esquadro e régua, reforce as arestas visíveis, mantendo um traçado firme e constante. O resultado deverá ser semelhante ao apresentado na Figura 14.

Perspectiva isométrica | 105

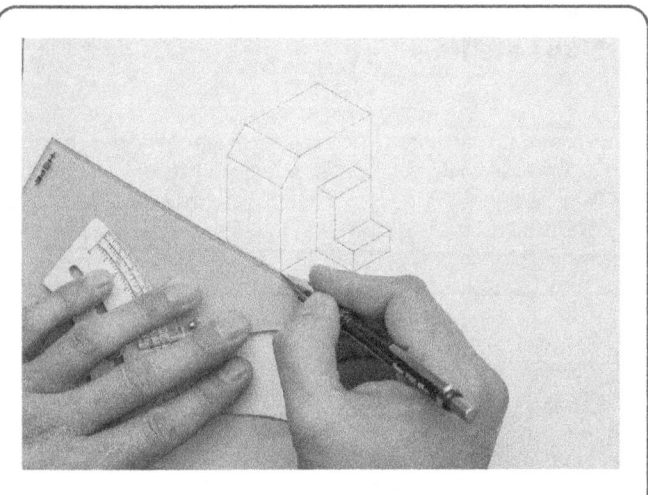

Figura 14. Reforço das arestas visíveis.

Após reforçar todas as arestas, dê o acabamento final no desenho, apagando pequenas manchas ou borrões, e seu desenho estará finalizado. O resultado deverá ser semelhante ao apresentado na Figura 15.

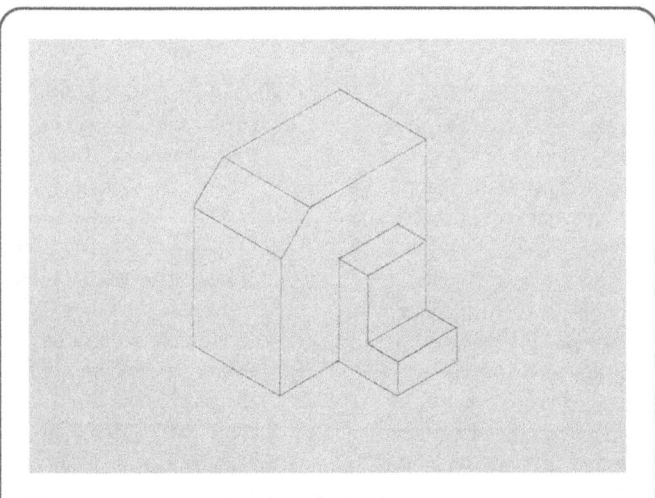

Figura 15. Perspectiva isométrica finalizada.

Fique atento

Pode ocorrer de "restos" de linhas auxiliares deixarem seu desenho um pouco confuso ou, mesmo, com aspecto de borrado. Para que o resultado fique bom, utilize uma borracha fina e de boa qualidade para apagar linhas mais extensas, e a borracha da lapiseira, por exemplo, para dar acabamento. Lembre-se de que limpeza e organização são fundamentais para um resultado perfeito.

Link

Quer saber um pouco mais sobre informações de desenho isométrico? Consulte:

https://goo.gl/bmWPa1

Exercícios

1. Sobre cotagem isométrica, a única afirmação correta é:
   a) Perspectivas isométricas não são, geralmente, cotadas porque não mostram os detalhes dos objetos em verdadeira grandeza.
   b) A ANSI não aprovou qualquer método de cotagem isométrica, os que são usados não são aprovados por ela.
   c) No sistema unidirecional, as linhas de extensão e as linhas de cota são todas desenhadas no plano isométrico em todas as faces do objeto.
   d) O sistema plano de figura é o mais simples e, por isto, é frequentemente empregado em perspectivas feitas para uso em produção.
   e) As linhas de guia "horizontais" para os letreiros são desenhadas paralelas às linhas de extensão, e as linhas de guia "verticais" são desenhadas paralelas às linhas de cota.

2. Sobre formas cilíndricas em perspectiva isométrica, a alternativa INCORRETA é:
   a) Objetos com formas cilíndricas ou cônicas, quando são postos

em isométrica, os círculos aparecem como elipses.

b) Cada objeto do conjunto está em perspectiva isométrica.

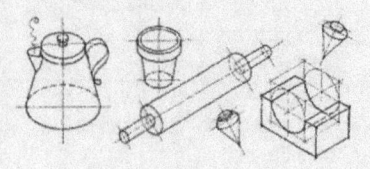

c) A figura representa a perspectiva isométrica de círculos.

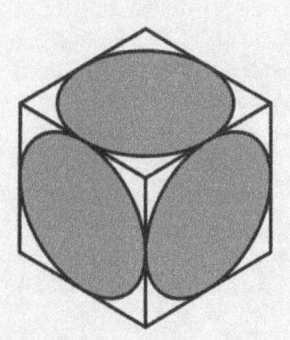

d) A figura mostra a construção de um círculo em perspectiva isométrica.

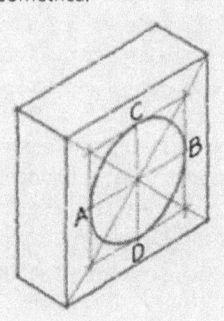

e) A figura mostra a construção de um círculo em perspectiva isométrica.

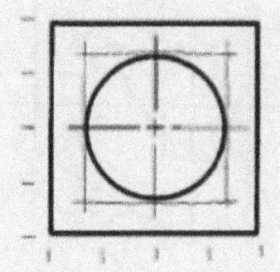

3. Desses desenhos, só um não está em perspectiva isométrica:

a)

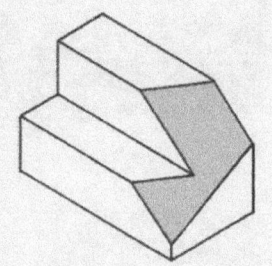

b)

c)

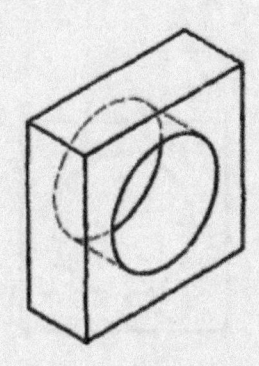

d)

e)

4. Qual das características abaixo é típica da perspectiva isométrica?
a) É também conhecida como cavaleira.
b) Possui três eixos que formam um ângulo de 120° entre si.
c) É uma perspectiva que adota o observador muito acima da linha do horizonte, como se estivesse a mirar o chão.
d) Entre as perspectivas paralelas, ela é a menos comum de ser utilizada no dia a dia devido a não ser fiel em sua cotagem.
e) Devido à falta de medidas fiéis, esta perspectiva não costuma ser usado em qualquer tipo de jogos eletrônicos.

5. Para a construção de um círculo em projeção isométrica, a única afirmação verdadeira é:
a) A perspectiva isométrica de um círculo exige que seja desenhado um círculo em cada face do cubo isométrico.
b) Não há necessidade dos eixos isométricos para traçar a elipse, bastando usar um compasso para garantir a correta curvatura.
c) Para desenhar a o círculo em perspectiva isométrica, devemos marcar os pontos médios dos segmentos de reta nos lados do quadrado.
d) Para desenhar um círculo isométrico, precisamos partir da base da pirâmide ortogonal, que irá determinar os três pontos mais distantes do nosso círculo.
e) O círculo que se forma em projeção isométrica também é chamado de isoesfera.

Referências

GIESECKE, F. E. et al. *Comunicação gráfica moderna*. Porto Alegre: Bookman, 2002.

MICELI, M. T.; FERREIRA, P. *Desenho técnico básico*. 2. ed. Rio de Janeiro: Imperial Novo Milênio, 2008.

PROVENZA, F. *Projetista de máquinas*. São Paulo: F. Provenza, 2014.

Desenho da falsa elipse (círculo isométrico)

Objetivos de aprendizagem

Ao final deste texto, você deve apresentar os seguintes aprendizados:

- Identificar e desenhar uma elipse em vista ortográfica e isométrica.
- Construir desenhos com partes arredondadas em perspectiva isométrica.
- Compreender e avaliar desenhos com círculos isométricos.

Introdução

Neste capítulo, você vai estudar e aprender a construir o desenho da falsa elipse e estará apto a entender e interpretar esse conceito, transformando detalhes de perspectiva isométrica em que estão inseridos nas partes arredondadas.

Também, conhecerá conceitos de círculo geométrico. Serão demonstrados, além da produção do desenho feito à mão, os comandos utilizados em um tipo de programa CAD.

Esperamos que o conteúdo ao longo do capítulo possa elucidar alguns detalhes de capítulos anteriores, e que possa também dar bastante subsídio para que você tenha uma melhor visão de engenheiro e comece a visualizar peças ou componentes de outra forma mais técnica, como ainda não havia percebido.

Aprender a desenhar uma elipse

O que é elipse?

De acordo com o dicionário do Google, elipse é um lugar geométrico dos pontos de um plano cujas distâncias a dois pontos fixos deste plano têm soma constante, intersecção de um cone circular reto e um plano que corta as suas geratrizes.

Assim, elipse pode ser considerada um tipo de secção cônica, ou seja, imagine um cone em que cortamos uma secção ao longo dele. Uma elipse tem coordenadas cartesianas com medidas diferentes, como, por exemplo, uma reta traçada no eixo das abscissas pode ser maior que uma reta traçada no eixo das ordenadas.

Passo a passo para desenhar uma elipse

Ferreira (2012) exemplifica de forma prática como desenhar uma elipse, em que define as ferramentas necessárias para desenhar uma elipse, como demonstrado na Figura 1.

- esquadro de 30 graus;
- esquadro de 45 graus;
- lápis;
- borracha;
- papel.

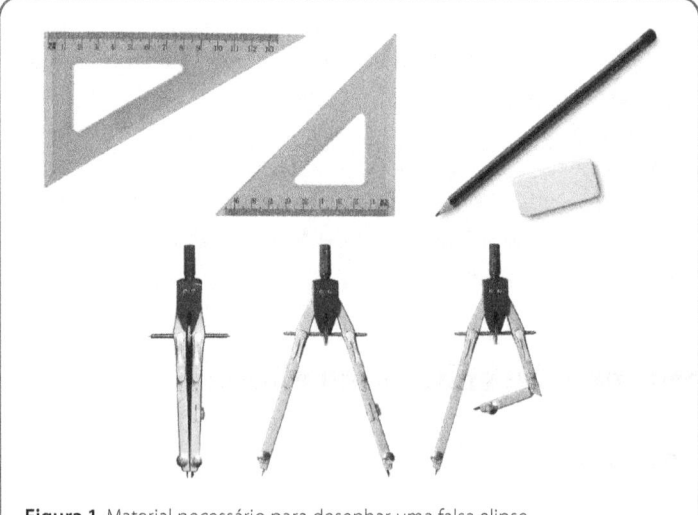

Figura 1. Material necessário para desenhar uma falsa elipse.

Fonte: Por exopixel/Shutterstock.com, kilic inan/Shutterstock.com, Vitaly Korovin/Shutterstock.com.

No mesmo blog, o autor exemplifica como transcrever um círculo de 100 mm de diâmetro para a representação de uma falsa elipse, conforme verificamos na Figura 2.

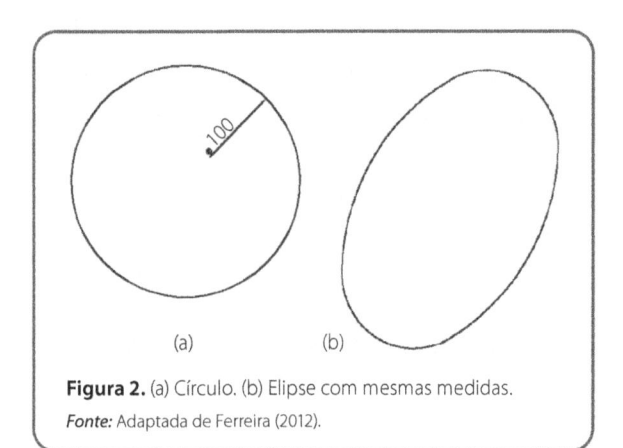

Figura 2. (a) Círculo. (b) Elipse com mesmas medidas.
Fonte: Adaptada de Ferreira (2012).

Para desenhar a falsa elipse, esse autor começa por descrever o uso dos esquadros para marcar as linhas de 30 graus e os eixos das ordenadas e das abscissas, conforme Figura 3.

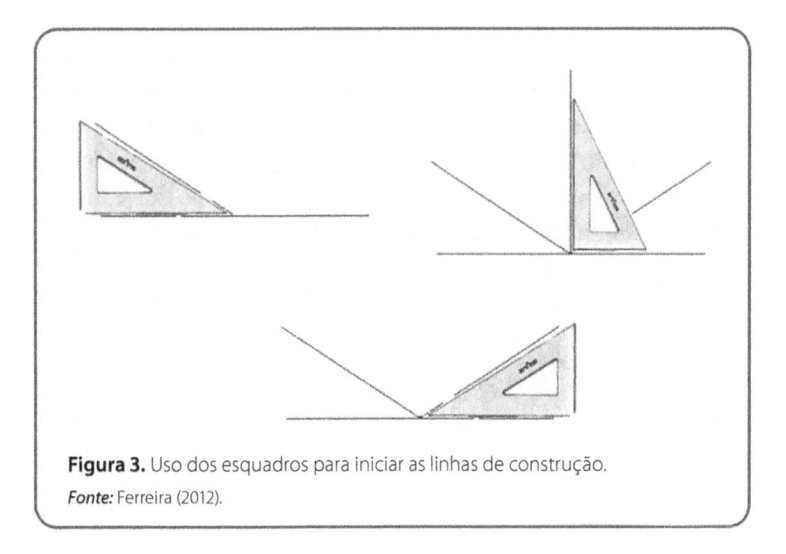

Figura 3. Uso dos esquadros para iniciar as linhas de construção.
Fonte: Ferreira (2012).

Com a marcação das linhas de referência, para fazer a marcação de 100 mm (Figura 4), o autor indica o diâmetro do círculo já dado. Isso é feito no eixo da ordenada e na projeção das linhas traçadas pelo esquadro de 30 graus. Logo após isso, é traçado o primeiro quadrante com linhas paralelas à reta marcada pelo esquadro de 30 graus e outra paralela ao eixo da ordenada.

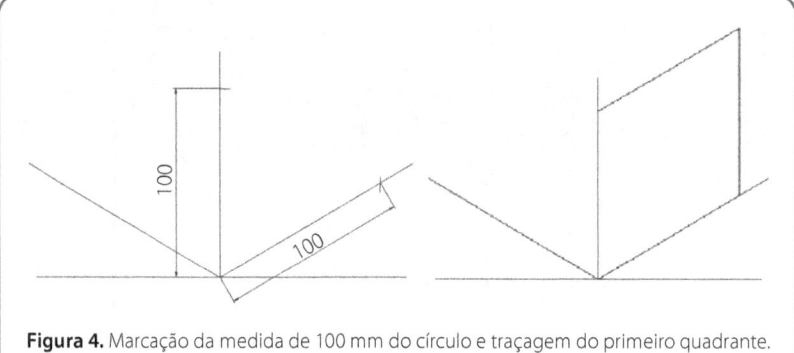

Figura 4. Marcação da medida de 100 mm do círculo e traçagem do primeiro quadrante.
Fonte: Adaptada de Ferreira (2012).

Já é conhecida a medida de 100 mm, precisa-se agora encontrar o segmento médio das retas do "losango", que, na realidade, é um quadrado dito "inclinado". Marcam-se medidas de 50 mm na base e na altura do losango e traça-se perpendiculares, por meio destes pontos médios, e, posteriormente, uma diagonal, encontrando o ponto O do início da ordenada até o ponto mais equidistante do losango. A Figura 5 demonstra essas etapas. Observa-se que, caso não tivéssemos a medida real do segmento de reta do losango, com o compasso, poderíamos traçar um x para fora e para dentro desta reta, e, com os dois pontos encontrados, poderíamos traçar e encontrar o ponto médio da reta.

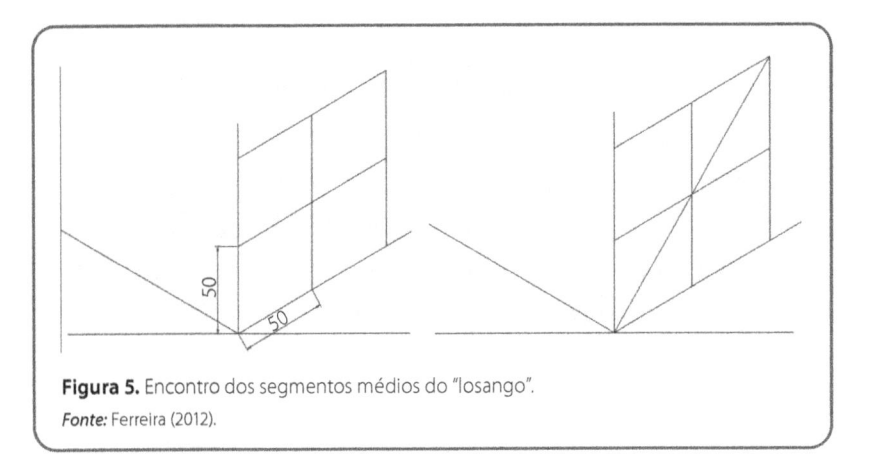

Figura 5. Encontro dos segmentos médios do "losango".
Fonte: Ferreira (2012).

A partir daqui, conforme descrito pelo autor, deveremos encontrar os segmentos médios da linha diagonal traçada em cada um dos pequenos losangos que a linha percorre. Para isso, como sabemos que o esquadro tem um ângulo de 30 graus e que este ângulo já foi traçado com relação à linha de base, obteremos a linha média com a colocação do esquadro nos seguintes pontos do losango, conforme Figura 6.

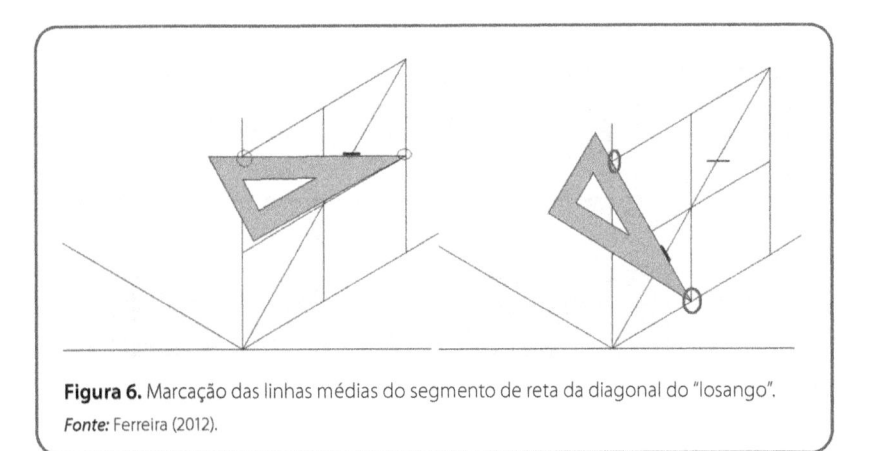

Figura 6. Marcação das linhas médias do segmento de reta da diagonal do "losango".
Fonte: Ferreira (2012).

Assim, com os pontos marcados, já se pode abrir o compasso e marcar os quatro pontos para encontrar a falsa elipse. Nas Figuras 7, 8, 9 e 10, demonstramos as etapas.

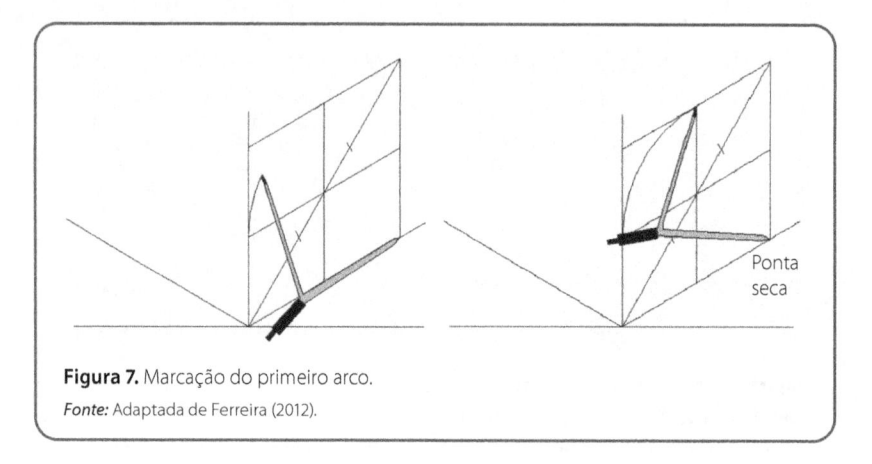

Figura 7. Marcação do primeiro arco.
Fonte: Adaptada de Ferreira (2012).

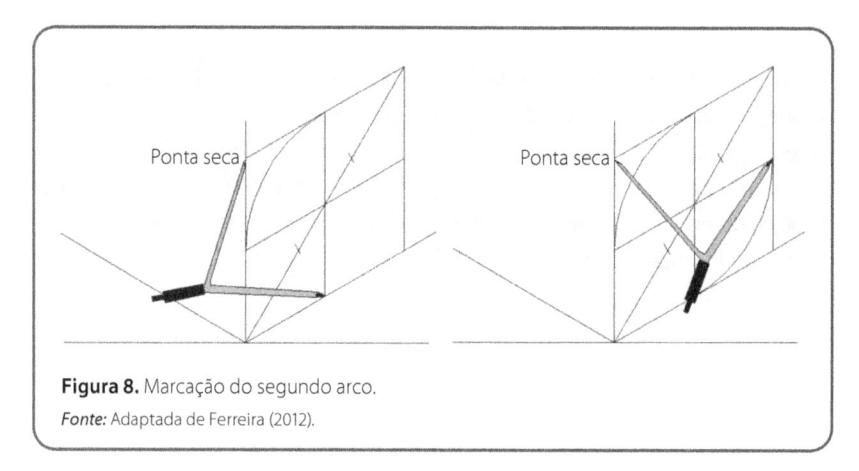

Figura 8. Marcação do segundo arco.
Fonte: Adaptada de Ferreira (2012).

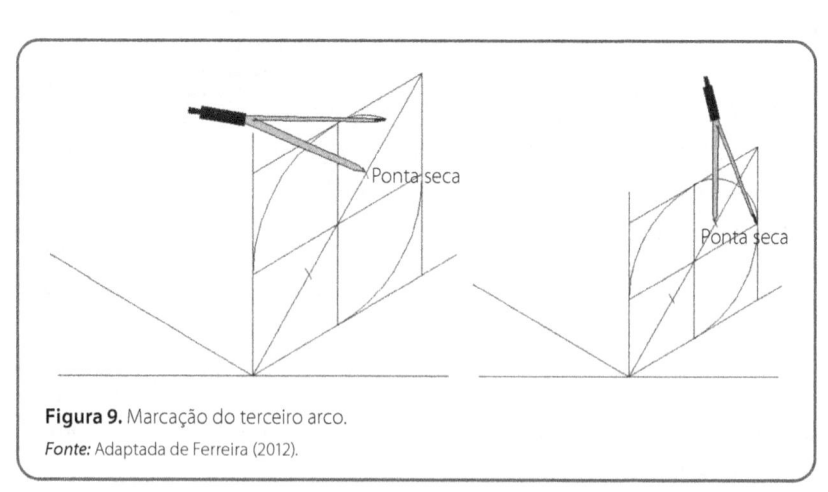

Figura 9. Marcação do terceiro arco.
Fonte: Adaptada de Ferreira (2012).

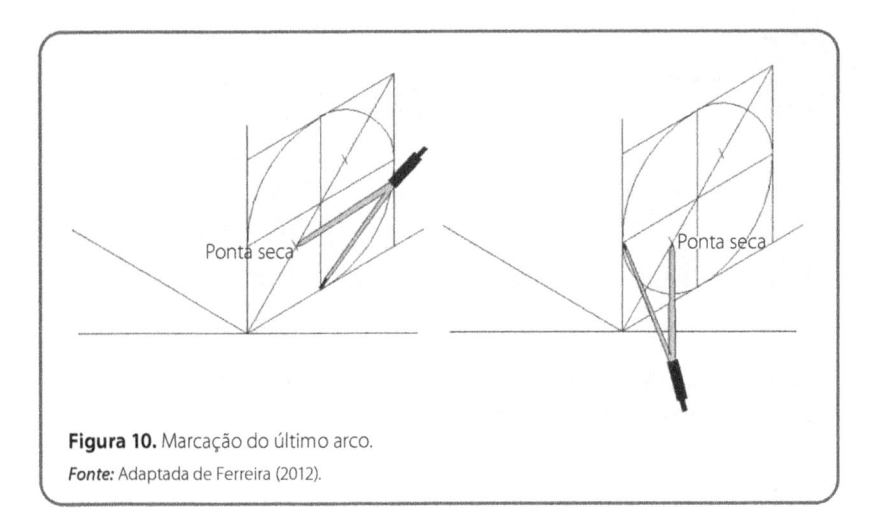

Figura 10. Marcação do último arco.
Fonte: Adaptada de Ferreira (2012).

Sendo assim, foi possível desenhar a falsa elipse com as medidas de aproximação do círculo geométrico de diâmetro 100 mm, que resultou, depois de apagadas as linhas de construção, na elipse da Figura 11.

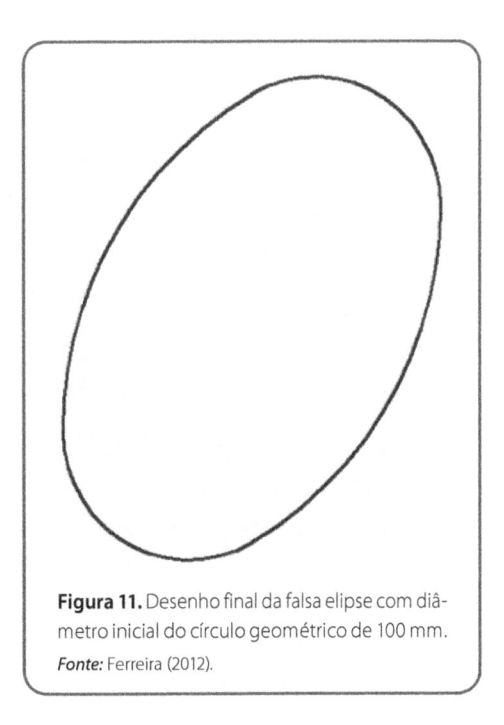

Figura 11. Desenho final da falsa elipse com diâmetro inicial do círculo geométrico de 100 mm.
Fonte: Ferreira (2012).

> **Link**
>
> É fácil observar que essa foi apenas uma forma de desenhar uma falsa elipse. Existem outras formas de desenhar falsas elipses, elas são demonstradas no link a seguir.
>
> https://goo.gl/y6hjph

Desenhos de partes arredondadas em perspectiva isométrica

Assim como aprendemos uma das formas de desenhar uma falsa elipse, podemos incorporar esse conceito na produção de perspectivas isométricas, arredondando as formas do desenho encontradas. Na Figura 12, podemos visualizar um traçado de perspectiva isométrica com cantos arredondados.

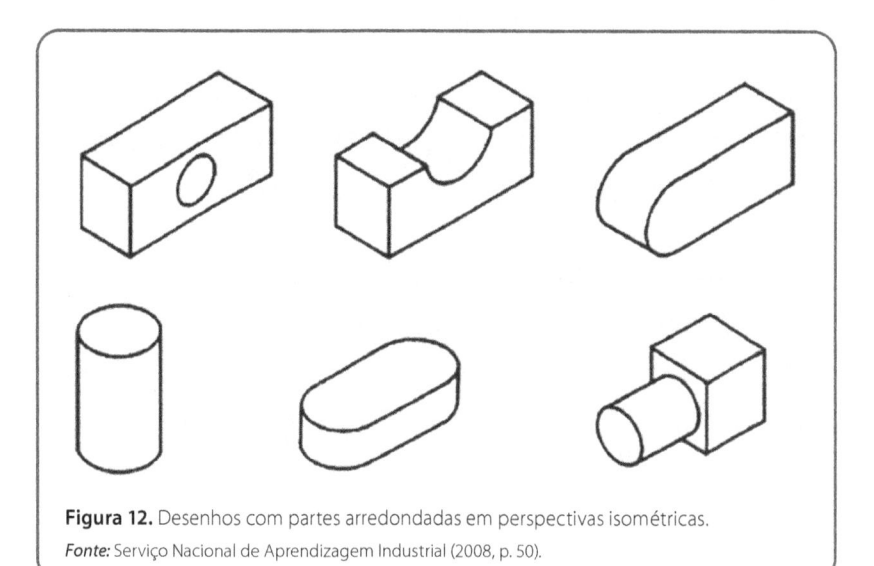

Figura 12. Desenhos com partes arredondadas em perspectivas isométricas.
Fonte: Serviço Nacional de Aprendizagem Industrial (2008, p. 50).

Nessa figura, podemos visualizar que muitas geometrias em um desenho necessitam do arredondamento feito com o conceito de desenvolvimento de uma falsa elipse — os furos, as cunhas, as quinas, etc. necessitam de arredondamentos e devem estar inseridos nesse conceito.

Na Figura 13, podemos verificar as fases para a construção de perfis isométricos com arredondamentos. Observa-se que um ótimo recurso para utilizar esse traçado é a folha de papel isométrico.

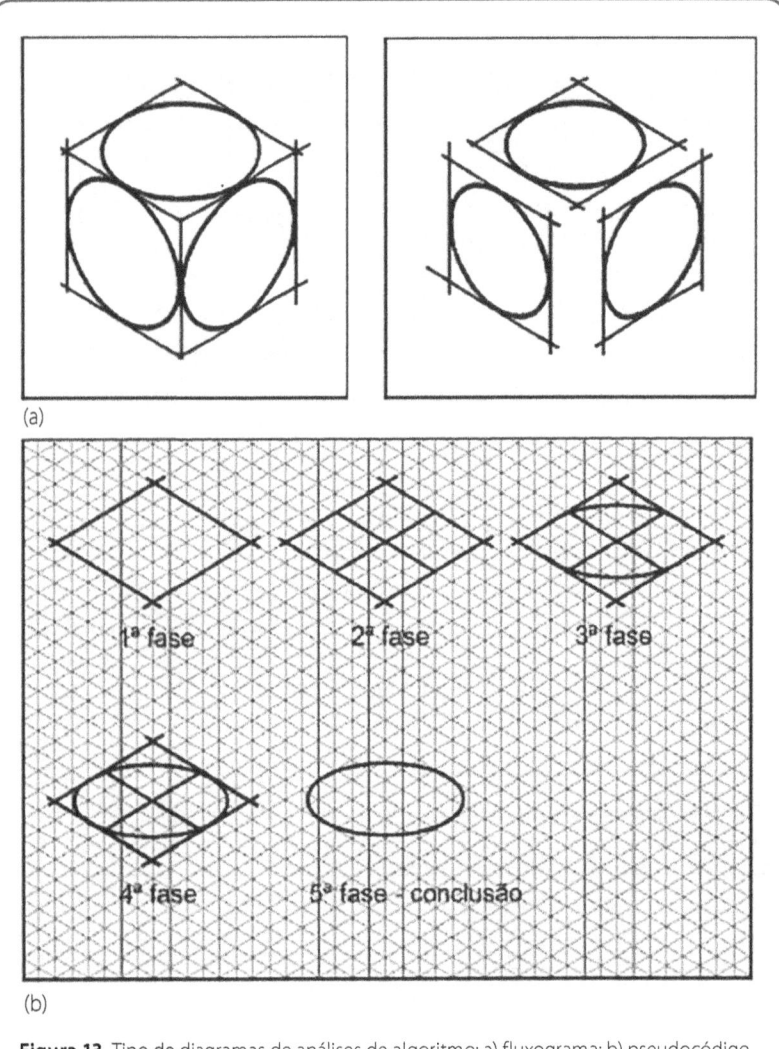

Figura 13. Tipo de diagramas de análises de algoritmo: a) fluxograma; b) pseudocódigo.
Fonte: Serviço Nacional de Aprendizagem Industrial (2008, p. 51).

É fácil observar que um desenho de uma figura em perspectiva deverá ser fatiado, ou seja, devemos observar cada face de um objeto e desenhá-la por etapas, e, dentro uma, adotar as fases conforme indicado na figura.

Alguns exemplos de partes arredondadas em perspectivas estão descritos na Figura 14. Observe o quão amplo poderá ser aplicado o conceito de falsa elipse nestas(es) peças/desenhos.

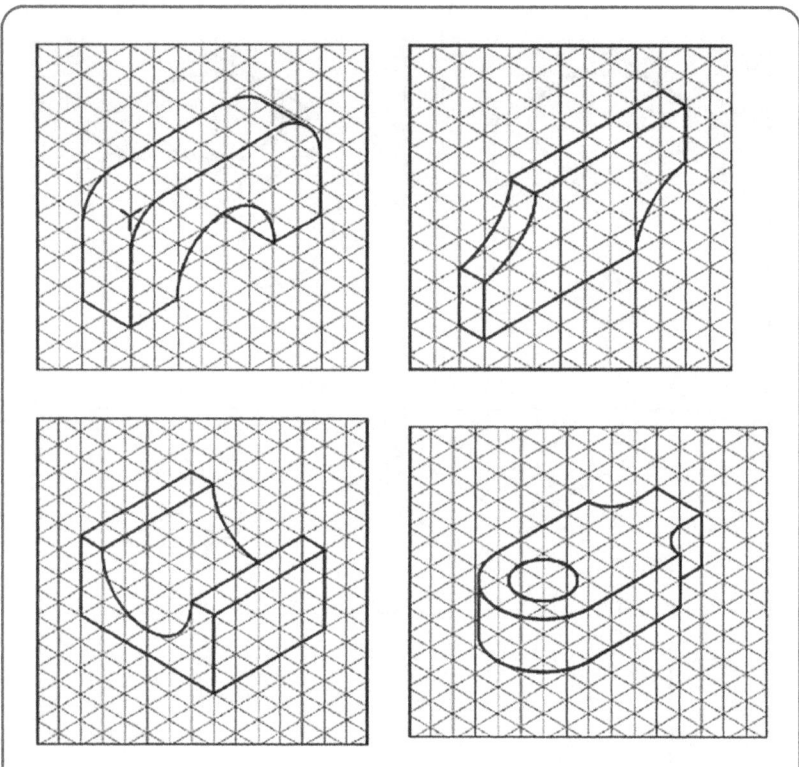

Figura 14. Exemplos de peças de perspectiva isométrica com arredondamentos.
Fonte: Serviço Nacional de Aprendizagem Industrial (2008, p. 53).

Aprender a interpretar desenhos em círculos isométricos

Por meio dos conceitos visualizados para criar uma falsa elipse e para desenhar de acordo com uma perspectiva isométrica, observa-se que é fácil, agora, poder aprender a interpretar os desenhos em círculos isométricos. Existem *softwares* de desenho técnico atualmente, que podem simplificar o desenho, como, por exemplo, o Autocad da empresa Autodesk. Por meio deste programa computacional, existe um comando interno que especifica dados para desenhar a elipse, que é denominado como:

>>Command: ELLIPSE
Specify axis endpoint of elipse or [Arc/Center/Isocircle]:I
Specify center of isocircle:
Specify radius of isocircle or [Diameter]: D
Specify diameter of isocircle: 10

No comando acima, definiu-se que queremos obter um círculo isométrico e que o mesmo deverá ter 10 mm, conforme Figura 15.

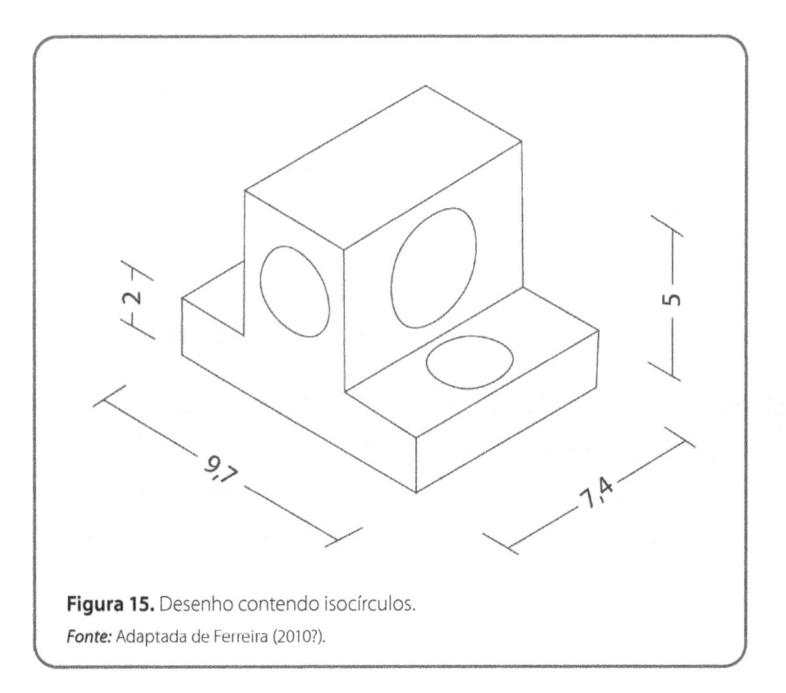

Figura 15. Desenho contendo isocírculos.
Fonte: Adaptada de Ferreira (2010?).

Exercícios

1. Quais são os materiais técnicos que deverão ser utilizados para produzir um desenho de uma falsa elipse à mão?
   a) Esquadro de 30 e 45 graus, compasso, lápis e borracha.
   b) Livro, compasso, apagador, giz de cera.
   c) Esquadro de 30 e 45 graus, apagador, giz de cera, borracha.
   d) Régua, transferidor de graus, lápis, borracha.
   e) Nenhuma das alternativas.

2. É possível representar a mesma medida de um diâmetro de um círculo geométrico e transportar esta para o desenho de uma falsa elipse?
   a) Apenas no uso de pranchetas para base de um desenho feito à mão.
   b) Sim.
   c) Não é possível, pois a medida será considerada aproximada e não real.
   d) Apenas no caso do círculo isométrico.
   e) Nenhuma das alternativas.

3. Quantas são as fases/etapas possíveis para traçar um círculo isométrico?
   a) 2.
   b) 3.
   c) 4.
   d) 5.
   e) 6.

4. Círculos isométricos são mais fáceis de desenhar à mão, por quê?
   a) Tem-se que traçar as linhas do eixo z nestes círculos.
   b) São mais difíceis porque tem-se que traçar as medianas e as retas paralelas para fazer os pequenos arcos nas extremidades.
   c) Não são mais fáceis.
   d) São mais fáceis do que os arredondamentos em perspectiva isométrica.
   e) Basta traçar as medianas e desenhar os arcos.

5. Existem alguns programas computacionais utilizados para fazer as elipses dentro de uma perspectiva isométrica, um destes programas é o Autocad. Qual o comando utilizado neste programa para fazer a falsa elipse?
   a) Circle.
   b) Spline.
   c) Line.
   d) Elipse.
   e) Nenhuma das alternativas.

Referências

FERREIRA, P. *Como desenhar uma elipse?* [S.l.]: Tec Mecanico, 2012. Disponível em: <https://tecmecanico.blogspot.com.br/2012/06/como-desenhar-uma-elipse.html>. Acesso em: 12 fev. 2018.

FERREIRA, P. *Construção geométrica passo-a-passo da oval de quatro centros (falsa elipse)*. [S.l.]: Blog da Professora Márcia Anaf, [2010?]. Disponível em: <http://marciaanaf.pro.br/Oval%20de%204%20centros.pdf>. Acesso em: 12 fev. 2018.

SERVIÇO NACIONAL DE APRENDIZAGEM INDUSTRIAL. *Desenho I*: iniciação ao desenho. São Paulo: SENAI-SP, 2008.

Leituras recomendadas

ASSOCIAÇÃO BRASILEIRA DE NORMAS TÉCNICAS. *ABNT NBR 8196:1999*. Desenho técnico – Emprego de escalas. Rio de Janeiro: ABNT, 1999.

ASSOCIAÇÃO BRASILEIRA DE NORMAS TÉCNICAS. *ABNT NBR 10067:1995*. Princípios gerais representação desenho técnico. Rio de Janeiro: ABNT, 1995.

FRENCH, T. E.; VIERCK, C. J. *Desenho técnico e tecnologia gráfica*. 8. ed. São Paulo: Globo, 2005.

MANFÉ, G.; POZZA, R.; SCARATO, G. *Desenho técnico mecânico*: curso completo para as escolas técnicas e ciclo básico das faculdades de engenharia. São Paulo: Hemus, 2004.

NASCIMENTO, R. A.; NASCIMENTO, L. R. *Desenho técnico*: conceitos teóricos, normas técnicas e aplicações práticas. São Paulo: Viena, 2014.

PROVENZA, F. *Desenhista de máquinas*. São Paulo: F. Provenza, 1997.

PROVENZA, F. *Projetista de máquinas*. São Paulo: F. Provenza, 1986.

SILVA, A. et al. *Desenho técnico moderno*. 4. ed. Rio de Janeiro: LTC, 2006.

WAGNER, M. A. *Círculos isométricos*. [S.l.]: Paulo Ferreira, c2017. Disponível em: <http://www.pauloferreira.pt/index.php/autocad/12-autocad/120-circulos-isometricos>. Acesso em: 12 fev. 2018.

Vistas seccionais

Objetivos de aprendizagem

Ao final deste texto, você deve apresentar os seguintes aprendizados:

- Demonstrar graficamente partes ocas de peças representadas isometricamente e ortograficamente.
- Desenvolver os diferentes tipos de cortes: total, meio corte, parcial, composto.
- Relacionar os diferentes tipos de hachuras e suas devidas aplicações.

Introdução

O desenho técnico é uma das ferramentas mais importantes em um projeto, pois é o meio de comunicação entre o projetista e quem produz, como, por exemplo, um técnico mecânico ou um engenheiro mecânico. Porém, quando a peça a ser desenhada possui um grande número de detalhes internos (invisíveis), as projeções ortogonais apresentarão uma série de linhas tracejadas, que dificulta a interpretação do desenho, sendo necessário realizar um corte (ou secções) das peças. Os cortes de um objeto são imaginários, para expor seu interior ou revelar a forma de uma de suas partes.

Neste capítulo, será apresentada a importância da representação gráfica ortográfica e isométrica em desenhos técnicos, além dos diferentes tipos de cortes e da importância e função das hachuras nos desenhos técnicos e os diferentes tipos de hachuras e suas devidas aplicações.

Vistas seccionais: considerações iniciais

Os projetistas ou engenheiros, quando elaboram um desenho técnico, apresentam um papel fundamental, uma vez que nele estão contidas todas as informações precisas e necessárias para a construção de uma determinada peça (FERREIRA; FALEIRO; SOUZA, 2008). Já, para o leitor do desenho técnico, é fundamental saber fazer a correspondência entre as vistas ortográficas e o modelo representado em perspectiva isométrica. Em relação às vistas seccionais, estas são obtidas a partir de um suposto corte na peça por um plano secante, convenientemente escolhido, e remoção da parte interposta entre o plano secante e o observador.

> **Fique atento**
>
> As vistas seccionais objetivam basicamente detalhar as partes ocas das peças, mostrando o tipo de material, e facilitar a cotagem. Uma vista seccional deve cortar o maior número de partes ocas possíveis.

As vistas seccionais são divididas em corte (sendo o conceito e os diferentes tipos apresentados no subcapítulo a seguir) e seção. De acordo com Ribeiro, Peres e Izidoro (2013), secção é um corte que representa a intersecção do plano secante com a peça ou, em palavras mais simples, a secção representa a forma de um determinado ponto da peça. As secções podem ser desenhadas tanto dentro como fora do contorno da vista e ambas são utilizadas para representar a forma de nervuras, braços de volantes, rasgos, entre outros.

Os desenhos devem apresentar uma ideia real da peça a ser desenhada, sendo que, para isso, é preciso recorrer a um modo especial de representação gráfica: a perspectiva. Existem diferentes tipos de perspectivas, como a perspectiva cônica, a cavaleira e a isométrica. A perspectiva isométrica é a mais utilizada dentro das projeções axonométricas, fato explicado principalmente devido à perspectiva isométrica na sua forma simplificada, **o desenho isométrico ou isometria simplificada**, que não necessita de coeficientes de redução. Na perspectiva isométrica, os três eixos no espaço (x, y, z) estão igualmente inclinados em relação ao plano de projeção. Dessa forma, os eixos axonométricos fazem o mesmo ângulo e coeficiente de redução nas três escalas iguais. Portanto, a escala axonométrica é 1:1:1.

> **Fique atento**
>
> Projeções axonométricas constituem-se na ciência da representação gráfica dos objetos, tais como são vistos pelos olhos humanos. É um método que permite reproduzir as três dimensões numa superfície plana, representando graficamente as deformações aparentes percebidas pelas vistas humanas.
> A perspectiva fornece três elementos indispensáveis:
> 1. dá ao objeto a ideia de dimensão e volume;
> 2. dá a sensação de distância;
> 3. sugere espaço.

Mas, como ocorre o traçado da perspectiva isométrica simplificada? O desenho da perspectiva isométrica é baseado num sistema de três semirretas que têm o mesmo ponto de origem e formam entre si três ângulos de 120°. Essas semirretas, assim dispostas, recebem o nome de eixos isométricos. Para poder estudar a perspectiva isométrica de um desenho técnico, é necessário saber algumas informações, segundo Bachmann e Forberg (1979), sendo estas:

- **Ângulo:** Corresponde à figura geométrica formada por duas semirretas de mesma origem. A medida do ângulo é dada pela abertura entre seus lados. O desenho da perspectiva isométrica é baseado num sistema de três semirretas que têm o mesmo ponto de origem e formam entre si três ângulos de 120°.
- **Eixos isométricos:** Cada uma das semirretas é um eixo isométrico. Os eixos isométricos podem ser representados em posições variadas, mas sempre formando, entre si, ângulos de 120° (Figura 1a). Qualquer reta paralela a um eixo isométrico é chamada linha isométrica
- **Linhas não paralelas:** Linhas que não são paralelas aos eixos isométricos são não isométricas (Figura 1b).

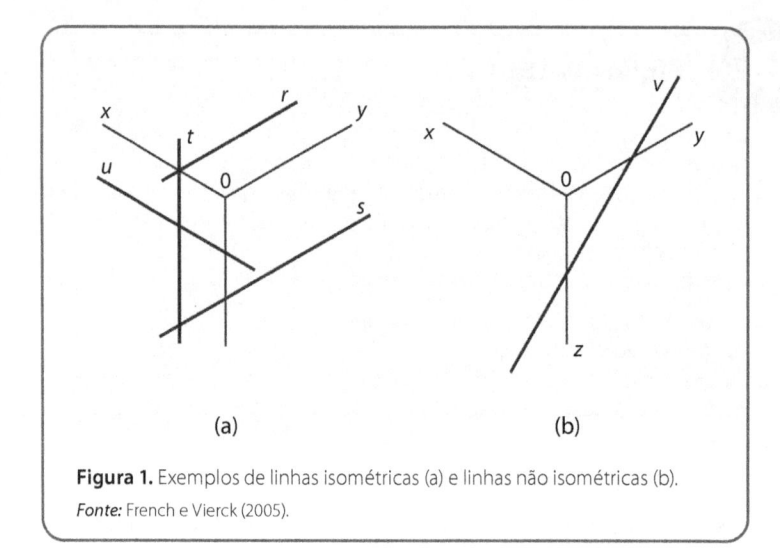

Figura 1. Exemplos de linhas isométricas (a) e linhas não isométricas (b).
Fonte: French e Vierck (2005).

Nos desenhos de perspectiva isométrica, o objeto está oblíquo em relação ao plano de projeção. Essa obliquidade em relação ao plano de projeção faz com que a projeção das dimensões do objeto no plano de projeção seja reduzida igualmente em cada direção dos eixos. Sendo assim, o desenho da projeção fica com todas as arestas reduzidas com relação à peça real (FRENCH; VIERCK, 2005).

A fim de facilitar o entendimento da perspectiva isométrica, a seguir, será apresentado um exemplo de como ocorre essa representação de forma gráfica. Imagine um prisma retangular (Figura 2), sendo que serão descritas cinco fases para sua realização.

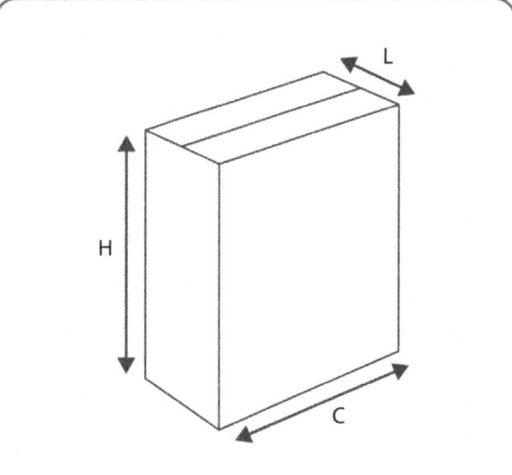

Figura 2. Exemplo de um prisma retangular, onde será traçada a perspectiva isométrica. H: altura; L: largura; e C: comprimento.
Fonte: Adaptada de owatta/Shutterstock.com.

- **Primeira fase:** Traçar os isométricos, indicando o comprimento, a largura e a altura aproximados sobre cada eixo (Figura 3a).
- **Segunda fase:** Onde foram traçados o comprimento e a altura, devem ser traçadas duas linhas isométricas que irão se cruzar, o que determinará a face da frente do modelo (Figura 3b).
- **Terceira fase:** Traçar duas linhas isométricas que irão se cruzar nos pontos onde foram marcados o comprimento e a largura, o que determinará a face superior (Figura 3c).
- **Quarta fase:** Devem ser traçadas duas linhas isométricas a partir dos pontos indicados como largura e altura, o que determinará a face lateral (Figura 3d).
- **Quinta fase:** Após apagar as linhas dos eixos isométricos que serviram de base, tem-se a perspectiva isométrica do prisma retangular concluído (Figura 3e).

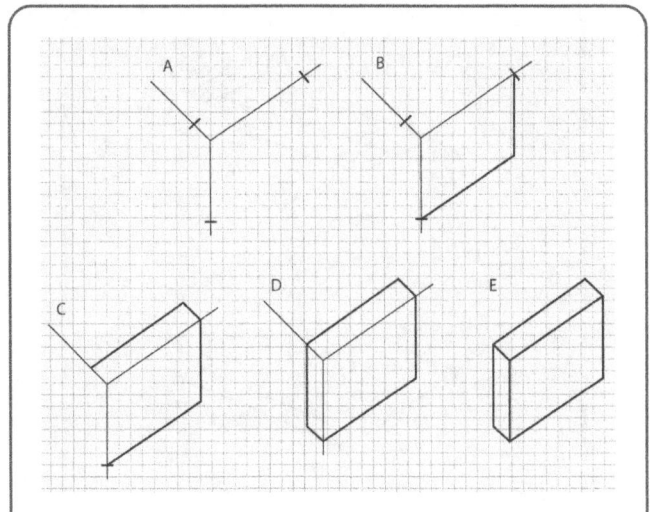

Figura 3. Exemplo do traçado da perspectiva isométrica de um prisma retangular, seguindo 5 fases.
Fonte: Adaptada de ExpressVectors/Shutterstock.com.

Peças representadas ortograficamente

Conforme se pode perceber pelo desenho da Figura 3, que retrata a Figura 2, as formas de um objeto em perspectiva isométrica apresentam uma determinada deformação, ou seja, o desenho não mostra sua verdadeira grandeza, apesar de conservar as mesmas proporções do comprimento, da largura e da altura do objeto. Em relação aos detalhes internos de uma determinada peça, a representação em perspectiva isométrica nem sempre mostra claramente os detalhes internos da mesma. Logo, os projetistas, em sua grande maioria, acabam optando pela representação em projeção ortográfica.

Especificamente falando das projeções ortográficas, estas podem ser definidas como qualquer projeção isolada feita de abaixamento de perpendiculares sobre um plano. Ou seja, a projeção ortográfica é o método de representar a forma exata de um objeto por meio de duas ou mais projeções do objeto sobre planos, que, em geral, estão em ângulo reto entre si, baixando-se perpendiculares do objeto ao plano. O conjunto das vistas sobre esses planos descreve totalmente o objeto (FRENCH; VIERCK, 2005).

As vistas ortográficas são figuras representativas de uma projeção cilíndrica ortogonal de um objeto sobre um plano, devendo ser realizada de modo a deixar nítida a forma do objeto e seus detalhes (FRENCH; VIERCK, 2005). A projeção ortogonal é uma representação bidimensional de um objeto tridimensional. De acordo com a norma (ABNT NBR 10647:1989), as vistas principais de uma peça qualquer são as seis vistas que se projetam no paralelepípedo de referência: frontal, lateral direita, lateral esquerda, inferior, superior e posterior.

Fique atento

A projeção sobre o plano vertical chama-se de vista de frente, projeção vertical ou elevação. Já a projeção vertical sobre o plano horizontal, vista superior, projeção horizontal ou planta. Aquelas sobre as faces laterais, ou plano de perfil, vista lateral, projeção de perfil, elevação lateral ou, às vezes, vista de perfil ou elevação de perfil. Invertendo-se a direção de observação, obtém-se uma vista inferior em lugar da vista superior, ou uma vista posterior em lugar de uma vista de frente.

Em relação às dimensões espaciais (medida do espaço tridimensional), é fundamental que, nos desenhos técnicos, essas direções sejam fixadas, segundo French e Vierck (2005), sendo estas:

- **Altura:** Diferença em elevação entre dois pontos quaisquer, medida sobre a perpendicular existente entre um par de planos horizontais que contêm os pontos. A altura sempre é medida sobre uma direção vertical e não possui relação com a forma do objeto, sendo que a Figura 4a apresenta a definição de altura, diferença, em elevação, entre dois pontos.
- **Largura:** Distância entre dois pontos quaisquer, situados sobre a perpendicular existente entre dois planos de perfil contendo os pontos. Na Figura 4b, é apresentada a definição de largura, a qual consiste na diferença da esquerda para a direita entre dois pontos.
- **Profundidade:** Distância da frente ao fundo entre dois pontos quaisquer, medida sobre a perpendicular entre dois planos contendo os pontos. Na Figura 4c, é apresentada a definição de profundidade, a diferença da parte anterior para a parte posterior entre dois pontos.

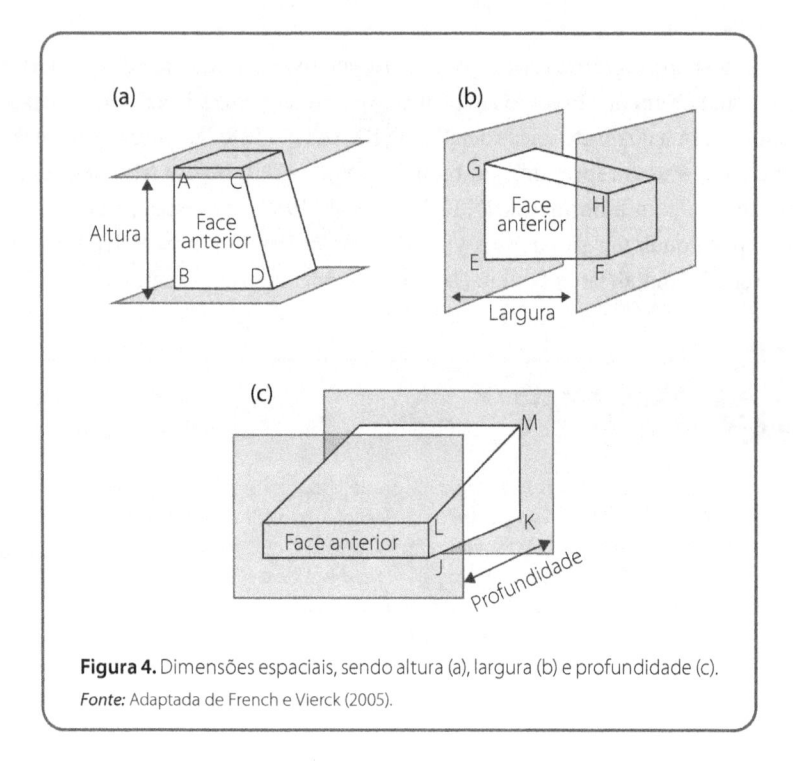

Figura 4. Dimensões espaciais, sendo altura (a), largura (b) e profundidade (c). *Fonte:* Adaptada de French e Vierck (2005).

Diferentes tipos de cortes em peças

Muitas vezes, quando a parte interna de um objeto é complexa ou os componentes de uma máquina são desenhados já montados, a tentativa de mostrar porções ocultas por meio das linhas tracejadas, geralmente utilizadas em vistas ortográficas comuns, resulta em uma rede confusa de linhas, que dificulta o traçado e torna quase impossível a leitura com clareza. Nesses casos, para auxiliar a descrição do objeto, desenham-se uma ou mais vistas que mostram esse objeto como se uma porção tivesse sido retirada, relevando sua parte interna (FRENCH; VIERCK, 2005). Qualquer uma dessas convenções é denominada corte ou secção, ou seja, um corte imaginário de um objeto para expor seu interior ou revelar a forma de uma de suas partes. Denomina-se vista seccional quando toda ou uma parte substancial da vista foi seccionada.

Entender os diferentes tipos de cortes em desenhos técnicos é fundamental, mas o que exatamente seriam os cortes em peças? Além da representação da parte externa das peças, muitas vezes, é necessário detalhar a parte interna, sendo que, para isso, utilizam-se cortes nas peças (CRUZ, 2010).

Por exemplo, imagine o desenho de uma casa: o corte consiste na visualização da construção, após a mesma ter sido cortada por um plano vertical e retirada a parte anterior. Nesse caso, o corte tem por finalidade apresentar as várias alturas de um prédio, como pé direito, altura de janelas e portas, altura de peitoris, vigas, vergas, etc., conforme apresentado na Figura 5. Além disso, por meio dos cortes, apresentamos os principais detalhes das fundações, lajes, coberturas, etc. (FERREIRA; FALEIRO; SOUZA, 2008).

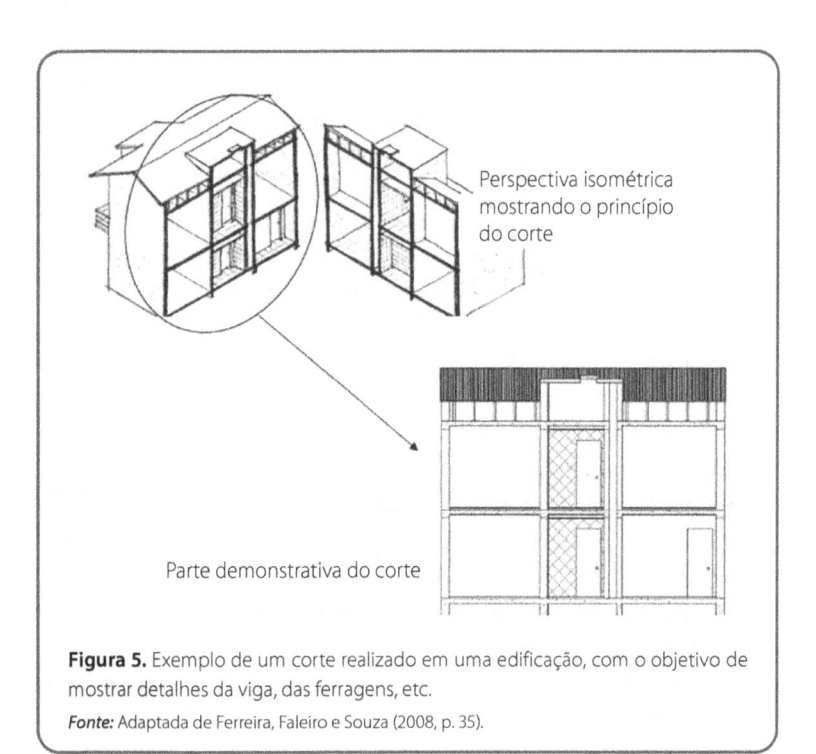

Figura 5. Exemplo de um corte realizado em uma edificação, com o objetivo de mostrar detalhes da viga, das ferragens, etc.
Fonte: Adaptada de Ferreira, Faleiro e Souza (2008, p. 35).

> **Fique atento**
>
> O corte é um recurso utilizado para a análise e representação da estrutura interna de um objeto e seu funcionamento. Como o corte é imaginário e a peça não está de fato cortada, as outras vistas são representadas normalmente.
> É comum utilizar-se o termo "vista cortada", em razão de o corte tratar-se de uma vista especial, onde o observador está em um ponto dentro da peça e não externo a ela.

> **Saiba mais**
>
> Para saber mais sobre cortes em desenhos técnicos, assista ao vídeo no link a seguir.
>
> https://goo.gl/E7xy3g

Porém, Ribeiro, Peres e Izidoro (2013) mencionam a existência de algumas regras específicas para traçar vistas em corte, sendo elas:

- **Regra 1:** Componentes como eixos, pinos, parafusos, porcas, dentes de engrenagens, chavetas, rebites e nervuras, quando seus eixos longitudinais estiverem no plano de corte, não serão cortados — portanto, não serão hachurados.
- **Regra 2:** Nas vistas em corte, não se deve colocar linhas tracejadas. As arestas invisíveis situadas além do plano de corte só devem ser representadas se forem necessárias à compreensão da peça.
- **Regra 3:** A disposição das vistas em corte deve seguir a mesma disposição das vistas principais.
- **Regra 4:** Em peças simples, nas quais a localização da posição do plano de corte é evidente, o desenho da linha de corte pode ser dispensado.
- **Regra 5:** Quando o corte da peça for constituído de planos secantes paralelos, as hachuras devem estar na mesma direção, mas suas linhas devem ser deslocadas para se distinguir os planos de corte.

> **Fique atento**
>
> Em relação aos tipos de cortes, estes podem ser: corte total, cortes compostos, meio corte e corte parcial.

Quando um corte atravessa a peça em toda sua extensão, ele é denominado **corte total**. Caso o plano secante tenha uma única superfície, o corte total recebe o nome de corte reto. Mas, se o plano secante tiver mais de uma superfície, então, aplica-se um corte total em que o plano secante muda de direção e é composto de várias superfícies, sendo chamado de corte em desvio ou composto.

Cruz (2010) menciona que, no corte total, a peça é cortada em sua totalidade, usando um plano de corte. A parte maciça da peça é representada por uma hachura, a qual deve apresentar uma inclinação de 45°. Ou seja, deve-se imaginar que a peça está cortada e o observador olha a peça na direção indicada pelas setas; e caso a peça seja muito complexa, pode ser necessário representar mais de um corte num mesmo modelo, conforme indicado na Figura 6.

Já os **cortes compostos** (também conhecidos como cortes em desvio) são utilizados para que possam ser mostrados alguns detalhes desejados, por meio de mais de um plano de corte. Isso ocorre com peças cujos detalhes estão desalinhados.

Cruz (2010) descreve que o **meio corte** é geralmente utilizado para peças simétricas, em que apenas metade da peça é mostrada em corte, sendo que a outra metade permanece em vista. Não é necessário fazer nenhum tipo de indicação adicional para esse tipo de corte. Desse modo, Ribeiro, Peres e Izidoro (2013) mencionam que a vista em corte representará simultaneamente as formas externa e interna da peça, o que caracteriza o meio corte.

> **Fique atento**
>
> Da mesma forma que no corte total, no meio corte, tanto na parte cortada como na parte não cortada, as arestas invisíveis não são representadas. Ou seja, em ambos os lados, as linhas tracejadas só devem ser desenhadas se forem imprescindíveis para a compreensão do desenho.

Por fim, o **corte parcial** é utilizado para focalizar uma parte interna específica de uma peça. Ou seja, quando os detalhes estão concentrados numa determinada parte da peça, não há necessidade de utilizar um corte completo. Para facilitar a execução do desenho, utiliza-se o corte parcial ou a ruptura, nos quais apenas uma parte da peça é cortada, mostrando os detalhes internos (FRENCH; VIERCK, 2005; CRUZ, 2010).

A linha que representa esse corte pode ser contínua à mão livre ou em ziguezague (RIBEIRO; PERES, 2013). O limite do corte é definido por uma linha de ruptura, que deve ser irregular, contínua e de espessura fina. Nos cortes parciais, o plano secante atinge a peça somente até o ponto que se deseja detalhar, onde se representa todas as arestas invisíveis, ou seja, todas as linhas tracejadas são colocadas no desenho, desde que não coincidam com a área hachurada da peça.

A fim de facilitar o entendimento sobre os diferentes tipos de cortes existentes em desenhos técnicos, seguem exemplos (Figura 6).

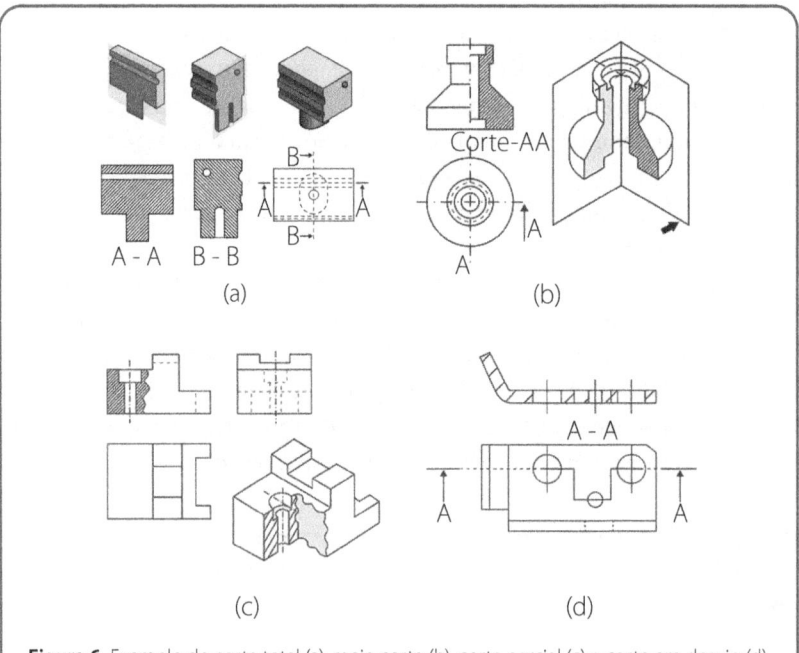

Figura 6. Exemplo de corte total (a), meio corte (b), corte parcial (c) e corte em desvio (d).
Fonte: Adaptada de Cruz (2010) e Ribeiro, Peres e Izidoro (2013).

Hachuras: definições gerais

As vistas seccionais, os cortes e as secções são destacados por meio de hachuras. Porém, antes de iniciarmos a discussão a respeito dos diferentes tipos de hachuras e suas reais aplicações, é fundamental entender o conceito de hachuras. A ABNT NBR 12298:1995 define hachuras como sendo linhas ou figuras com o objetivo de representar tipos de materiais em áreas de cortes em desenho técnico.

Segundo Ribeiro, Peres e Izidoror (2013), as hachuras são um conjunto de linhas finas e equidistantes, as quais são traçadas a 45° em relação aos contornos ou eixos de simetria da peça. Elas indicam as partes maciças da peça e evidenciam as áreas de corte em relação aos vazios existentes, como furos, rasgos, entre outros.

As linhas das hachuras devem ser finas, conforme exemplificado na Figura 7, e devem ser inclinadas a 45° com relação às linhas de contorno principais ou aos eixos de simetria e ao espaçamento entre linhas de, no mínimo, 0,7 mm, segundo menciona Cruz (2010). É importante ressaltar que, quando se trata de uma montagem, as hachuras das peças adjacentes devem ter direções ou espaçamentos diferentes. O mesmo aplica-se para uma mesma peça soldada, rebitada ou colada.

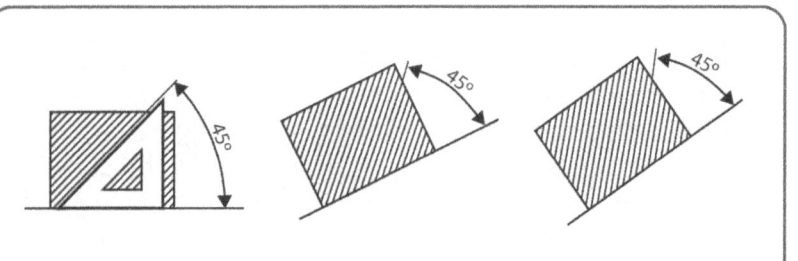

Figura 7. Exemplo de hachuras em peças mecânicas, sempre traçado com inclinação de 45°.
Fonte: Adaptada de Ribeiro, Peres e Izidoror (2013).

Fique atento

A identificação de cortes nas peças é realizada por meio de hachuras. Porém, Cruz (2010) menciona que não se deve hachurar nos cortes, no sentido longitudinal, os seguintes elementos: dentes de engrenagens, parafusos, porcas, eixos, raios de roda, nervuras, pinos, arruelas, contrapinos, rebites, chavetas, volantes e manípulos.

Tipos de hachuras e suas aplicações

Na posição em corte, a superfície imaginada cortada é preenchida com hachuras. Elas são linhas estreitas que, além de representarem a superfície imaginada cortada, mostram, também, os tipos de materiais. De acordo com as normas de desenho técnico, o tipo de hachura indica o material usado na peça. Dependendo do tipo de material a ser representado, deve-se utilizar um tipo específico de hachura. A Figura 8 apresenta alguns exemplos de hachuras convencionais, que devem ser seguidas para cada tipo de material.

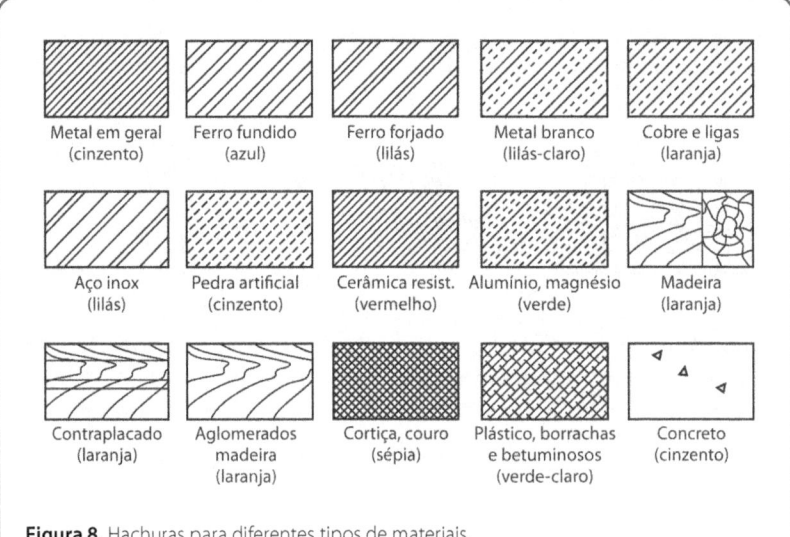

Figura 8. Hachuras para diferentes tipos de materiais.
Fonte: Adaptada de Associação Brasileira de Normas Técnicas (1995).

Exemplo

Em relação às hachuras em diferentes tipos de peças, é importante tomar alguns cuidados, conforme Cruz (2010):
- Algumas vezes, é necessário colocar textos dentro da área hachurada, sendo que, nestes casos, a hachura deve ser interrompida na região do texto.
- Quando a área a ser hachurada é muito grande, pode-se aplicar a hachura somente no contorno da peça e deixar o restante em branco.
- No caso de peças muito finas, em vez de hachurar, deve-se enegrecer a secção. Caso seja um conjunto, as peças devem ter um espaço em branco de 0,7 mm, no mínimo, para facilitar a visualização.
- A menos em casos especiais, não se representa linhas invisíveis nas áreas hachuradas.

Exercícios

1. O corte é um recurso utilizado para a análise e representação da estrutura interna de um objeto e seu funcionamento. Quando um corte atravessa a peça em toda sua extensão, como ele é denominado?
   a) Corte parcial.
   b) Seção.
   c) Corte total.
   d) Meio corte.
   e) Corte em desvio.

2. Você, como engenheiro mecânico, recebeu um desenho técnico com uma hachura. Baseado na figura, pode-se dizer que a hachura representa qual tipo de material?

   a) Aço inox.
   b) Terra.
   c) Cerâmica.
   d) Concreto.
   e) Madeira.

3. As vistas seccionais objetivam basicamente detalhar as partes ocas das peças, mostrar o tipo de material e facilitar a cotagem. Uma vista seccional deve cortar o maior número de partes ocas possíveis. Dentre as alternativas a seguir, qual está correta em relação às vistas seccionais?
   a) As vistas seccionais são divididas em corte e hachuras.
   b) As vistas seccionais são divididas em corte e seção.
   c) Uma vista seccional deve cortar o maior número de partes maciças possíveis.
   d) As vistas seccionais compreendem unicamente as projeções axonométricas.

e) Cada peça deverá indicar quais serão as vistas seccionais.

4. Entre as alternativas a seguir, qual está correta em relação às hachuras em desenhos técnicos?
   a) As hachuras não permitem a inclusão de textos em seu interior.
   b) Para áreas muito grandes, é fundamental hachurar toda a área a fim de não haver erros.
   c) No caso de peças muito finas, em vez de hachurar, deve-se enegrecer a seção.
   d) Elas indicam necessariamente as partes ocas das peças.
   e) O espaçamento de todas as hachuras é sempre igual, indiferentemente do material a ser representado.

5. Dá-se o nome de _____ ao conjunto de instruções ou indicações para orientar o corte de um material do qual se pretenda tirar peças. Esse(a) _____ contém instruções práticas e precisas para ganho de tempo com o mínimo de erro no momento do corte. Qual das alternativas a seguir preenche as lacunas de forma correta?
   a) Projeção ortogonal.
   b) Vista frontal.
   c) Perspectiva isométrica.
   d) Plano de corte.
   e) Dimensões espaciais.

Referências

ASSOCIAÇÃO BRASILEIRA DE NORMAS TÉCNICAS. ABNT NBR 10647:1989. Desenho técnico: terminologia. Rio de Janeiro: ABNT, 1989.

ASSOCIAÇÃO BRASILEIRA DE NORMAS TÉCNICAS. ABNT NBR 12298:1995. Representação da área de corte por meio de hachuras em desenho técnico. Rio de Janeiro: ABNT, 1989.

BACHMANN, A.; FORBERG, R. Desenho técnico. 4. ed. Porto Alegre: Globo, 1979.

CRUZ, M. D. Desenho técnico para mecânica: conceitos, leitura e interpretação. São Paulo: Érica, 2010.

FERREIRA, R. C.; FALEIRO, H. T.; SOUZA, R. F. Desenho técnico. Goiânia: UFG, 2008.

FRENCH. T. E.; VIERCK, C. J. Desenho técnico e tecnologia gráfica. 8. ed. São Paulo: Globo: 2005.

RIBEIRO, A. C.; PERES, M. P.; IZIDORO, N. Curso de desenho técnico e AutoCad. São Paulo: Pearson, 2013.

Leituras recomendadas

CATAPAN, M. F. *Apostila de desenho técnico*. Curitiba: UFPR, 2015.

NASCIMENTO, R. A.; NASCIMENTO, L. R. *Desenho técnico*: conceitos teóricos, normas técnicas e aplicações práticas. São Paulo: Viena, 2014.

ROVENZA, F. *Desenhista de máquinas*. São Paulo: F. Provenza, 1997.

UNIDADE 3

Vistas auxiliares

Objetivos de aprendizagem

Ao final deste texto, você deve apresentar os seguintes aprendizados:

- Usar vistas auxiliares no desenho de peças.
- Explicar o rebatimento do plano auxiliar.
- Aplicar vista auxiliar e linhas de rupturas.

Introdução

A representação das vistas de um desenho nem sempre podem ser todas realizadas por meio da utilização de planos ortogonais. Algumas peças possuem planos oblíquos que, ao desenhar em planos ortogonais, irão deformar as representações e, consequentemente, afetar o dimensionamento. Para que isso seja contornado, pode-se utilizar um plano auxiliar para, assim, gerar a chamada vista auxiliar.

Neste capítulo, será tratado como identificar a necessidade de aplicar esse tipo de vista e como fazê-lo.

O que são vistas auxiliares?

Em peças que possuem perfis que variam com base em vários planos (Figura 1), ao tentarmos realizar o desenho técnico utilizando dos ortogonais, os contornos que fazem parte de planos oblíquos são de forma deformada (TELECURSO 2000, 1998). Veja exemplo na Figura 2.

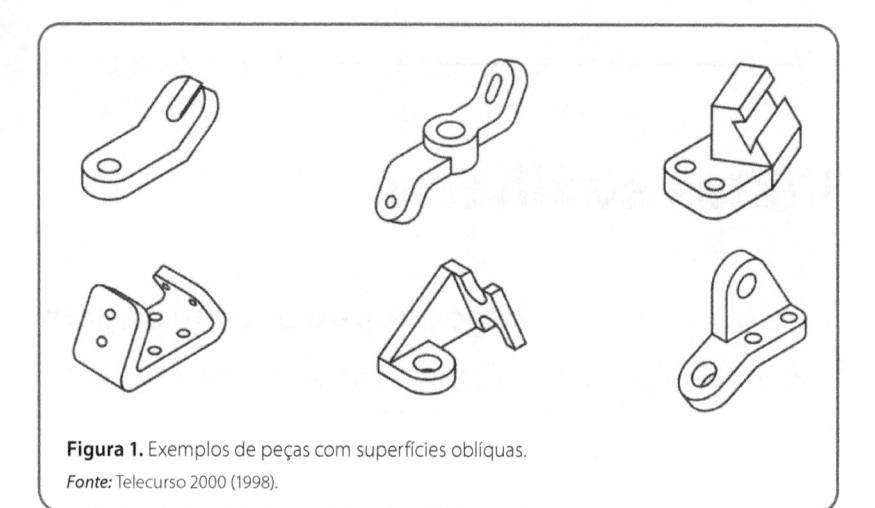

Figura 1. Exemplos de peças com superfícies oblíquas.
Fonte: Telecurso 2000 (1998).

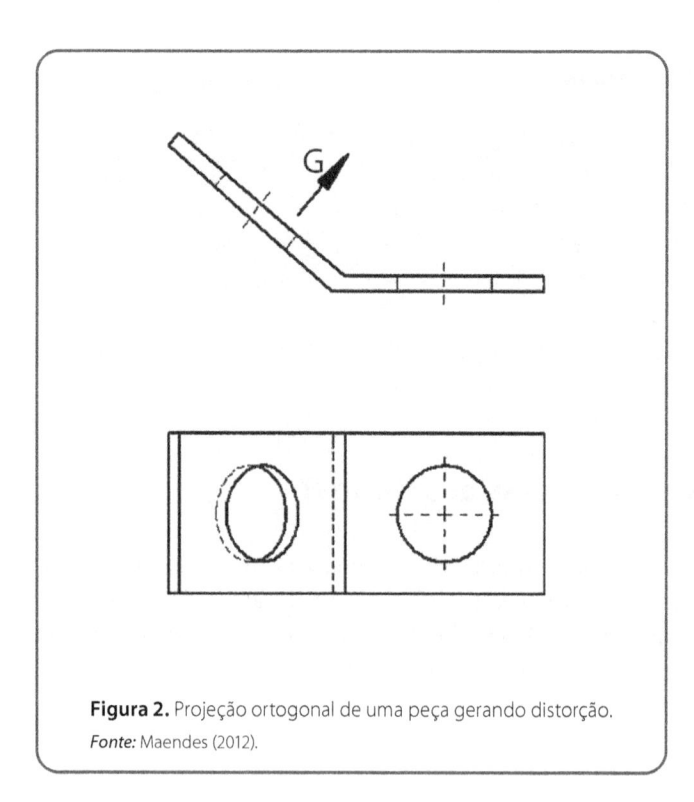

Figura 2. Projeção ortogonal de uma peça gerando distorção.
Fonte: Maendes (2012).

Dessa forma, ao continuar o detalhamento da peça com a inserção de cotas, por exemplo, o posicionamento será comprometido em função da deformação obtida no desenho. Para se evitar esse efeito, é necessário, então, utilizar planos auxiliares (RIBEIRO; PERES; IZIDORO, 2013), onde, neles, as superfícies que pertencem ao plano oblíquo conseguem ser representadas sem nenhuma distorção. A Figura 3 apresenta uma peça com sua superfície oblíqua paralela ao plano auxiliar criado.

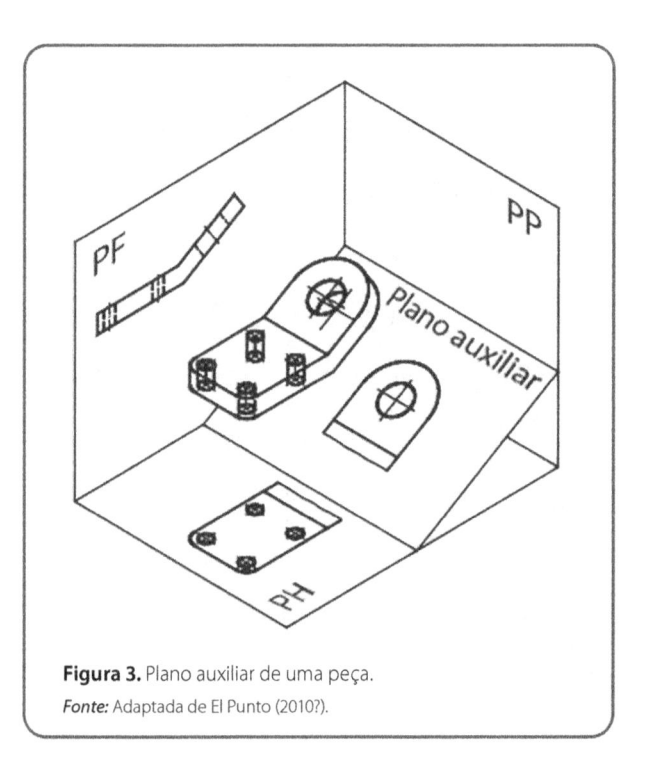

Figura 3. Plano auxiliar de uma peça.
Fonte: Adaptada de El Punto (2010?).

Fique atento

Não necessariamente, em uma peça que possui uma superfície inclinada, sempre será necessária a utilização de um plano auxiliar. Este somente será necessário caso não seja possível representar a peça completamente sem causar uma deformação em alguma parte do seu contorno.

Rebatimento no plano auxiliar

Após identificar o plano auxiliar necessário para a representação do plano oblíquo, a vista projetada da peça deve ser desenhada sobre esse plano auxiliar, sendo chamada agora de vista auxiliar (SILVA et al., 2006) (Figura 4).

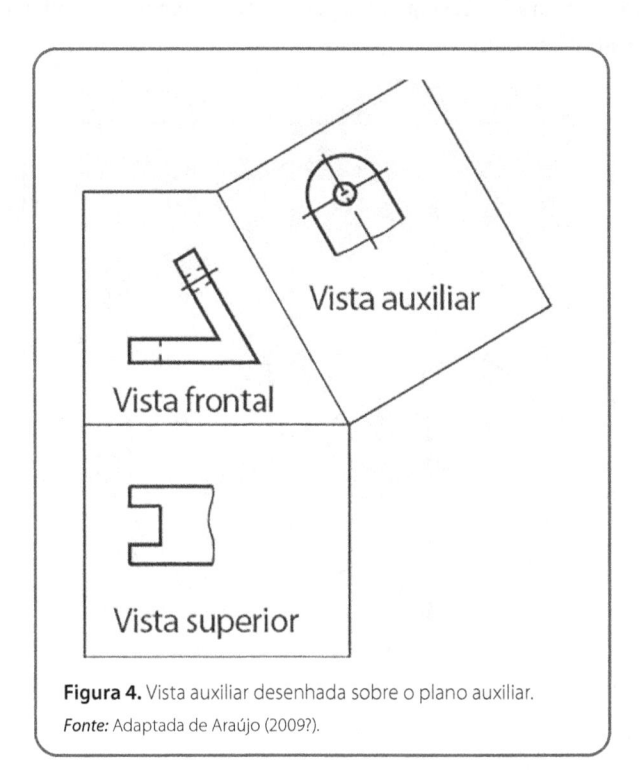

Figura 4. Vista auxiliar desenhada sobre o plano auxiliar.
Fonte: Adaptada de Araújo (2009?).

Esta vista auxiliar mostra o contorno da peça sem nenhuma distorção, sendo, assim, possível realizar o dimensionamento sem problemas com mau posicionamento das cotas. A Figura 5 apresenta o rebatimento de duas vistas auxiliares em dois planos auxiliares criados para uma mesma peça.

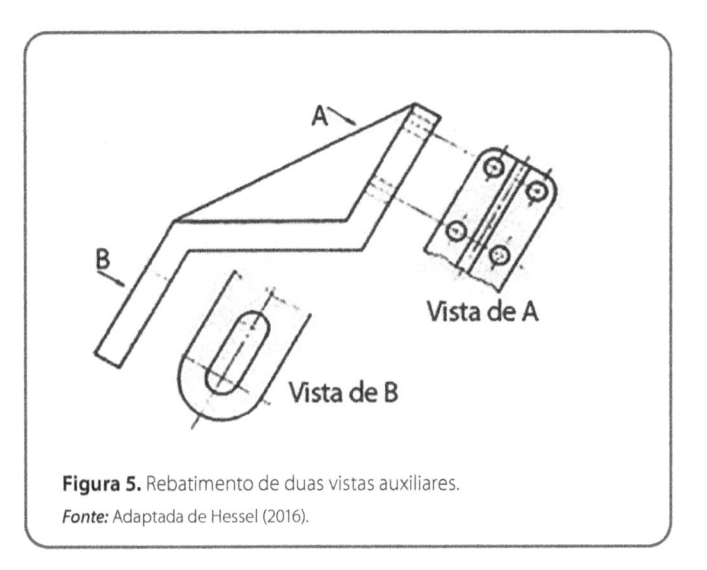

Figura 5. Rebatimento de duas vistas auxiliares.
Fonte: Adaptada de Hessel (2016).

Saiba mais

Acesse o *link* a seguir para ver mais exemplos de desenhos e outras situações reais de aplicação de vistas auxiliares.

https://goo.gl/MrC0

Aplicação de vistas auxiliares e linhas de ruptura

Com o rebatimento das vistas auxiliares sobre os planos auxiliares, é necessário realizar um corte do perfil restante para que a deformação não aconteça da mesma forma com os planos ortogonais. Essas linhas de rupturas podem ser aplicadas em qualquer ponto da vista auxiliar, desde que não prejudiquem na visão dos detalhes (SILVA et al., 2006). A Figura 6 apresenta uma vista auxiliar juntamente da linha de ruptura.

Figura 6. Vista auxiliar "A" acompanhada da linha de ruptura.
Fonte: Jacy (2000?).

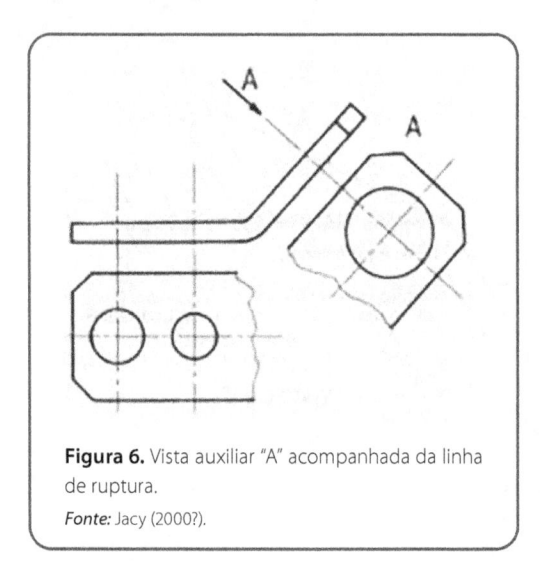

Por fim, depois de feitos todos esses passos, a vista auxiliar pode ser posicionada próxima das projeções ortogonais, e, assim, finalizar o desenho técnico (Figura 7). As vistas auxiliares não precisam ser identificadas como em corte total, por exemplo (Corte A-A).

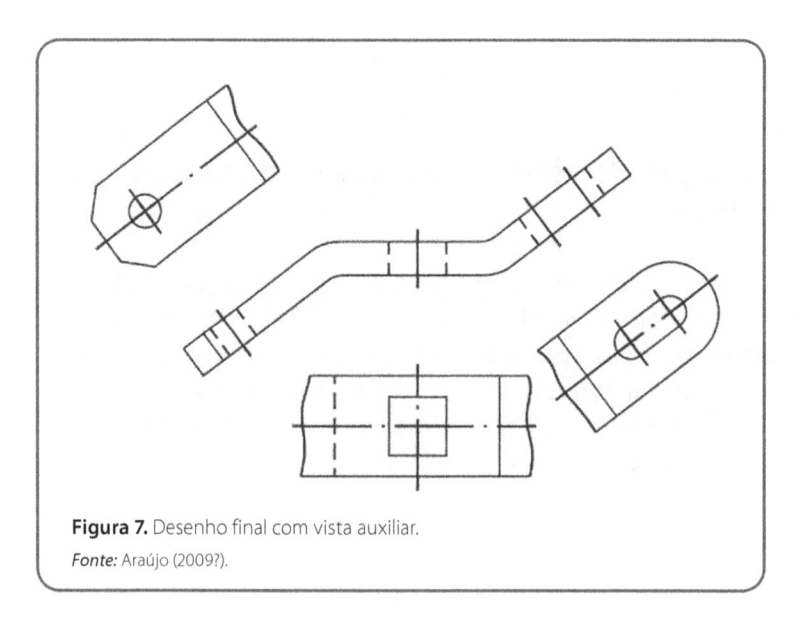

Figura 7. Desenho final com vista auxiliar.
Fonte: Araújo (2009?).

Link

No link a seguir, é possível saber mais sobre vistas auxiliares por meio do material criado pela EESC/USP para utilização no curso de Desenho Técnico Mecânico.

https://goo.gl/mLfNT8

Acessando o link abaixo, é possível visualizar a aplicação de vista auxiliar em escala, utilizando *software* de desenho CAD.

https://goo.gl/me45iV

Exercícios

1. A vista de partes de peças que são oblíquas aos planos ortogonais é conhecida por:
   a) vista auxiliar.
   b) corte parcial.
   c) vista de seção.
   d) corte total.
   e) vista projetada.

2. Qual o principal indício de que é necessário utilizar uma vista auxiliar?
   a) Quando uma parte do desenho não foi representada.
   b) Quando os detalhes não foram bem apresentados.
   c) Quando houve deformação dos contornos ao projetar uma face.
   d) Quando a peça é muito grande para enquadrar na folha de desenho.
   e) Quando a peça é simétrica e há detalhes internos.

3. Qual a sequência de etapas para a produção de uma vista auxiliar?
   a) Criar vista auxiliar/dimensionar.
   b) Representar o plano em folha separada/indicar que é vista auxiliar.
   c) Criar plano auxiliar/rebatimento da vista/criar linha de ruptura do contorno restante.
   d) Desenhar a linha de corte/identificar hachura do corte.
   e) Criar *spline* ao redor do desenho/usar escala para ampliar.

4. O que é o rebatimento de uma vista auxiliar?
   a) É a obtenção de novas vistas a partir de um novo ponto de vista da peça.
   b) É a rotação dos planos de referência da peça para obter o plano auxiliar como um dos ortogonais.
   c) Rebatimento é o processo de obter a projeção ideal em um dos planos ortogeométricos.
   d) Rebatimento é realizar a projeção real da vista auxiliar sobre o plano auxiliar.

e) Rebater uma vista é o processo de obter uma nova vista ortogonal a partir de uma já existente.

5. Qual a aplicação de linhas de rupturas em vistas auxiliares?
   a) Eliminar partes distorcidas provocadas pelo uso de vistas auxiliares.
   b) Traçar o trajeto para aplicação do corte de interrupção.
   c) Aplicar texto dizendo que há uma linha de ruptura.
   d) Reduzir o tamanho de peças grandes.
   e) Dividir o eixo simétrico da vista.

Referências

ARAÚJO, M. V. *Vistas auxiliares*. [S.l.]: Mr Brito, [2009?]. Disponível em: <http://www.ebah.com.br/content/ABAAAgFZgAC/desenho-mecanico-08-vistas-auxiliares>. Acesso em: 09 fev. 2018.

EL PUNTO. *Site*. [S.l.: s.n., 2010?]. Disponível em: <http://www.profesoraltuna.com/dibujo1/5Punto/PuntoPics/>. Acesso em: 09 fev. 2018.

HESSEL, G. *NBR 10067.P2*: princípios gerais: tipos de vistas. [S.l.]: Gilberto hessel, 2016. Disponível em: <http://normasbasicasprojetos.blogspot.com.br/2016/07/nbr--10067p2principios-gerais-tipos-de.html>. Acesso em: 09 fev. 2018.

JACY, J. *Curso de desenho técnico*. [S.l.: s.n., 2000?]. Disponível em: <http://www.ebah.com.br/content/ABAAAgGg8AL/43994150-curso-desenho-tecnico?part=3>. Acesso em: 09 fev. 2018.

MAENDES, P. *Desenho técnico:* 27/03 visoes e renderizado. [S.l.]: Engenharia Compu, 2012 Disponível em: <http://engenhariacompu.blogspot.com.br/2012/04/desenho-tecnico-2703-visoes-e.html>. Acesso em: 09 fev. 2018.

RIBEIRO, A. C.; PERES, M. P.; IZIDORO, N. *Curso de desenho técnico e AUTOCAD*. São Paulo: Pearson, 2013.

SILVA, A. et al. *Desenho técnico moderno*. 4. ed. Rio de Janeiro: LTC, 2006.

TELECURSO 2000. *Parâmetros de rugosidade*. [S.l.]: Telecurso 2000, 1998. Aula 19. Disponível em: <http://www.grima.ufsc.br/capp/rugosidade/aula19_ParametrosDeRugosidade.pdf>. Acesso em: 03 fev. 2018.

Leituras recomendadas

ASSOCIAÇÃO BRASILEIRA DE NORMAS TÉCNICAS. *ABNT NBR 10067:1995*. Princípios gerais representação desenho técnico. Rio de Janeiro: ABNT, 1995.

NASCIMENTO, R. A.; NASCIMENTO, L. R. *Desenho técnico:* conceitos teóricos, normas técnicas e aplicações práticas. São Paulo: Viena, 2014.

PROVENZA, F. *Desenhista de máquinas*. São Paulo: F. Provenza, 1997.

Estado de superfície (parâmetros de rugosidade/ acabamentos de superfície)

Objetivos de aprendizagem

Ao final deste texto, você deve apresentar os seguintes aprendizados:

- Descrever os símbolos indicativos de estado superfície recomendados pela ABNT.
- Discutir os processos de fabricação e a sua influência sobre os acabamentos de superfícies das peças.
- Explicar rugosidade, classes, desvios aritméticos (Ra) e representação nos desenhos.

Introdução

A avaliação e a determinação do estado de superfície de um componente é uma importante propriedade de engenharia no projeto de produtos. As superfícies devem ser adequadas ao tipo de função que exercem.

Neste capítulo, serão expostos os conceitos fundamentais de rugosidade e acabamento superficial.

Simbologia segundo normas

Rugosidade, definida também como erros microgeométricos, é o conjunto de irregularidades provenientes de algum processo de fabricação, caracterizando uma superfície. A variação do parâmetro de rugosidade influencia em diversos pontos, dentre eles (RIBEIRO; PERES; IZIDORO, 2013):

- qualidade do deslizamento e da resistência ao desgaste;
- variação da condição de escoamento de fluido lubrificante (Figura 1);
- aparência;
- resistência à corrosão e à fadiga.

Figura 1. Engrenagem com rugosidade ideal para escoamento de óleo e lubrificação.
Fonte: maxuser/Shutterstock.com.

A superfície de uma peça pode ser caracterizada segundo três principais definições, ilustradas na Figura 2 (PIRATELLI FILHO, 2011):

- **Superfície geométrica:** é a superfície ideal, onde não existem irregularidades de forma e de rugosidade, ou seja, é a superfície representada em desenhos.
- **Superfície real:** é a superfície resultante dos processos de fabricação.
- **Superfície efetiva:** é a superfície obtida pelos instrumentos de medição de rugosidade (rugosímetros).

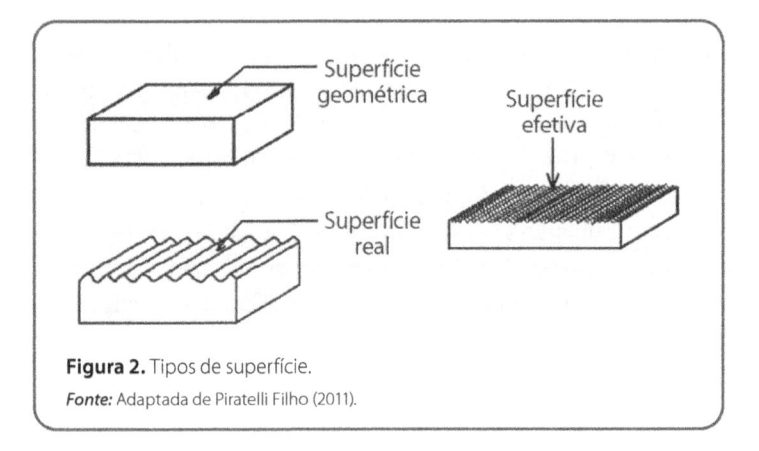

Figura 2. Tipos de superfície.
Fonte: Adaptada de Piratelli Filho (2011).

Para o estudo da rugosidade, sempre será considerada para estudo a superfície efetiva. A indicação da rugosidade em desenhos de fabricação é feita segundo a norma ABNT NBR 8404:2013, que determina como devem ser os símbolos de rugosidade.

Essa indicação, parecida com um triângulo, variando o tamanho proporcionalmente de acordo com h escolhido, deve ser posicionada sobre a superfície do desenho que contém a rugosidade desejada (Figura 3).

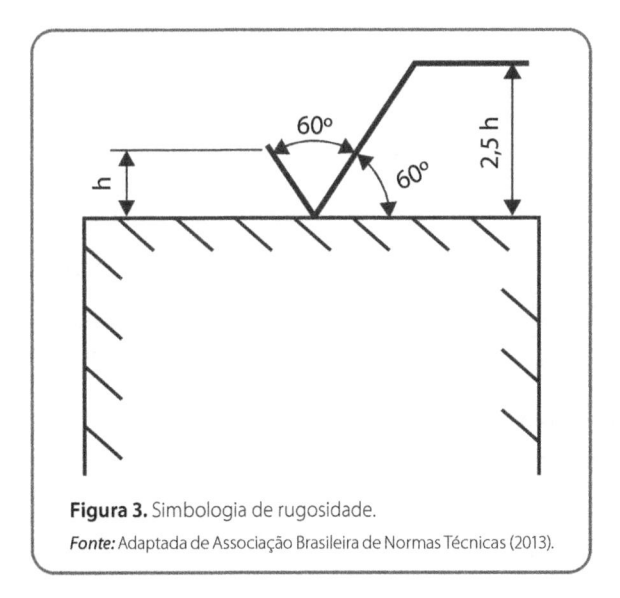

Figura 3. Simbologia de rugosidade.
Fonte: Adaptada de Associação Brasileira de Normas Técnicas (2013).

Esse símbolo pode ter três variações distintas, conforme ilustrado no Quadro 1. Caracterizando principalmente as superfícies que devem ter o processo de fabricação específica, ou, então, quais superfícies não devem sofrer usinagem (ASSOCIAÇÃO BRASILEIRA DE NORMAS TÉCNICAS, 2013).

É possível serem utilizados mais de um símbolo diferente em um desenho de fabricação. E quando se deseja indicar uma condição geral de rugosidade de uma peça, o símbolo de rugosidade deve ser posicionado na parte superior da folha. Caso a divisão de lugares de superfícies seja grande, é possível, também, inserir um símbolo com uma letra e, mais embaixo, uma legenda descrevendo quais as rugosidades nos pontos indicados.

Quadro 1. Tipos de símbolos.

Símbolo	Significado
∨	Símbolo básico; só pode ser usado quando seu significado for complementado por uma indicação.
⩗	Caracteriza uma superfície usinada, sem mais detalhes.
⩗ (com círculo)	Caracteriza uma superfície na qual a remoção de material não é permitida e indica que a superfície deve permanecer no estado resultante de um processo de fabricação anterior, mesmo se ela tiver sido obtida por usinagem.

Fonte: Adaptado de Associação Brasileira de Normas Técnicas (2013).

As informações que podem ser inseridas no símbolo de rugosidade são diversas, variando desde o processo de fabricação escolhido até os parâmetros para medição com rugosímetro (ASSOCIAÇÃO BRASILEIRA DE NORMAS TÉCNICAS, 2013). A Figura 4 apresenta o símbolo básico, juntamente das informações que podem ser adicionadas e os seus respectivos locais no símbolo.

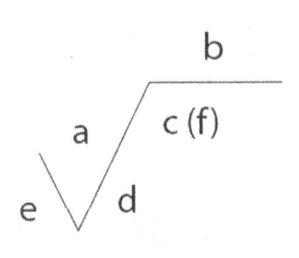

a = Ra (μm)
b = processo
c = cut-off (mm)
d = direção das estrias
e = sobremetal (mm)
f = outros parâmetros (μm)

Figura 4. Informações para símbolos de rugosidade.
Fonte: Adaptada de Associação Brasileira de Normas Técnicas (2013).

Fique atento

Caso uma superfície da peça não possa ter nenhuma usinagem, mas, ainda sim, deve ter um grau mínimo de acabamento desejado, o terceiro símbolo ilustrado no Quadro 1 (Triângulo com círculo) pode ser utilizado junto do valor médio de rugosidade. Esse valor pode ser alcançado por meio de uma limpeza feita com escova de aço, ou outros processos que não sejam de fabricação, mas que irão garantir uma melhor qualidade superficial.

Influência dos processos de fabricação na rugosidade

Os diversos tipos de processos de fabricação geram diferentes condições de acabamento superficial. Além disso, um mesmo processo de fabricação, dependendo das condições de operação (como, por exemplo, velocidade de corte, taxa de avanço e lubrificação), pode também alterar a rugosidade de um material trabalhado. A Figura 5 apresenta uma peça montada em um torno CNC, onde é possível ver claramente a diferença entre os acabamentos superficiais da região da ponta e do meio da peça.

Figura 5. Peça usinada em um torno.
Fonte: Pixel B/Shutterstock.com.

As indicações de rugosidade podem ser divididas em grupos menores, apenas com o tipo de processo que será feito e a rugosidade média esperada (ASSOCIAÇÃO BRASILEIRA DE NORMAS TÉCNICAS, 2013). A Figura 6 apresenta essa divisão de grupos de rugosidade mediante as operações feitas (desbaste, alisar e polir). Para ficar mais fácil essa divisão, à medida que o grau de acabamento aumenta, aumentam também os números de triângulos. Caso se deseja uma rugosidade específica, utiliza-se, então, do mesmo símbolo apresentado nas Figuras 3 e 4.

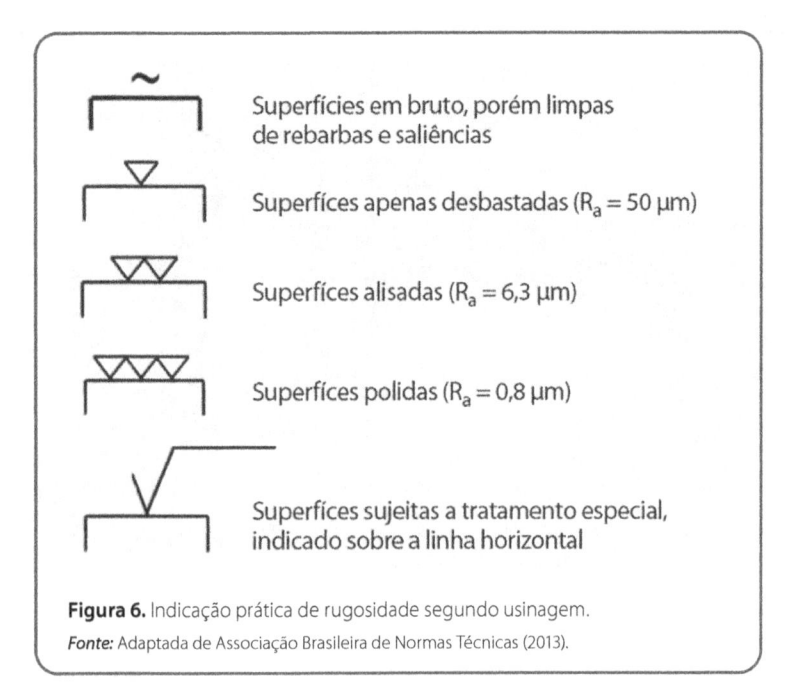

Superfícies em bruto, porém limpas de rebarbas e saliências

Superfíces apenas desbastadas ($R_a = 50$ μm)

Superfíces alisadas ($R_a = 6,3$ μm)

Superfíces polidas ($R_a = 0,8$ μm)

Superfíces sujeitas a tratamento especial, indicado sobre a linha horizontal

Figura 6. Indicação prática de rugosidade segundo usinagem.
Fonte: Adaptada de Associação Brasileira de Normas Técnicas (2013).

Medição de rugosidade

No entanto, até o momento, tratamos a rugosidade como propriedade relacionada à qualidade superficial. E, dessa forma, quando vemos uma superfície mais "lisa" do que outra, ou mais "clara" do que outra superfície, significa que a rugosidade é menor. Porém, essa definição acaba sendo qualitativa, afinal de contas, o que pode ser mais "liso" para uma pessoa, pode ser diferente para outra. É por isso que é necessária a medição para, assim, quantificar a propriedade de rugosidade de uma peça.

A rugosidade, como dito anteriormente, é um conjunto de erros microgeométricos, e, para realizar essa avaliação, é necessário um instrumento específico chamado de rugosímetro (Figura 7) (TELECURSO 2000, 1998).

Este instrumento de medição possui uma agulha bem pequena em sua ponta, onde, conforme caminha sobre a superfície, o perfil de rugosidade é percebido pela agulha. Esse movimento da agulha é passado para um transdutor de deslocamento, que irá, assim, medir a rugosidade.

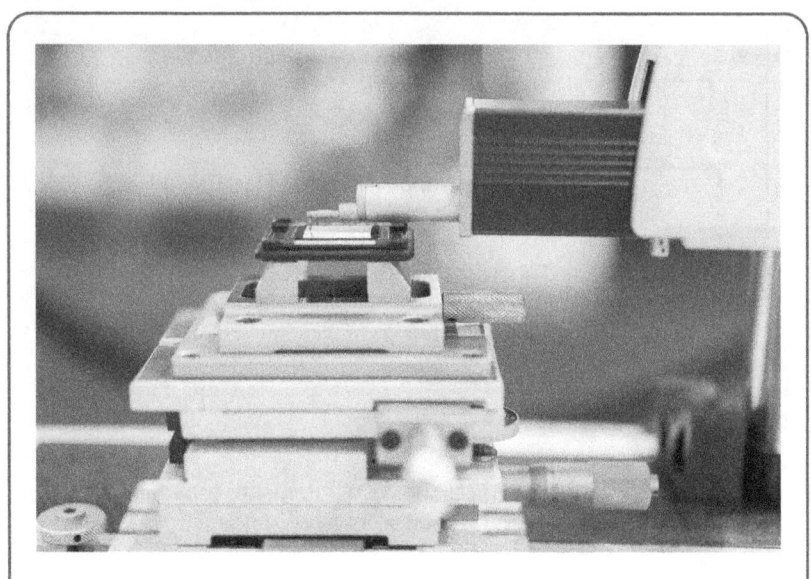

Figura 7. Rugosímetro.
Fonte: oYOo/Shutterstock.com.

A Figura 8 apresenta o perfil de rugosidade medido com um rugosímetro. Nesse perfil, as partes iniciais e finais devem ser descartadas da medição, devido à acomodação da agulha sobre a superfície e a região de saída da agulha (ASSOCIAÇÃO BRASILEIRA DE NORMAS TÉCNICAS, 2002). As parcelas centrais possuem um comprimento de amostragem selecionado de acordo com o rugosímetro. Esse comprimento é chamado de *cut-off* e determinado de acordo com o tipo de rugosidade a ser medida ou, então, já especificado no desenho de fabricação.

Em seguida, sabendo o *cut-off*, seleciona-se quantas divisões devem ter na parte central da amostragem para, assim, realizar o cálculo da rugosidade. Normalmente, caso não sejam determinados esses parâmetros, os rugosímetros vêm com condição padrão de 0,8 mm de *cut-off* e 5 amostras.

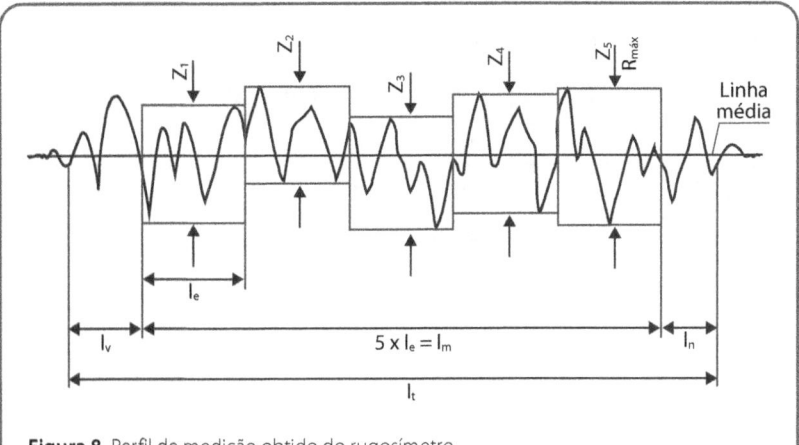

Figura 8. Perfil de medição obtido do rugosímetro.
Fonte: Adaptada de Associação Brasileira de Normas Técnicas (2013).

Saiba mais

Procure em *websites* de fabricantes de instrumentos de medição (Mitutoyo, Starrett, Mahr, entre outros), para saber mais de rugosímetros, suas operações e os diferentes modelos usados na indústria e em laboratórios de metrologia.

Classes, desvios aritméticos e representação

Após obter o perfil de rugosidade por meio de um rugosímetro, diversos parâmetros podem ser retirados. O Quadro 2 contém alguns desses parâmetros, juntamente com sua definição em relação ao perfil medido.

Caso o símbolo de rugosidade no desenho de fabricação ou, então, no pedido de inspeção do cliente não incluam o parâmetro desejado, é uma prática comum determinar a rugosidade como sendo a de rugosidade aritmética ou média (Ra).

Quadro 2. Parâmetros de rugosidade.

Parâmetro	Definição
Ra	Rugosidade aritmética ou média
Rt ou Ry	Rugosidade máxima
Rz ou Rmax	Rugosidade total
Rq	Rugosidade quadrática média
Rp ou Rv	Máxima do pico/vale
Rsk ou Rsu	Fator de assimetria/fator de achatamento
Rsm	Largura média de um elemento de perfil
RΔq	Inclinação média quadrática do perfil

Além da rugosidade aritmética, a rugosidade também pode ser dividida em classes (SILVA et al., 2006; TELECURSO 2000, 1998), variando de 1 a 12, onde 1 é a de superfície mais lisa e 12 é a mais rugosa, conforme apresentado no Quadro 3.

Quadro 3. Comparação entre classes e rugosidade Ra.

Classe de rugosidade	Desvio aritmético (Ra) μm
N 12	50
N 11	25
N 10	12,5
N 9	6,3
N 8	3,2
N 7	1,6
N 6	0,8
N 5	0,4
N 4	0,2
N 3	0,1
N 2	0,05
N 1	0,025

Fonte: Adaptado de Associação Brasileira de Normas Técnicas (2013).

A Figura 9 apresenta uma tabela que relaciona todas as classificações usuais de rugosidade, também comparando com os possíveis processos de fabricação envolvidos.

Grupos de rugosidades	▽	▽▽		▽▽▽		▽▽▽▽	
Rugosidade máxima valores em R_a (μm)	50	6,3		0,8		0,1	

Classes de rugosidade	(GRANDE)	N12	N11	N10	N9	N8	N7	N6	N5	N4	N3	N2	N1
Rugosidade máxima valores em R_a (μm)		50	25	12,5	6,3	3,2	1,6	0,8	0,4	0,2	0,1	0,05	0,025

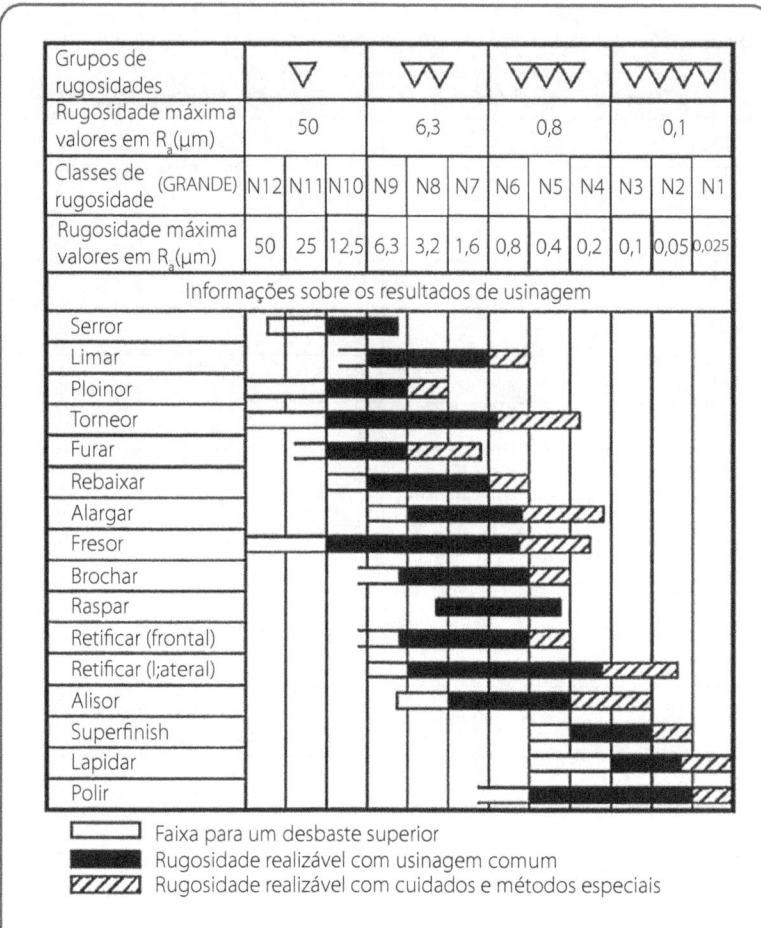

Informações sobre os resultados de usinagem

- Serror
- Limar
- Ploinor
- Torneor
- Furar
- Rebaixar
- Alargar
- Fresor
- Brochar
- Raspar
- Retificar (frontal)
- Retificar (l;ateral)
- Alisor
- Superfinish
- Lapidar
- Polir

☐ Faixa para um desbaste superior
■ Rugosidade realizável com usinagem comum
▨ Rugosidade realizável com cuidados e métodos especiais

Figura 9. Comparação entre diferentes tipos de indicação de rugosidade e processos de fabricação envolvidos.
Fonte: Adaptada de Telecurso 2000 (1998).

Por fim, as direções de estrias de rugosidade também podem ser divididas em tipos diferentes (ASSOCIAÇÃO BRASILEIRA DE NORMAS TÉCNICAS, 2013). Essas direções são importantes para se perceber, por exemplo, em qual sentido de usinagem deve ser feito, e, assim, prover uma condição ideal de operação da peça montada no conjunto mecânico. A Figura 10 apresenta os principais tipos de estrias e suas representações a serem incluídas no símbolo da rugosidade.

Símbolo	Interpretação	
=	Paralela ao plano de projeção da vista sobre o qual o símbolo é aplicado	
∧	Penperdicular ao plano de projeção da vista sobre o qual o símbolo é aplicado	
X	Cruzadas em duas direções oblíquas em relação ao plano de projeção da vista sobre o qual o símbolo é aplicado	
M	Muitas direções	
C	Aproximadamente central em relação ao ponto médio da superfície ao qual o símbolo é referido	
R	Aproximadamente radial em relação ao ponto médio da superfície ao qual o símbolo é referido	

Figura 10. Direção das estrias de rugosidade.
Fonte: Adaptada de Associação Brasileira de Normas Técnicas (2013).

Link

Acesse o *link* para saber mais de rugosidade por meio do material criado pelo Prof. Sergio, da UNICAMP, para utilização no curso de Engenharia Mecânica.

https://goo.gl/qDt8rW

No *link* a seguir, pode ser verificada a utilização de um cabeçote de medição de rugosidade juntamente de uma máquina de medição por coordenadas (MMC) CNC da fabricante Mitutoyo.

https://goo.gl/9dsUpd

Exercícios

1. Qual é a norma ABNT que padroniza a simbologia para indicação do estado de superfície em desenhos técnicos?
a) NBR 6158.
b) NBR 8404.
c) NBR ISO 2768.
d) NBR 6409.
e) NBR ISO 4287.

2. A variação da rugosidade é um parâmetro importante sob qual ponto?
a) Corrosão.
b) Resistência mecânica.
c) Dureza.
d) Tenacidade.
e) Resiliência.

3. Qual é o tipo de superfície em que a rugosidade é bem representada?
a) Superfície real.
b) Superfície virtual.
c) Superfície efetiva.
d) Superfície de rugosidade.
e) Superfície geométrica.

4. Como é representada a rugosidade média ou aritmética?
a) Ra.
b) Rz.
c) Rt.
d) Rq.
e) Rp.

5. Qual é o valor padrão normalmente encontrado para operação em rugosímetros?
a) *Cut-off* de 1 mm e 5 amostras.
b) *Cut-off* de 2,5 mm e 4 amostras.
c) *Cut-off* de 0,8 mm e 5 amostras.
d) *Cut-off* de 0,8 mm e 10 amostras.
e) *Cut-off* de 1,5 mm e 4 amostras.

Referências

ASSOCIAÇÃO BRASILEIRA DE NORMAS TÉCNICAS. *ABNT NBR 8404:2013*. Indicação do estado de superfícies em desenhos. Rio de Janeiro: ABNT, 2013.

ASSOCIAÇÃO BRASILEIRA DE NORMAS TÉCNICAS. *ABNT NBR ISO 4287:2002*. Especificações geométricas do produto (GPS) – Rugosidade: Método do perfil – Termos, definições e parâmetros da rugosidade. Rio de Janeiro: ABNT, 2002.

PIRATELLI FILHO, A. Rugosidade superficial. In: SEMINÁRIO METROLOGIA, 3., Brasília, 2011. *Trabalho apresentado...* Brasília: UnB, 2011. Disponível em: <http://www.posgrad.mecanica.ufu.br/metrologia/arquivos/palestra_ufu_17_05_2011.pdf>. Acesso em: 03 fev. 2018.

RIBEIRO, A. C.; PERES, M. P.; IZIDORO, N. *Curso de desenho técnico e AUTOCAD*. São Paulo: Pearson, 2013.

SILVA, A. et al. *Desenho técnico moderno*. 4. ed. Rio de Janeiro: LTC, 2006.

TELECURSO 2000. *Parâmetros de rugosidade*. [S.l.]: Telecurso 2000, 1998. Aula 19. Disponível em: <http://www.grima.ufsc.br/capp/rugosidade/aula19_ParametrosDeRugosidade.pdf>. Acesso em: 03 fev. 2018.

Leitura recomendada

PROVENZA, F. *Projetista de máquinas*. São Paulo: F. Provenza, 1986.

Tolerância dimensional

Objetivos de aprendizagem

Ao final deste texto, você deve apresentar os seguintes aprendizados:

- Discutir os conceitos de afastamento superior/inferior, dimensão máxima/mínima.
- Descrever as classes de ajustes: móveis (com folga), incertos, fixos (com interferência).
- Aplicar os ajustes recomendados: sistema eixo-base H6/sistema furo-base H7.

Introdução

Toda peça, ao ser produzida, não consegue ser obtida totalmente dentro dos valores nominais especificados, principalmente quando a produção é feita de forma seriada e elevada taxa de produtividade. Para que as peças não sejam todas declaradas como não conformes, o uso de tolerâncias é fundamental para que o processo tenha um grau de liberdade para eventuais variações, e o projeto deve suportá-las durante a montagem de conjunto, por exemplo. Para isso, a determinação das tolerâncias dimensionais é de suma importância para um bom projeto de produto.

Neste capítulo, você aprenderá um pouco mais sobre a tolerância dimensional, ampliando seu conhecimento em desenho técnico mecânico.

Tolerâncias dimensionais

No processo de fabricação de peças, a variação de medidas é muito frequente, pois algum parâmetro pode induzir a um erro e/ou distorção do processo de usinagem. Por causa dessa variação, o controle estatístico de processos deve avaliar a qualidade dos lotes de produção segundo a tolerância especificada. A tolerância específica para valores dimensionais é conhecida como tolerância dimensional, definida como os desvios dentro dos quais a peça possa funcionar corretamente (TELECURSO 2000, 1998).

Os afastamentos são desvios e/ou erros aceitáveis dos valores nominais. Esses valores de desvio podem ser para mais ou para menos e permitem a execução e montagem de uma peça sem prejuízos para seu funcionamento e intercambiabilidade (AGOSTINHO; RODRIGUES; LIRANI, 1977). A seguir, é apresentada (Figura 1) a medição de um lote de peças onde, após medição com paquímetro, se percebem seus valores finais.

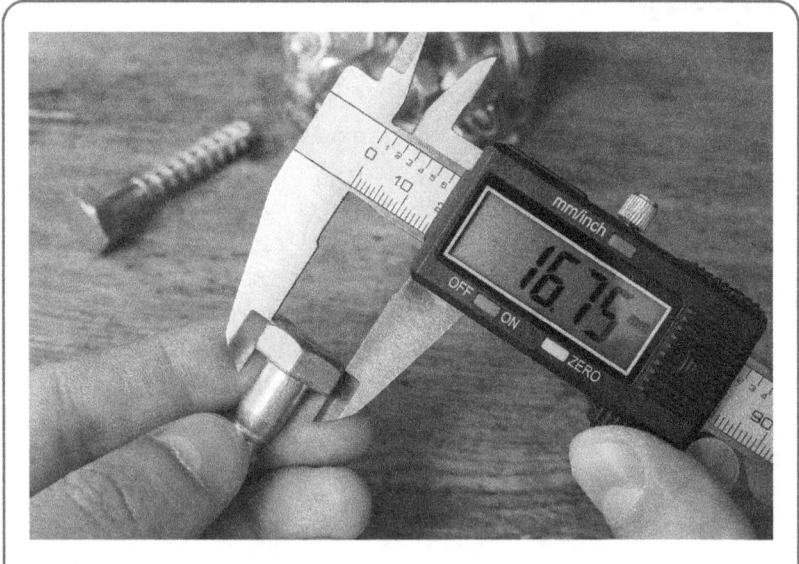

Figura 1. Lote de peças com variação dimensional.
Fonte: Vladimir Zhupanenko/Shutterstock.com.

Como calcular os valores de afastamento superior e inferior?

Para o afastamento superior, basta fazer a diferença entre o valor da dimensão máxima menos a dimensão nominal. Para o afastamento inferior, é feita a diferença entre dimensão mínima menos nominal. É possível existir valores negativos para o afastamento inferior (FISHER et al., 2011).

A Figura 2 apresenta o cálculo da dimensão máxima e mínima a partir dos valores de afastamento.

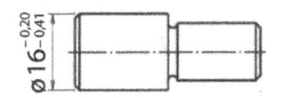

– 0,20 mm = afastamento superior
– 0,41 mm = afastamento inferior

Dimensão máxima = 16,00 mm – 0,20 mm = 15,80 mm
Dimensão mímina = 16,00 mm – 0,41 mm = 15,59 mm

Figura 2. Cálculo da dimensão máxima e mínima de uma peça.
Fonte: Adaptada de Universidade de São Paulo (2010?).

No campo da tolerância indicado no desenho técnico, os valores em menor fonte ao lado da dimensão nominal são diretamente os de afastamento. Algumas tolerâncias atribuem os afastamentos de forma simétrica, apenas utilizando junto o sinal de mais e menos. A Figura 3 apresenta uma peça com suas tolerâncias dimensionais adicionadas.

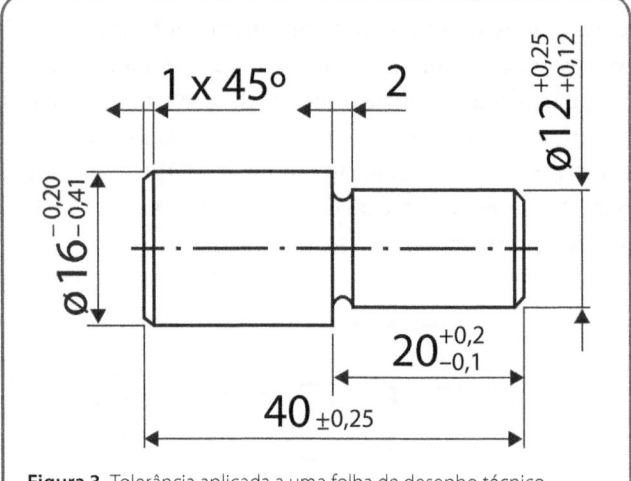

Figura 3. Tolerância aplicada a uma folha de desenho técnico.
Fonte: Adaptada de Usinagem CNC (2013).

Fique atento

Caso não seja indicado valor de tolerância para uma cota, é comum expressar, ao fim do desenho e próximo à região da legenda, uma indicação de que as tolerâncias devem seguir a norma ABNT NBR ISO 2768-1:2001, que atribui valores de tolerância de acordo com a faixa de dimensão utilizada — no geral, são valores mais abertos e que exigem menor precisão na fabricação.

Classe de ajustes

Além de utilizar valores numéricos para expressar o campo de tolerância, foi estipulada uma tabela para eixos e furos, onde, por meio de uma combinação alfanumérica, é indicada uma classe de tolerância (ASSOCIAÇÃO BRASILEIRA D ENORMAS TÉCNICAS, 1995). A Figura 4 parte da tabela para eixos (classe h), e a Figura 5 parte da tabela para furos. A tabela completa é encontrada na norma ABNT NBR 6158:1995.

Tolerância dimensional

NBR 6158/1995

Tabela 31 - Afastamentos limites para eixos h
es = Afastamento limite superior
ei = Afastamento limite inferior

Dimensão nominal (mm)		1	2	3	4	5	6	7	8	9	10	11	12	13	14(A)	15(A)	16(A)	17	18
Acima	Até e inclusive						(µm)					Afastamentos				(mm)			
-	3(A)	0/-0,8	0/-1,2	0/-2	0/-3	0/-4	0/-6	0/-10	0/-14	0/-25	0/-40	0/-60	0/-0,1	0/-0,14	0/-0,25	0/-0,4	0/-0,6		
3	6	0/-1	0/-1,5	0/-2,5	0/-4	0/-5	0/-8	0/-12	0/-18	0/-30	0/-48	0/-75	0/-0,12	0/-0,18	0/-0,3	0/-0,48	0/-0,75	0/-1,2	0/-1,8
6	10	0/-1	0/-1,5	0/-2,5	0/-4	0/-6	0/-9	0/-15	0/-22	0/-36	0/-58	0/-90	0/-0,15	0/-0,22	0/-0,36	0/-0,58	0/-0,9	0/-1,5	0/-2,2
10	18	0/-1,2	0/-2	0/-3	0/-5	0/-8	0/-11	0/-18	0/-27	0/-43	0/-70	0/-110	0/-0,18	0/-0,27	0/-0,43	0/-0,7	0/-1,1	0/-1,8	0/-2,7
18	30	0/-1,5	0/-2,5	0/-4	0/-6	0/-9	0/-13	0/-21	0/-33	0/-52	0/-84	0/-130	0/-0,21	0/-0,33	0/-0,52	0/-0,84	0/-1,3	0/-2,1	0/-3,3
30	50	0/-1,5	0/-2,5	0/-4	0/-7	0/-11	0/-16	0/-25	0/-39	0/-62	0/-100	0/-160	0/-0,25	0/-0,39	0/-0,62	0/-1	0/-1,6	0/-2,5	0/-3,9
50	80	0/-2	0/-3	0/-5	0/-8	0/-13	0/-19	0/-30	0/-46	0/-74	0/-120	0/-190	0/-0,3	0/-0,46	0/-0,74	0/-1,2	0/-1,9	0/-3	0/-4,6
80	120	0/-2,5	0/-4	0/-6	0/-10	0/-15	0/-22	0/-35	0/-54	0/-87	0/-140	0/-220	0/-0,35	0/-0,54	0/-0,87	0/-1,4	0/-2,2	0/-3,5	0/-5,4
120	180	0/-3,5	0/-5	0/-8	0/-12	0/-18	0/-25	0/-40	0/-63	0/-100	0/-160	0/-250	0/-0,4	0/-0,63	0/-1	0/-1,6	0/-2,5	0/-4	0/-6,3
180	250	0/-4,5	0/-7	0/-10	0/-14	0/-20	0/-29	0/-46	0/-72	0/-115	0/-185	0/-290	0/-0,46	0/-0,72	0/-1,15	0/-0,85	0/-2,9	0/-4,6	0/-7,2

Figura 4. Tabela de tolerâncias para eixos (classe h).
Fonte: Associação Brasileira de Normas Técnicas (1995).

Tabela 16 - Afastamentos limites⁽ᴬ⁾ para furos JS

ES = Afastamento limite superior
EI = Afastamento limite inferior

Dimensão nominal (mm)		JS Afastamentos																
Acima	Até e inclusive	1	2	3	4	5	6	7	8	9	10	11	12	13	14⁽ᴮ⁾	15⁽ᴮ⁾	16⁽ᴮ⁾	17	18
							(µm)									(mm)			
-	3⁽ᴮ⁾	± 0,4	± 0,6	± 1	± 1,5	± 2	± 3	± 5	± 7	± 12,5	± 20	± 30	± 0,05	± 0,07	± 0,125	± 0,2	± 0,3		
3	6	± 0,5	± 0,75	± 1,25	± 2	± 2,5	± 4	± 6	± 9	± 15	± 24	± 37,5	± 0,06	± 0,09	± 0,15	± 0,24	± 0,375	± 0,6	± 0,9
6	10	± 0,5	± 0,75	± 1,25	± 2	± 3	± 4,5	± 7,5	± 11	± 18	± 29	± 45	± 0,075	± 0,11	± 0,18	± 0,29	± 0,45	± 0,75	± 1,1
10	18	± 0,6	± 1	± 1,5	± 2,5	± 4	± 5,5	± 9	± 13,5	± 21,5	± 35	± 55	± 0,09	± 0,135	± 0,215	± 0,35	± 0,55	± 0,9	± 1,35
18	30	± 0,75	± 1,25	± 2	± 3	± 4,5	± 6,5	± 10,5	± 16,5	± 26	± 42	± 65	± 0,105	± 0,165	± 0,26	± 0,42	± 0,65	± 1,05	± 1,65
30	50	± 0,75	± 1,25	± 2	± 3,5	± 5,5	± 8	± 12,5	± 19,5	± 31	± 50	± 80	± 0,125	± 0,195	± 0,31	± 0,5	± 0,8	± 1,25	± 1,95
50	80	± 1	± 1,5	± 2,5	± 4	± 6,5	± 9,5	± 15	± 23	± 37	± 60	± 95	± 0,15	± 0,23	± 0,37	± 0,6	± 0,95	± 1,5	± 2,3
80	120	± 1,25	± 2	± 3	± 5	± 7,5	± 11	± 17,5	± 27	± 43,5	± 70	± 110	± 0,175	± 0,27	± 0,435	± 0,7	± 1,1	± 1,75	± 2,7
120	180	± 1,75	± 2,5	± 4	± 6	± 9	± 12,5	± 20	± 31,5	± 50	± 80	± 125	± 0,2	± 0,315	± 0,5	± 0,8	± 1,25	± 2	± 3,15
180	250	± 2,25	± 3,5	± 5	± 7	± 10	± 14,5	± 23	± 36	± 57,5	± 92,5	± 145	± 0,23	± 0,36	± 0,575	± 0,925	± 1,45	± 2,3	± 3,6
250	315	± 3	± 4	± 6	± 8	± 11,5	± 16	± 26	± 40,5	± 65	± 105	± 160	± 0,26	± 0,405	± 0,65	± 1,05	± 1,6	± 2,6	± 4,05
315	400	± 3,5	± 4,5	± 6,5	± 9	± 12,5	± 18	± 28,5	± 44,5	± 70	± 115	± 180	± 0,285	± 0,445	± 0,7	± 1,15	± 1,8	± 2,85	± 4,45
400	500	± 4	± 5	± 7,5	± 10	± 13,5	± 20	± 31,5	± 48,5	± 77,5	± 125	± 200	± 0,315	± 0,485	± 0,775	± 1,25	± 2	± 3,15	± 4,85
500	630	± 4,5	± 5,5	± 8	± 11	± 16	± 22	± 35	± 55	± 87,5	± 140	± 220	± 0,35	± 0,55	± 0,875	± 1,4	± 2,2	± 3,5	± 5,5
630	800	± 5	± 6,5	± 9	± 12,5	± 18	± 25	± 40	± 62,5	± 100	± 160	± 250	± 0,4	± 0,625	± 1	± 1,6	± 2,5	± 4	± 6,25

NBR 6158/1995

Figura 5. Tabela de tolerâncias para furos (classe JS).
Fonte: Associação Brasileira de Normas Técnicas (1995).

Quando se deseja indicar uma tolerância já pensando no tipo de montagem, é possível apontar as classes de tolerâncias juntas, utilizando letra minúscula para eixo e maiúscula para furos. A Figura 6 apresenta uma estrutura de tolerância com indicação para eixo e furo. Esse tipo de indicação é muito comum quando uma das peças que sofrerá montagem já está feita e pode receber apenas um pequeno grau de ajuste (lixamento ou retificação). Assim, não é necessário desenhar duas peças para indicar esse tipo de montagem.

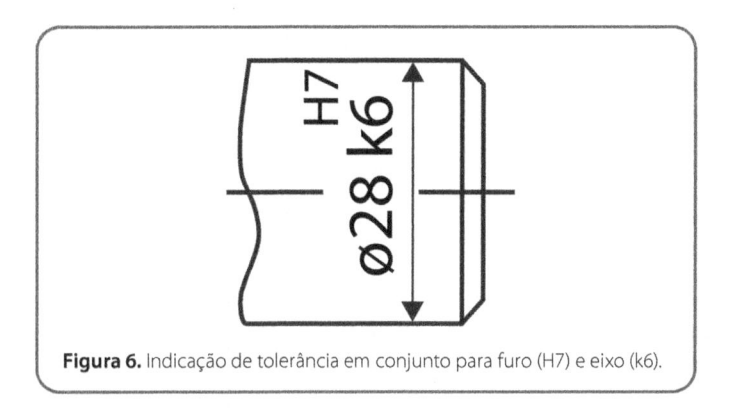

Figura 6. Indicação de tolerância em conjunto para furo (H7) e eixo (k6).

As tolerâncias variam segundo graus de qualidade de trabalho (IT), relacionadas com o grau de precisão de usinagem, cujo valor varia em 18 posições. Dessa forma, o valor selecionado para o campo da tolerância deve ser um conjunto entre o valor da posição em letra e a qualidade de trabalho IT em número. A Figura 7 mostra a tabela indicando os valores de IT (qualidade de trabalho).

Saiba mais

Procure, na norma ABNT NBR 6158:1995, para consultar a tabela completa das classes de tolerância para todas as posições de furos e eixos.

TABELA DOS VALORES NUMÉRICOS DE GRAUS DE TOLERÂNCIA-PADRÃO IT
(tolerâncias em μm)

Grupos de Dimensões mm	IT 1	IT 2	IT 3	IT 4	IT 5	IT 6	IT 7	IT 8	IT 9	IT 10	IT 11	IT 12	IT 13	IT 14	IT 15	IT 16	IT 17	IT 18
≤ 3	0,8	1,2	2	3	4	6	10	14	25	40	60	100	140	250	400	600	1000	1400
> 3 ≤ 6	1	1,5	2,5	4	5	8	12	18	30	48	75	120	180	300	480	750	1200	1800
> 6 ≤ 10	1	1,5	2,5	4	6	9	15	22	36	58	90	150	220	360	580	900	1500	2200
> 10 ≤ 18	1,2	2	3	5	8	11	18	27	43	70	110	180	270	430	700	1100	1800	2700
> 18 ≤ 30	1,5	2,5	4	6	9	13	21	33	52	84	130	210	330	520	840	1300	2100	3300
> 30 ≤ 50	1,5	2,5	4	7	11	16	25	39	62	100	160	250	390	620	1000	1600	2500	3900
> 50 ≤ 80	2	3	5	8	13	19	30	46	74	120	190	300	460	740	1200	1900	3000	4600
> 80 ≤ 120	2,5	4	6	10	15	22	35	54	87	140	220	350	540	870	1400	2200	3500	5400
> 120 ≤ 180	3,5	5	8	12	18	25	40	63	100	160	250	400	630	1000	1600	2500	4000	6300
> 180 ≤ 250	4,5	7	10	14	20	29	46	72	115	185	290	460	720	1150	1850	2900	4600	7200
> 250 ≤ 315	6	8	12	16	23	32	52	81	130	210	320	520	810	1300	2100	3200	5200	8100
> 315 ≤ 400	7	9	13	18	25	36	57	89	140	230	360	570	890	1400	2300	3600	5700	8900
> 400 ≤ 500	8	10	15	20	27	40	63	97	155	250	400	630	970	1550	2500	4000	6300	9700
> 500 ≤ 630	9	11	16	22	32	44	70	110	175	280	440	700	1100	1750	2800	4400	7000	11000
> 630 ≤ 800	10	13	18	25	36	50	80	125	200	320	500	800	1250	2000	3200	5000	8000	12500
> 800 ≤ 1000	11	15	21	28	40	56	90	140	230	360	560	900	1400	2300	3600	5600	9000	14000
> 1000 ≤ 1250	13	18	24	33	47	66	105	165	260	420	660	1050	1650	2600	4200	6600	10500	16500
> 1250 ≤ 1600	15	21	29	39	55	78	125	195	310	500	780	1250	1950	3100	5000	7800	12500	19500
> 1600 ≤ 2000	18	25	35	46	65	92	150	230	370	600	920	1500	2300	3700	6000	9200	15000	23000
> 2000 ≤ 2500	22	30	41	55	78	110	175	280	440	700	1100	1750	2800	4400	7000	11000	17500	28000
> 2500 ≤ 3150	26	36	50	68	96	135	210	330	540	860	1350	2100	3300	5400	8600	13500	21000	33000

Figura 7. Tabela de qualidade de trabalho – IT.
Fonte: Associação Brasileira de Normas Técnicas (1995).

Sistema furo-base e eixo-base

Em alguns dimensionamentos e cálculos de homologia (cálculo das condições de ajuste), os valores das tolerâncias para o furo ou eixo podem ser iguais a zero, ou seja, considerados como sendo a base do dimensionamento. Esse tipo de consideração é conhecido como sistema furo-base ou eixo-base, dependendo de qual posição é escolhida (ASSOCIAÇÃO BRASILEIRA D ENORMAS TÉCNICAS, 1995). A Figura 8 apresenta a variação de ajuste para sistema furo-base, e a Figura 9 para eixo-base.

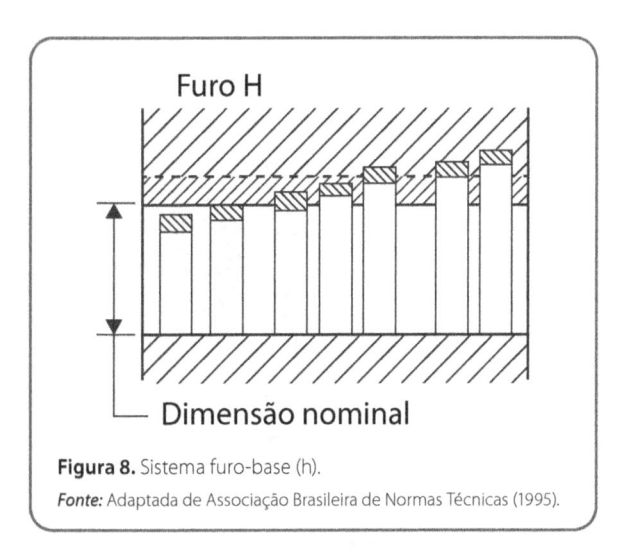

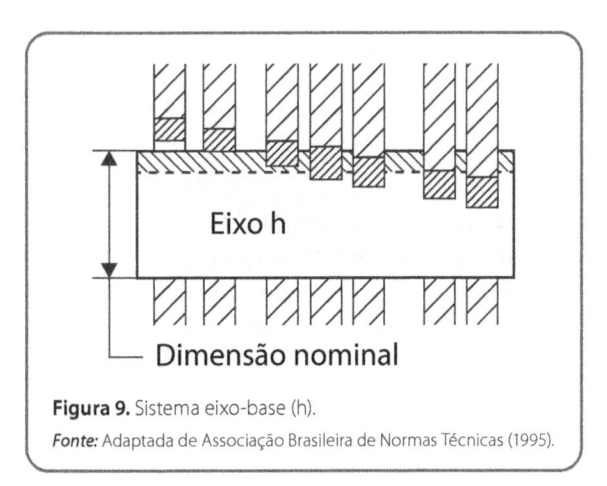

Figura 8. Sistema furo-base (h).
Fonte: Adaptada de Associação Brasileira de Normas Técnicas (1995).

Figura 9. Sistema eixo-base (h).
Fonte: Adaptada de Associação Brasileira de Normas Técnicas (1995).

Por fim, sabendo todas as informações da tolerância (dimensão nominal, máxima, mínima, AS e AI), é possível saber qual o regime que o ajuste será utilizado. Os tipos de regimes existentes são: ajuste com folga, interferência e incerto (RIBEIRO; PERES; IZIDORO, 2013).

O ajuste com folga acontece quando apenas haverá folga no encaixe das peças, ou seja, mesmo que o valor do eixo seja o máximo da tolerância, ainda sim, será menor que o mínimo do furo. Dessa forma, é chamado de ajuste por folga (Figura 10).

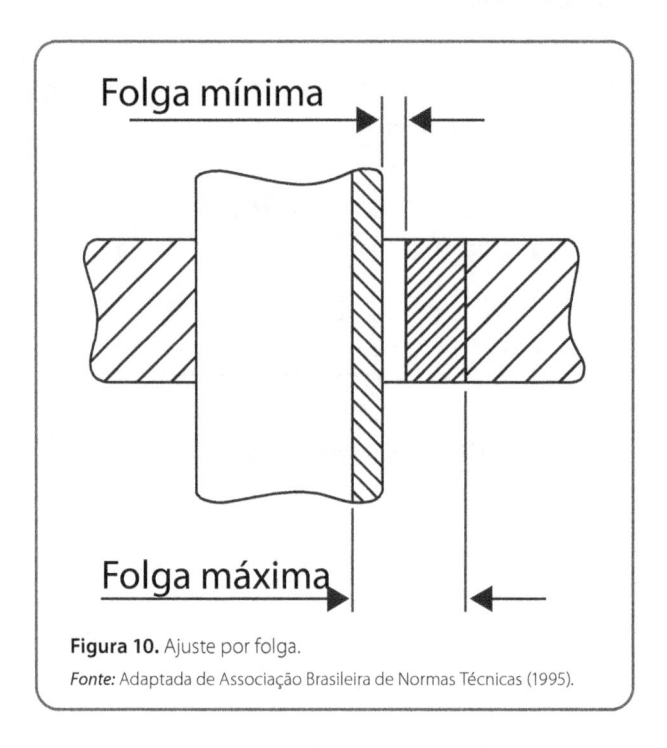

Figura 10. Ajuste por folga.
Fonte: Adaptada de Associação Brasileira de Normas Técnicas (1995).

O ajuste com interferência acontece quando apenas haverá interferência no encaixe dos componentes, ou seja, mesmo que o valor do furo seja o máximo da tolerância, ainda sim, será menor que o mínimo do furo. Dessa forma, é chamado de ajuste por interferência (Figura 11).

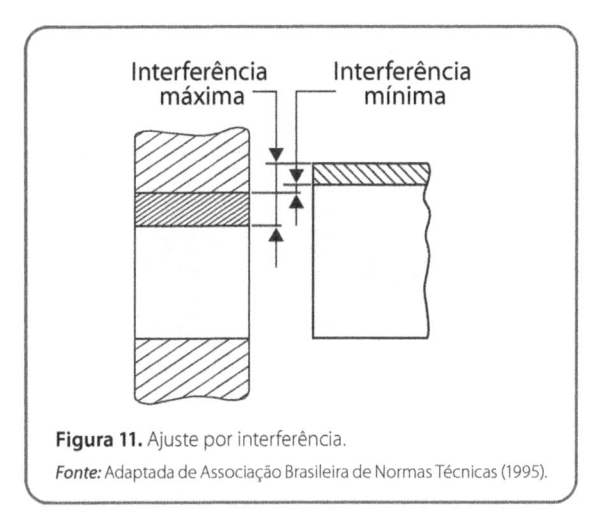

Figura 11. Ajuste por interferência.
Fonte: Adaptada de Associação Brasileira de Normas Técnicas (1995).

Agora, quando há situações de possível ajuste por folga e interferência no encaixe das peças, ou seja, não tendo posições absolutas de folga e interferência, esse tipo de ajuste é considerado como do tipo incerto (Figura 12).

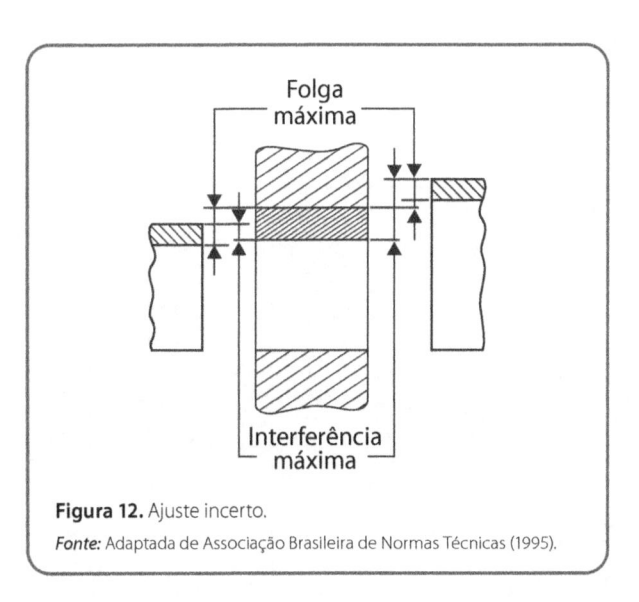

Figura 12. Ajuste incerto.
Fonte: Adaptada de Associação Brasileira de Normas Técnicas (1995).

Por fim, há, ainda, uma tabela prática que recomenda algumas posições de tolerância para que a montagem seja do tipo especificado. A Figura 13 apresenta a tabela que relaciona esses tipos de tolerâncias.

AJUSTES RECOMENDADOS

TIPO DE AJUSTE	EXEMPLO DE AJUSTE	EXTRA-PRECISO	MECÂNICA PRECISA	MECÂNICA MÉDIA	MECÂNICA ORDINÁRIA	EXEMPLO DE APLICAÇÃO
LIVRE	Montagem à mão, podendo girar sem esforço.	H6 e7	H7 e7 / H7 e8	H11 e9	H11 a11	Peças cujos funcionamentos necessitam de folga por força de dilatação, ou mau alinhados, etc.
ROTATIVO	Montagem à mão, com facilidade.	H6 f6	H7 f7	H8 f8	H10 d10 / H11 d11	Peças que deslizam ou giram com boa lubrificação. Ex.: eixos, mancais, etc.
DESLIZANTE	Montagem à mão, com leve pressão.	H6 g5	H7 g6	H8 g8 / H8 h8	H10 h10 / H11 h11	Peças que deslizam ou giram com grande precisão. Ex.: anéis de rolamento, corrediços, etc.
DESLIZANTE JUSTO	Montagem à mão, porém necessitando de algum esforço.	H6 h5	H7 h6			Encaixes fixos de precisão, órgãos lubrigicados descartáveis à mão. Ex.: punções, guias, etc.
ADERENTE FORÇADO LEVE	Montagem com auxílio de martelo.	H6 j5	H7 j6			Órgãos que necessitam frequentes desmontagens. Ex.: polias, engrenagens, rolamentos, etc.
FORÇADO DURO	Montagem com auxílio de martelo pesado.	H6 m5	H7 m6			Órgãos possíveis de montagem e desmontagem sem deformação da peça.
À PRESSÃO COM ESFORÇO	Pressão Montagem com auxílio de balancim ou por dilatação.	H6 p5	H7 p6			Peças impossíveis de serem desmontadas sem deformação. Ex.: buchas à pressão, etc.

Figura 13. Tabela de tolerâncias para tipos de montagem.

Fonte: Adaptada de Frigo (2012).

Link

No link a seguir, é possível saber mais de tolerâncias dimensionais por meio do material criado pela EESC/USP para utilização no curso de Desenho Técnico Mecânico.

https://goo.gl/zuub4o

Exemplo

Os tipos de tolerâncias especificados pelas classes exigem elevado grau de usinagem. Por isso, para facilitar a verificação dessas condições de tolerância, foi criado um instrumento de medição indireta, chamado de calibrador passa/não passa. Ou seja, o valor é igual ao mínimo da tolerância e, do outro, o máximo, sendo assim bem fácil saber quando os valores de tolerância ainda não foram satisfeitos.

Acessando o vídeo no link, é apresentada a aplicação de um calibradores passa/não passa.

https://goo.gl/AsPVLm

Exercícios

1. Em uma tolerância de um encaixe de rabo de andorinha, os valores ao lado da dimensão nominal são de +0,06 mm e -0,09 mm. Sabendo que a dimensão nominal é de 35 mm, quais os valores dos **afastamento superior (AS)** e **afastamento inferior (AI)**?
   a) AS = 35,06 mm e AI = 34,91 mm.
   b) AS = 0,06 mm e AI = -0,09 mm.
   c) AS = AI = 0,15 mm.
   d) AS = 35,06 mm e AI = 34,94 mm.
   e) AS = 0,06 mm e AI = 0,09 mm.

2. Em caso de não informação de tolerância dimensional, qual norma pode ser utilizada para ser o padrão das tolerâncias gerais?
   a) NBR ISO 2768-2.
   b) NBR 6158.
   c) NBR ISO 2768-1.
   d) NBR 10067.
   e) NBR ISO/IEC 17025.

3. Qual o ajuste em um encaixe do tipo a seguir?

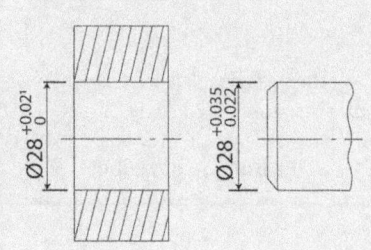

Ø28 +0,021 / 0   Ø28 +0,035 / 0,022

a) Ajuste forçado.
b) Ajuste incerto.
c) Ajuste indeterminado.
d) Ajuste com interferência.
e) Ajuste com folga.

4. Qual o tipo de ajuste do encaixe indicado a seguir? Utilize a tabela para consultar os valores das classes de tolerância.

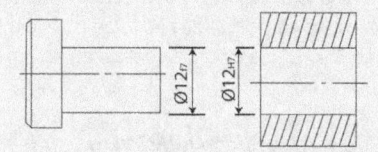

Ø12n / Ø12H7

AJUSTES RECOMENDADOS - SISTEMA FURO-BASE H7(*)
Tolerância em milésimos de milímetros (μm)

Dimensão nominal mm		Furo inf sup	afastamento superior EIXOS afastamento inferior							
acima de	até	H7	f7	g6	h6	j6	k6	m6	n6	p6	r6
0	1	0 +10	−6 −16	−2 −8	0 −6	+4 −2	+6 0	—	+10 +4	+12 +6	+16 +10
1	3	0 +12	−10 −22	−4 −12	0 −8	+6 −2	+9 +1	+12 +4	+16 +8	+20 +12	+23 +15
3	6	0 +15	−13 −28	−5 −14	0 −9	+7 −2	+10 +1	+15 +6	+19 +10	+24 +15	+26 +19
6	10	0 +15	−16 −34	−6 −17	0 −11	+8 −3	+12 +1	+18 +7	+23 +12	+29 +18	+34 +23
10	14										
14	18	0 +18									
18	24	0 +21	−20 −41	−7 −20	0 −13	+9 −4	+15 +2	+21 +8	+28 +15	+35 +22	+41 +28
24	30										
30	40	0 +25	−25 −50	−9 −25	0 −16	+11 −5	+18 +2	+25 +9	+33 +17	+42 +26	+50 +34
40	50										
50	65	0 +30	−30 −60	−10 −29	0 −19	+12 −7	+21 +2	+30 +1	+39 +20	+51 +32	+60 +41
65	80											+62 +43
80	100	0 +35	−36 −71	−12 −34	0 −22	+13 −9	+25 +3	+35 +13	+45 +23	+59 +37	+73 +51
100	120											+76 +54
120	140	0	−43	−14	0	+14	+28	+40	+52	+68	+88 +63

a) Ajuste com folga.
b) Ajuste com interferência.
c) Ajuste incerto.
d) Ajuste misto.
e) Ajuste deslizante.

5. Considerando uma aplicação em mecânica precisa, qual o tipo de ajuste prático para o encaixe de dimensão 15 mm H7/g6?

a) Ajuste deslizante.
b) Ajuste forçado duro.
c) Ajuste livre.
d) Ajuste à pressão com esforço.
e) Ajuste rotativo.

Referências

AGOSTINHO, O. L.; RODRIGUES, A. C. S.; LIRANI, J. *Tolerâncias, ajustes, desvios e análise de dimensões*. São Paulo: Edgard Blücher. 1977.

ASSOCIAÇÃO BRASILEIRA DE NORMAS TÉCNICAS. *ABNT NBR 6158:1995*. Sistemas de tolerâncias e ajustes. Rio de Janeiro: ABNT, 1995.

ASSOCIAÇÃO BRASILEIRA DE NORMAS TÉCNICAS. *ABNT NBR ISO 2768-1:2001*. Tolerâncias gerais. Parte 1: Tolerâncias para dimensões lineares e angulares sem indicação de tolerância individua. Rio de Janeiro: ABNT, 2001.

FISHER, U. et al. *Manual de tecnologia metal mecânica*. 2. ed. São Paulo: Edgard Blücher, 2011.

FRIGO, G. *Tabela de tolerância*. [S.l.: s.n.], 2012. Disponível em: <http://www.ebah.com.br/content/ABAAAAMdIAJ/tabela-tolerancia>. Acesso em: 12 fev. 2018.

RIBEIRO, A. C.; PERES, M. P.; IZIDORO, N. *Curso de desenho técnico e AUTOCAD*. São Paulo: Pearson, 2013.

TELECURSO 2000. *Parâmetros de rugosidade*. [S.l.]: Telecurso 2000, 1998. Aula 19. Disponível em: <http://www.grima.ufsc.br/capp/rugosidade/aula19_ParametrosDeRugosidade.pdf>. Acesso em: 03 fev. 2018.

UNIVERSIDADE DE SÃO PAULO. Escola de Engenharia de São Carlos. *Tolerância dimensional*. São Carlos: USP, [2010?]. Disponível em: <https://edisciplinas.usp.br/pluginfile.php/4101447/mod_resource/content/1/Toler%C3%A2ncias%20e%20Ajustes.pdf>. Acesso em: 12 fev. 2018.

USINAGEM CNC. *O desenho técnico*. [S.l.]: Usinagem CNC, 2013. Disponível em: <https://usinagemcnc.wordpress.com/2013/04/16/o-desenho-tecnico/>. Acesso em: 12 fev. 2018.

Leituras recomendadas

PROVENZA, F. *Desenhista de máquinas*. São Paulo: F. Provenza, 1997.

SILVA, A. et al. *Desenho técnico moderno*. 4. ed. Rio de Janeiro: LTC, 2006.

Tolerância geométrica (GD&T)

Objetivos de aprendizagem

Ao final deste texto, você deve apresentar os seguintes aprendizados:

- Descrever as tolerâncias de forma.
- Discutir sobre as tolerâncias de orientação.
- Definir as tolerâncias de posição.

Introdução

O sistema de dimensionamento geométrico e toleranciamento foi criado para evitar que pequenos erros de fabricação, despercebidos individualmente nas peças, possam implicar em problemas graves de montagem ou funcionamento das máquinas.

Em desenho mecânico, principalmente nos desenhos que compõem os projetos de máquinas, algumas características não dimensionais devem ser representadas obrigatoriamente, pois, assim como as dimensões e suas tolerâncias, as variações de forma, posição e orientação podem interferir nos componentes da montagem e no funcionamento do conjunto. Você poderá encontrar situações onde o projeto de uma peça ou de um conjunto exija atenção quanto à tolerância das características geométricas. Portanto, será necessário você indicar no desenho essas características e suas variações permitidas.

Neste capítulo, você vai compreender o que são e como representar, em desenho mecânico, as características geométricas e suas tolerâncias. Também, vai compreender por que essas imprecisões são importantes em cada tipo de forma, nas variações possíveis de posição relativa entre os elementos e nos desvios de orientação dessas partes de peças e componentes individualmente ou com relação ao conjunto de montagem.

Tolerâncias de forma

Um dos aspectos que você atenta nas peças é o formato geométrico. Assim como não é possível assegurar que as dimensões de um item sejam realizadas exatamente conforme sua indicação nominal, o formato dos objetos também sofre pequenas variações, compreendendo as características de retitude, planeza, circularidade, cilindricidade, perfil de linha qualquer e perfil de superfície qualquer. Veja, na Figura 1, as simbologias para representação de cada uma delas em desenho técnico mecânico, segundo a ABNT NBR 6409:1997.

> **Exemplo**
>
> Imagine que, em uma empresa de usinagem, seja produzido um lote de peças para uma montadora automotiva. No entanto, a contra peça que compreende o conjunto a ser montado nos veículos é importada. Inevitavelmente, podem ocorrer problemas no processo, provenientes de causas variadas, as quais acarretam desvios de maior ou menor impacto no produto. Quanto mais esses erros afastam-se da especificação nominal, maior a criticidade.
>
> As áreas de manufatura e gestão da qualidade precisam assegurar que todas as características do produto estejam em conformidade, principalmente aquelas que possam interferir na montagem ou comprometam o correto funcionamento do veículo e sua durabilidade. Mesmo empregando métodos criteriosos de controle dimensional, muitas vezes, é necessário controlar também as características geométricas.

Elementos isolados	Retitude	——
	Planeza	▱
	Circularidade	○
	Cilindridade	⌀
Elementos isolados ou associados	Perfil de linha qualquer	⌒
	Perfil de superfície qualquer	⌓

Figura 1. Simbologia de tolerâncias de forma.
Fonte: Adaptada de Associação Brasileira de Normas Técnica (1997).

Controle das variações de forma

Para você compreender como e quando é aplicada e simbologia nos desenhos, é importante que conheça primeiro as maneiras de verificação das características que vai representar. Veja cada caso a seguir.

Retitude e planeza

Retitude refere-se à linearidade em uma superfície da peça, sendo medido, num determinado comprimento, o quanto a linha superficial real varia dentro de uma faixa imaginária de ordem h, que representa a tolerância admitida. A planeza diz respeito ao quanto a superfície, verificada como um plano (em mais de dois pontos não alinhados), varia dentro de uma faixa compreendida entre dois planos equidistantes h entre si. Veja a Figura 2 para entender melhor.

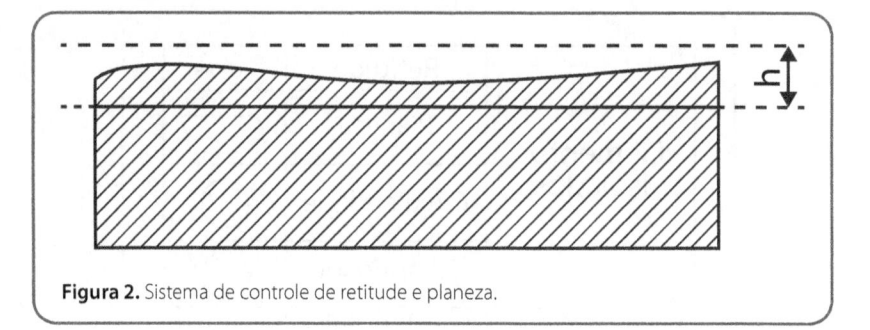

Figura 2. Sistema de controle de retitude e planeza.

Fique atento

Os valores que você vai indicar nos desenhos para as tolerâncias geométricas não são atribuídos ao acaso. Para cada tipo de aplicação de peças conjugadas, são recomendadas tolerâncias mais ou menos precisas. Portanto, é fundamental conhecer as normas que implicam na elaboração dos projetos mecânicos. Veja a norma da ABNT NBR 6158:1995 para entender como são distribuídas as proporções de valores aceitos para diversos campos de variação, tanto dimensionais como geométricos.

Circularidade e cilindricidade

Circularidade refere-se ao quanto um eixo cilíndrico varia em seu diâmetro real, sendo medida numa determinada posição do seu comprimento, considerando admissível o valor compreendido entre dois círculos imaginários concêntricos, cujos diâmetros variam em d. A cilindricidade diz respeito ao quanto a superfície de um eixo cilíndrico, verificada no seu comprimento e não apenas em uma seção, varia dentro de uma faixa compreendida entre dois limitantes cilíndricos concêntricos, cujos diâmetros variam em d. Veja a Figura 3 para entender melhor.

Figura 3. Sistema de controle de circularidade e cilindricidade.

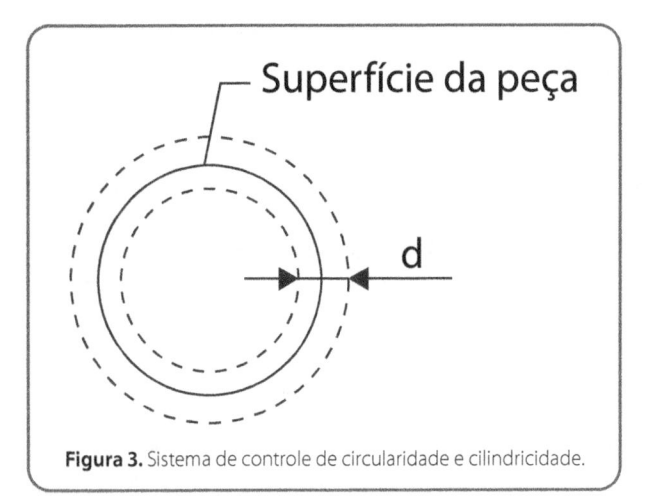

Perfis de linha e superfície quaisquer

Você pode empregar esses tipos de tolerância quando analisa superfícies ou contornos curvilíneos. Dessa forma, a tolerância para uma linha qualquer estará compreendida entre duas linhas imaginárias equidistantes que descrevem o perfil ideal do objeto. A tolerância para perfil de uma superfície qualquer estará compreendida entre duas membranas imaginárias que reproduzem a superfície ideal da peça. Esses elementos consideram-se associados quando se precisa tomar outro elemento da peça como referência. Veja a Figura 4 para entender melhor.

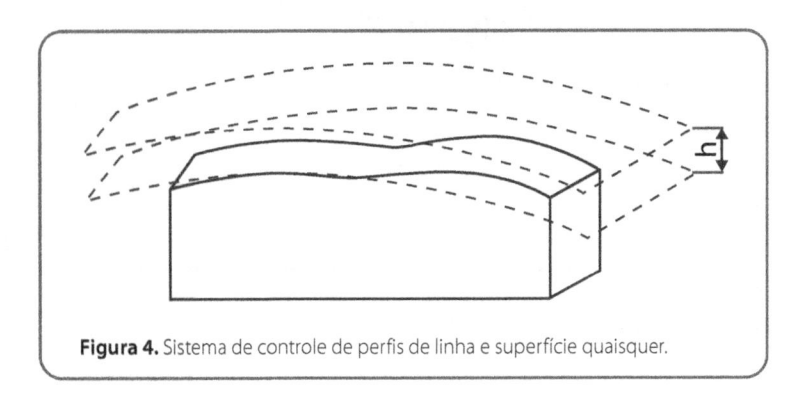

Figura 4. Sistema de controle de perfis de linha e superfície quaisquer.

> **Link**
>
> Veja, no vídeo do SENAI - PIRACICABA/SP, como funciona uma máquina de medir coordenadas, muito empregada para controle de dimensões geométricas (GD&T).
>
> https://goo.gl/6pnYUb

Aplicação da simbologia nos desenhos

No desenho técnico mecânico, você vai representar as tolerâncias geométricas em um retângulo ligado ao contorno da peça por uma linha de chamada. Esse retângulo precisa ser dividido em quadros, onde vai fazer constar o símbolo da característica no primeiro quadro da esquerda, e o valor da tolerância na unidade usada para dimensões lineares no da direita. Se precisar indicar um elemento de referência, você deve usar uma letra maiúscula que será indicada num terceiro quadro e, ao mesmo tempo, na superfície de referência.

Veja, no exemplo real (Figura 5), um desenho onde estão indicadas tolerâncias de forma.

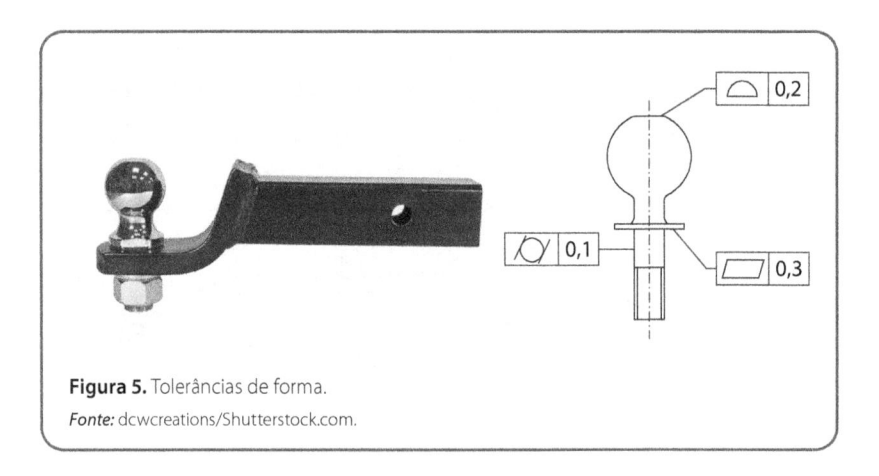

Figura 5. Tolerâncias de forma.
Fonte: dcwcreations/Shutterstock.com.

Tolerâncias de orientação

A orientação dos elementos de uma peça refere-se ao quanto sua posição é alterada no decorrer da sua extensão, tomando como referência outro elemento do mesmo objeto, como, por exemplo, um furo em relação a uma das arestas externas ou uma aba dobrada em relação a uma das superfícies. Por isso, são definidas como tolerâncias para elementos associados. São as características de paralelismo, perpendicularidade e inclinação,

Conforme as normas técnicas, as variações de orientação possíveis para um elemento devem ser indicadas em desenho técnico, conforme a simbologia apresentada na Figura 6.

Orientação	Paralelismo	//
	Perpendicularidade	⊥
	Inclinação	∠

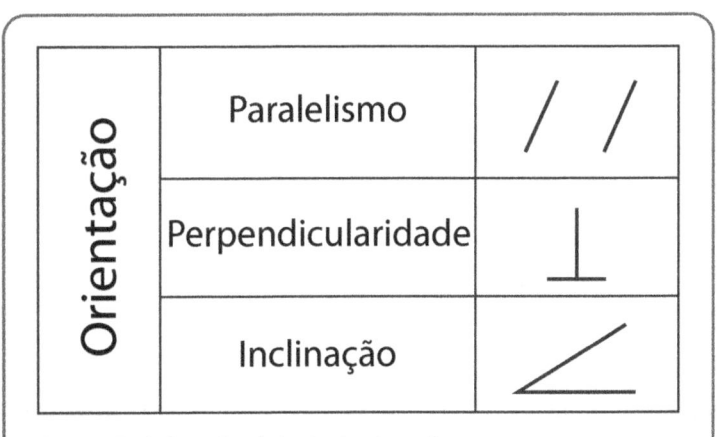

Figura 6. Simbologia de tolerâncias de orientação.
Fonte: Adaptada de Associação Brasileira de Normas Técnicas (1997).

Variações de orientação nas peças

Compreenda como identificar e representar as tolerâncias geométricas de orientação.

Paralelismo

Entre as faces planas de uma placa ou entre os eixos centrais de dois furos, pode ser exigido o controle da condição de paralelismo. A tolerância indica o quanto, em distanciamento, as linhas paralelas que indicam a condição ideal das superfícies ou dos eixos dos furos podem afastar-se ou aproximar-se no decorrer de sua extensão. Veja, na Figura 7, as representações desses exemplos para auxiliar no seu entendimento.

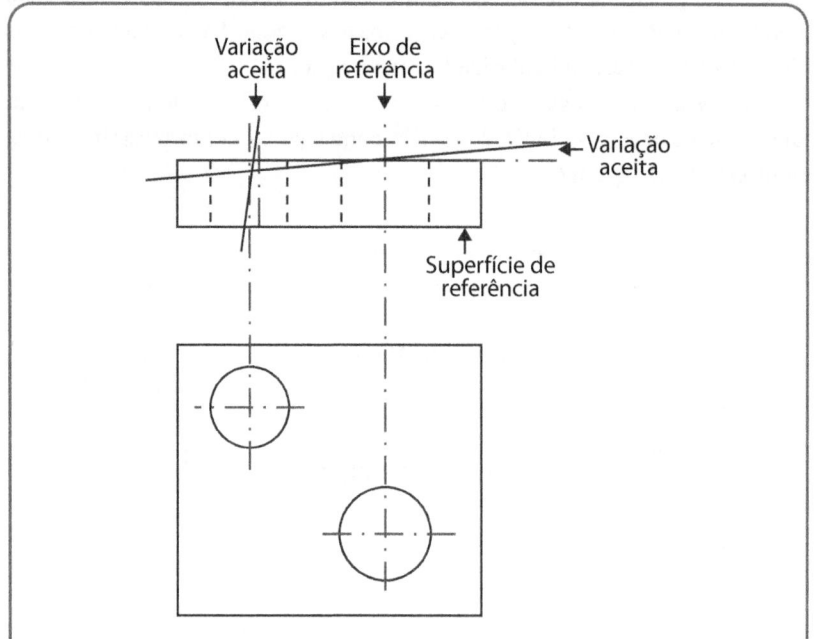

Figura 7. Representação de paralelismo. Neste exemplo, admite-se que o eixo central do furo da esquerda tenha um desvio de paralelismo com o eixo de referência, e que a superfície superior tenha um desvio com relação à inferior.

Perpendicularidade e inclinação

Neste caso, a tolerância refere-se a planos, linhas, eixos e outros elementos concorrentes entre si em ângulo reto, que, em condições ideais, manteriam um perfeito estado de perpendicularidade (formando 90°), quando se aplica tolerâncias de perpendicularidade. Quando o elemento tolerado deve possuir uma inclinação definida diferente de 90°, a indicação de inclinação é inserida no desenho. Sempre há a necessidade de indicar o elemento associado, aquele cuja linha de referência necessita estar em perpendicular com o elemento em questão. Veja um exemplo na Figura 8.

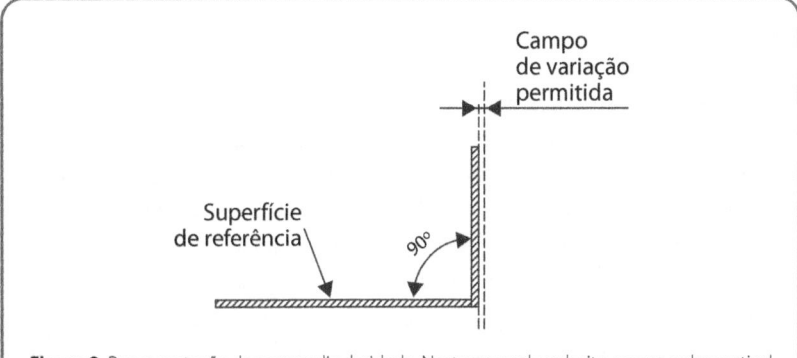

Figura 8. Representação de perpendicularidade. Neste exemplo, admite-se que a aba vertical da cantoneira tenha um desvio com relação ao plano horizontal, conforme o indicado.

Tolerâncias de posição

Imagine a situação onde, por exemplo, você vai tentar encaixar um *plug* na tomada e não consegue porque o pino ou a furação da tomada estão simplesmente "fora do lugar". Parece absurdo, mas erros de posição relativa bem pequenos entre componentes podem impedir que sejam montados ou desempenhem a função para a qual foram concebidos. Assim, você deve indicar, nos desenhos, as tolerâncias para posição, coaxilidade, concentricidade e simetria, conforme demonstradas na Figura 9.

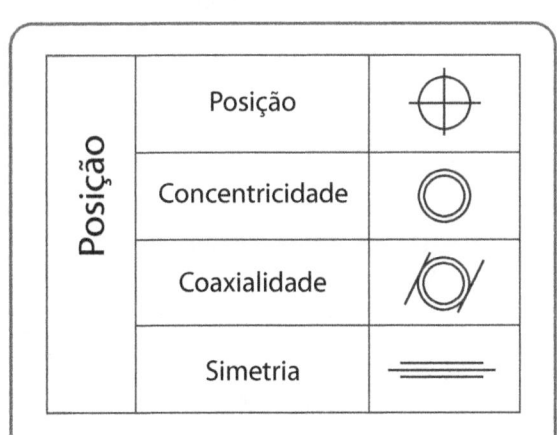

Figura 9. Simbologia para tolerâncias de posição.
Fonte: Adaptada de Associação Brasileira de Normas Técnicas (1997).

Posição

Você deve empregar esta indicação nos seus desenhos sempre que a localização de um elemento com relação a outro seja fundamental para sua funcionalidade. Como o exemplo do *plug* que não encaixa na tomada, por localizar-se fora do ponto ideal para permitir o seu uso adequado, mesmo possuindo as dimensões corretas, alguma pequena variação pode ser aceitável na sua posição com relação às bordas da tomada ou entre os próprios pinos sem comprometer o uso, mas, se variar além do permitido, será inservível. Na representação da Figura 10, o centro do furo pode ser posicionado em qualquer ponto dentro do círculo interno.

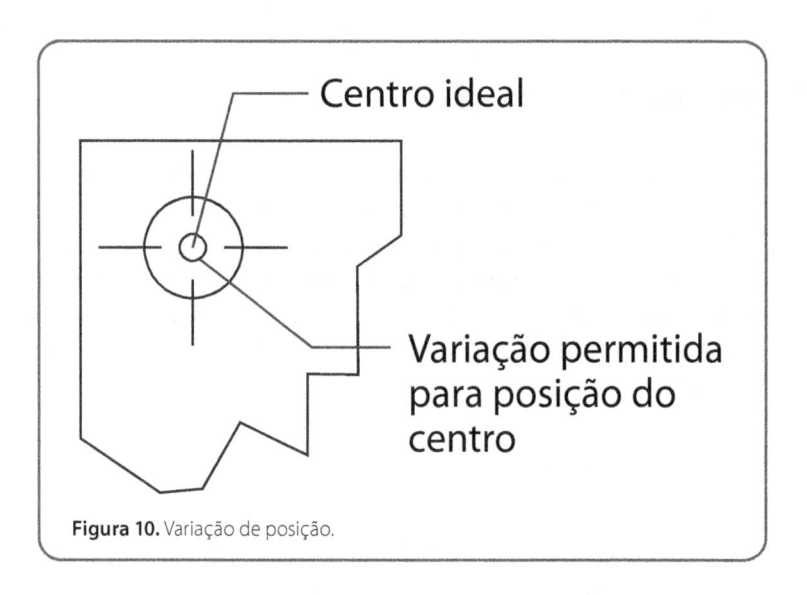

Figura 10. Variação de posição.

Concentricidade e coaxilidade

Estas características são controladas em peças cilíndricas ou elementos circulares, como furos e rebaixos que possuam o mesmo eixo central. Você vai indicar tolerâncias de concentricidade ou coaxilidade, assumindo que um dos elementos poderá estar deslocado do centro teórico ao qual todos os elementos relacionados deveriam posicionar-se. Entre concentricidade e coaxilidade está que a primeira refere-se ao controle de uma seção circular, e seu centro é um ponto, enquanto a segunda é controlada em um cilindro, e seu centro está na extensão do eixo central. Veja a representação na Figura 11.

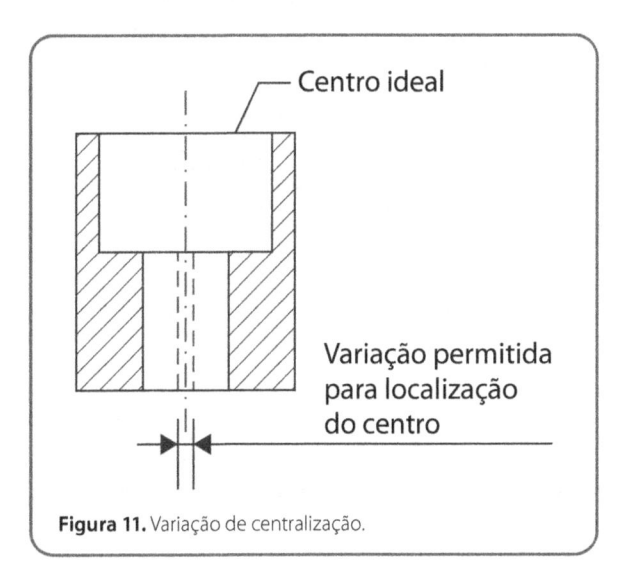

Figura 11. Variação de centralização.

Simetria

A tolerância de simetria vai ser indicada nas peças que possuem elementos simétricos, como duas faces paralelas equidistantes de um determinado ponto ou em relação à espessura total, por exemplo. A determinação da simetria é dada pela distância de dois planos imaginários, paralelos e simétricos em relação ao elemento de referência, onde essa distância é o afastamento admissível dos elementos tolerados a essa referência (Figura 12).

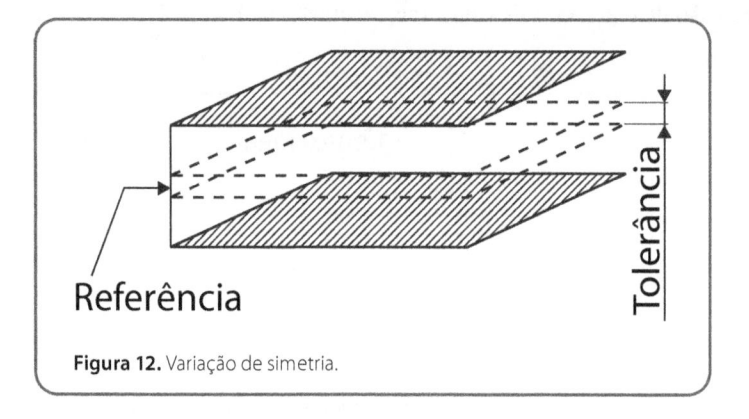

Figura 12. Variação de simetria.

Agora, veja na Figura 13 um exemplo real de aplicação das simbologias das tolerâncias de orientação e posição em desenho técnico mecânico.

Figura 13. Simbologias das tolerâncias de orientação e posição em desenho técnico mecânico.

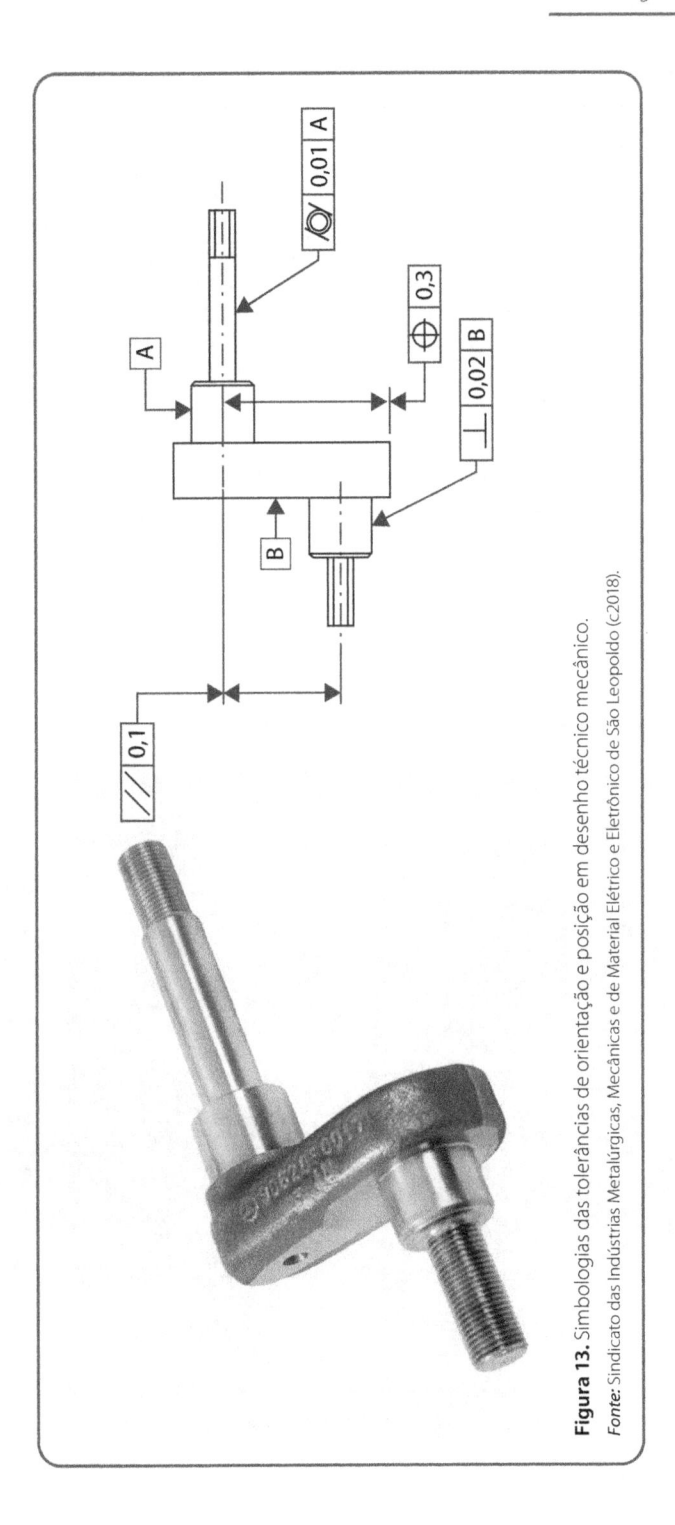

Fonte: Sindicato das Indústrias Metalúrgicas, Mecânicas e de Material Elétrico e Eletrônico de São Leopoldo (c2018).

Saiba mais

A norma técnica ABNT NBR 6409:1997 contempla, ainda, uma representação em desenho técnico mecânico para as variações geométricas circulares compostas. O batimento é a relação entre o eixo central e a superfície de uma peça cilíndrica. Considerando que você rotacione essa peça sobre seu eixo, a circunferência descrita em um único ponto na superfície poderá ser imperfeita, revelando defeitos de forma, orientação ou posição. No seu desenho, deverá indicar o batimento pela simbologia a seguir:

Batimento	Circular	↗
	Total	↗↗

O batimento circular refere-se a um ponto na superfície, enquanto o batimento total considera tida a extensão do cilindro.

A Figura 14 demonstra como é realizada a medição de batimento. Ao girar a peça sobre seu eixo, o relógio apalpador detecta oscilações na ordem micrométrica, que compreendem o batimento.

Figura 14. Medição de batimento.
Fonte: Vadim Ratnikov/Shutterstock.com.

Exercícios

1. GD&T é um sistema de controle de tolerâncias geométricas que devem ser indicadas nos desenhos técnicos. Marque a opção onde se justifica corretamente a indicação de tolerância geométrica nos desenhos.
   a) A simbologia é empregada para caracterizar o desenho, diferenciando o desenho técnico mecânico dos desenhos de outras áreas.
   b) As tolerâncias geométricas são indicadas para substituir o sistema de cotagem dimensional, que não é tão eficiente.
   c) É opção do desenhista aplicar ou não a simbologia de GD&T, pois não há critério normativo para isso.
   d) As tolerâncias geométricas no desenho devem evidenciar a necessidade de controle de características que não são controladas pelo controle dimensional.
   e) A indicação de características geométricas implica na necessidade de instrumentos de precisão milesimal.

2. Mesmo com as medidas projetadas dentro dos limites, uma peça pode não montar no conjunto ou ter seu uso comprometido por variações de forma. Quanto à simbologia de forma usada em desenho técnico, é correto afirmar:
   a) A regularidade no alinhamento de uma aresta é irrelevante, mesmo que se indique no desenho o símbolo de retitude.
   b) Uma superfície não plana pode admitir variações importantes no seu formato, como cilindricidade, por exemplo, e emprega simbologia apropriada.
   c) Inexistem normas e simbologias que sugerem planicidade em uma superfície.
   d) A medida admitida na tolerância de circularidade independe do diâmetro e é representada por um losango.
   e) Os símbolos de GD&T empregados em desenho mecânico são os mesmos empregados para rugosidade.

3. As tolerâncias de orientação e posição recebem uma definição de "elementos associados". Indique a alternativa que justifica corretamente essa informação.
   a) As tolerâncias de orientação e posição precisam ser representadas ao mesmo tempo em mais de uma vista do desenho.
   b) As tolerâncias de orientação e de posição precisam ser representadas juntamente com uma instrução descritiva extensa que faça a associação.
   c) As tolerâncias de orientação e posição precisam ser representadas ao mesmo tempo em mais de um desenho, o que caracterizara e justifica o termo "associado".
   d) As tolerâncias de orientação e de posição precisam ser representadas ambas ao

mesmo tempo, associando posição e orientação.
e) As tolerâncias de orientação e posição precisam ser representadas no elemento tolerado com indicação de outro elemento de referência.

4. Indique a alternativa em que se relaciona corretamente a simbologia com a característica tolerada a que se refere.
   a) Perpendicularidade é usada para controlar inclinações entre 45° e 60°.
   b) Simetria necessita de uma referência equidistante aos dois elementos tolerados.
   c) Concentricidade diz respeito ao quanto um cilindro está desalinhado com relação ao seu próprio eixo central.
   d) Posição é a tolerância permitida para uma faixa, onde setores perpendiculares podem apresentar certa inclinação.
   e) Paralelismo indica que linhas ou superfícies estejam equidistantes a um ponto comum, mesmo que sejam concorrentes.

5. Em desenho técnico, as informações imputadas no formato de símbolos auxiliam na compreensão e determinam parâmetros de fabricação, montagem ou uso do item representado. Os símbolos de GD&T estão associados a características geométricas. Analise e marque a opção onde se relacionam apenas tolerâncias geométricas que podem ser indicadas pela simbologia estudada.
   a) Posição entre centros de dois furos, mantendo-se a distância; acabamento superficial polido; sobremetal de 0,5 mm para retífica.
   b) Deformação numa superfície convexa definida; inclinação do eixo central de um furo passante; microdureza por carbonitretação.
   c) Posição entre centros de dois furos, mantendo-se a distância; deformação numa superfície convexa definida; variação no formato cilíndrico de um eixo.
   d) Deformação numa superfície convexa definida; inclinação do eixo central de um furo passante; superfície polida e espelhada.
   e) Deformação numa superfície convexa definida; sobremetal para próxima operação; superfície polida e espelhada.

Referências

ASSOCIAÇÃO BRASILEIRA DE NORMAS TÉCNICAS. *ABNT NBR 6158:1995*. Sistema de tolerâncias e ajustes. Rio de Janeiro: ABNT, 1995.

ASSOCIAÇÃO BRASILEIRA DE NORMAS TÉCNICAS. *ABNT NBR 6409:1997*. Tolerâncias geométricas – Tolerâncias de forma, orientação, posição e batimento – Generalidades, símbolos, definições e indicações em desenho. Rio de Janeiro: ABNT, 1997.

SINDICATO DAS INDÚSTRIAS METALÚRGICAS, MECÂNICAS E DE MATERIAL ELÉTRICO E ELETRÔNICO DE SÃO LEOPOLDO. *Peça usinada para a área automotiva*. São Leopoldo: SINDIMETAL RS, [c2018]. Disponível em: <http://www.sindimetalrs.org.br/associados/fercorte-ind-metalurgica-ltda/servicos-de-usinagem>. Acesso em: 11 fev. 2018.

Leituras recomendadas

CATAPAN, M. F. *Apostila de desenho técnico*. Curitiba: UFPR, 2015. Disponível em <http://www.exatas.ufpr.br/portal/degraf_marcio/wp-content/uploads/sites/13/2014/09/Apostila-DT-com-DM.pdf>. Acesso em: 12 fev. 2018.

CRUZ, M. D. *Desenho técnico para mecânica*. São Paulo: Érica, 2010.

FANHA, M. C. A. *Estudo de estratégias de medição para controle do dimensionamento geométrico e toleranciamento (gd&t) em peças estampadas*. Curitiba: UTFPR, 2011.

NORTON, R. L. *Projeto de máquinas*. 4. ed. Porto Alegre: Bookman, 2013.

VITORTRA. *Máquina de medir por coordenadas tridimensionais a CNC*. [S.l.]: Virtrota, 2013. Disponível em: <https://www.youtube.com/watch?v=UvPpAX8ZzAs&feature=youtu.be>. Acesso em: 11 fev. 2018.

UNIDADE 4

Projetos de GD&T

Objetivos de aprendizagem

Ao final deste texto, você deve apresentar os seguintes aprendizados:

- Discutir as tolerâncias de batimento.
- Listar os requisitos de aplicação das tolerâncias nos produtos.
- Desenvolver projetos, especificando as tolerâncias de geometria.

Introdução

A fabricação de peças usualmente tem como meta alcançar os valores impostos de tolerâncias dimensionais. No entanto, o processo de usinagem não é ideal na maioria das vezes e acaba levando a variações geométricas das peças, mesmo estando em conformidade com as tolerâncias dimensionais. Por isso, projetos devem levar em conta variações do campo dimensional e do campo geométrico. Esse tipo de combinação é chamado de GD&T.

Neste capítulo, veremos como as boas práticas de aplicação de GD&T levam a projetos mais seguros e de maior confiabilidade.

Tolerâncias de batimento

Eixos e peças que trabalham em movimento rotativo possuem um comportamento dinâmico de acordo com a geometria. Caso a esta possua irregularidades, esse comportamento será modificado, causando vibrações indesejadas, por exemplo, conforme demonstrado na Figura 1. Causas que possam gerar as vibrações estão principalmente ligadas à distribuição desigual de massas, gerando desbalanceamento e, por fim, vibrações.

Figura 1. Vibração em função do desbalanceamento de uma peça rotativa.
Fonte: RawiRochanavipart/Shutterstock.com.

Combinações de erros de ovalização, conicidade e excentricidade levam a essa distribuição desigual de massas. Essa combinação de erros pode ser relacionada com o erro de batimento de uma peça (FUNDAÇÃO ROBERTO MARINHO, 1995; SILVA et al., 2006).

A tolerância de batida pode delimitar os erros geométricos de circularidade, coaxilidade, perpendicularidade e planicidade, desde que sua medição (representando a soma de todos os desvios) esteja contida dentro do valor de tolerância (AGOSTINHO; RODRIGUES; LIRANI, c1977; RIBEIRO; PERES; IZIDORO, 2013).

Batimento radial

A tolerância de batimento radial é definida como um campo de tolerância determinado por um plano perpendicular a um eixo de giro, composto, assim, de dois círculos concêntricos distantes entre si (AGOSTINHO; RODRIGUES; LIRANI, c1977). Esse valor de tolerância t é ilustrado na Figura 2.

Figura 2. Campo de tolerância t do batimento radial.
Fonte: Adaptada de Agostinho, Rodrigues e Lirani (c1977).

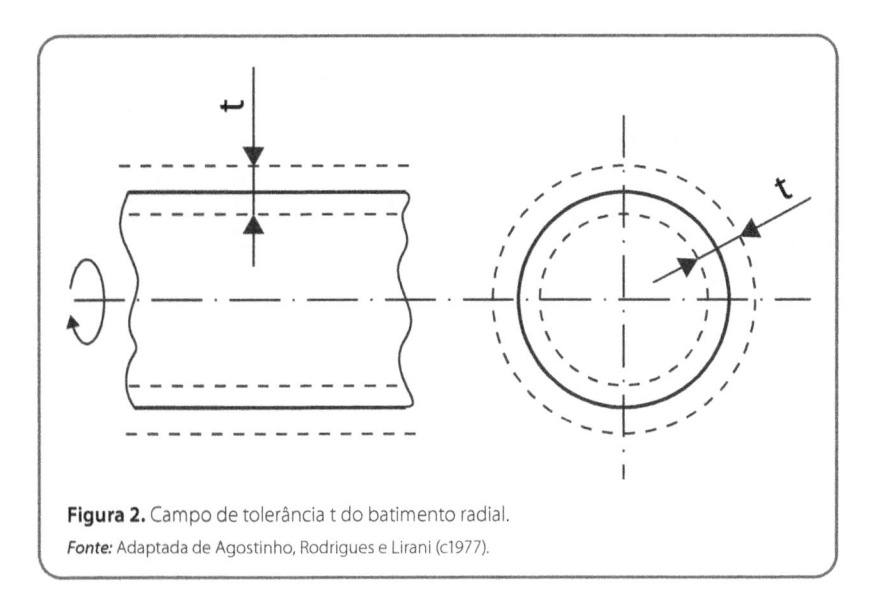

Adotando, assim, as referências como sendo as superfícies A e B, o cilindro em inspeção deve ter seu plano de medida dentro do valor t de tolerância. No caso da Figura 3, este valor é de 0,1 mm.

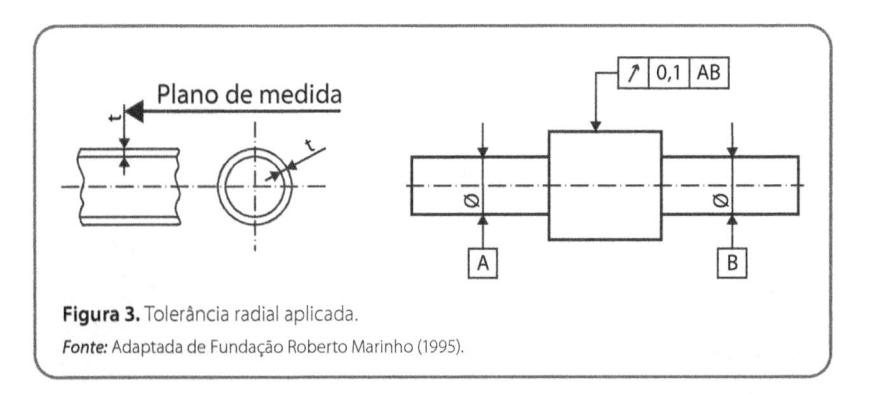

Figura 3. Tolerância radial aplicada.
Fonte: Adaptada de Fundação Roberto Marinho (1995).

Para se medir corretamente esse eixo, as superfícies A e B podem ser apoiadas sobre blocos prismáticos, como na parte superior da Figura 4, e, no cilindro do meio, é utilizado um relógio comparador para medição, rotacionando o eixo. Ou, então, caso a peça tenha furo de centro nas duas faces, é possível colocá-la entre pontas (parte de baixo da Figura 4) e medir a variação de batimento, também girando o eixo para encontrar a máxima variação.

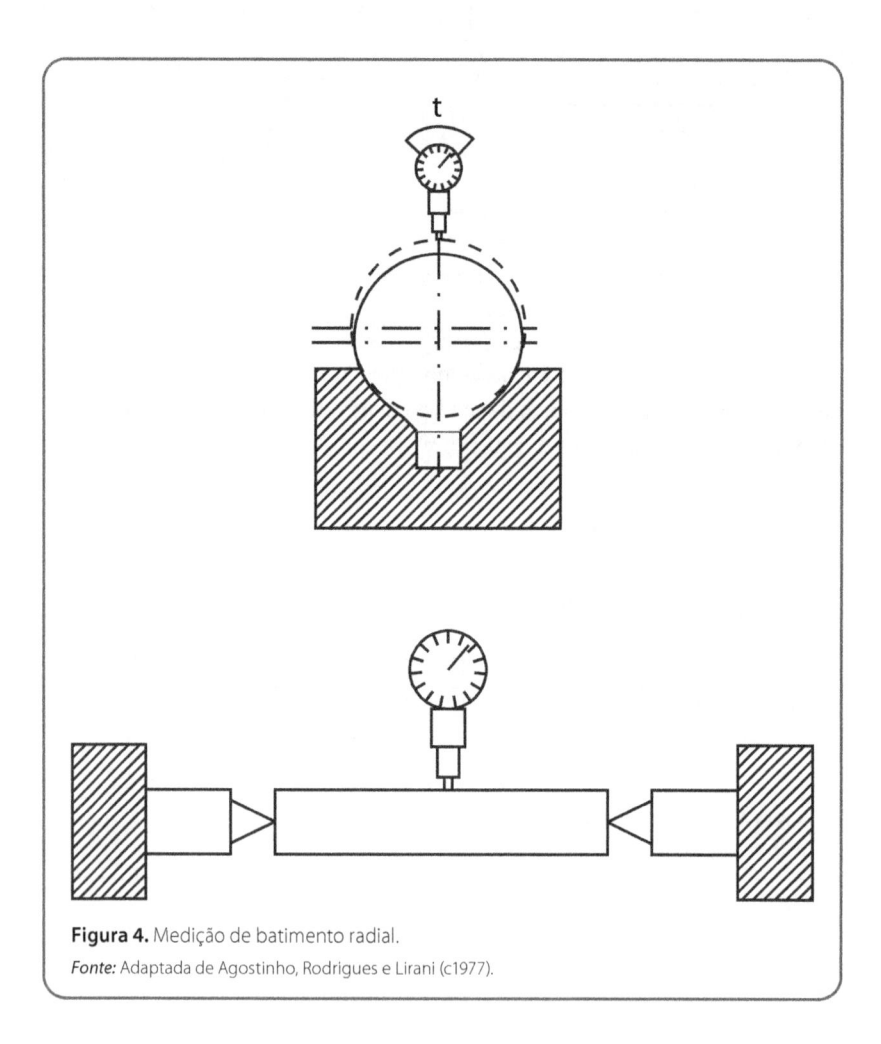

Figura 4. Medição de batimento radial.
Fonte: Adaptada de Agostinho, Rodrigues e Lirani (c1977).

Batimento axial

O batimento axial é definido como um campo de tolerância, determinado por duas superfícies paralelas entre si e perpendiculares ao eixo de rotação (AGOSTINHO; RODRIGUES; LIRANI, c1977). Quando a peça realizar uma rotação completa, o valor máximo admitido deve ser o da tolerância t_a especificado, conforme Figura 5.

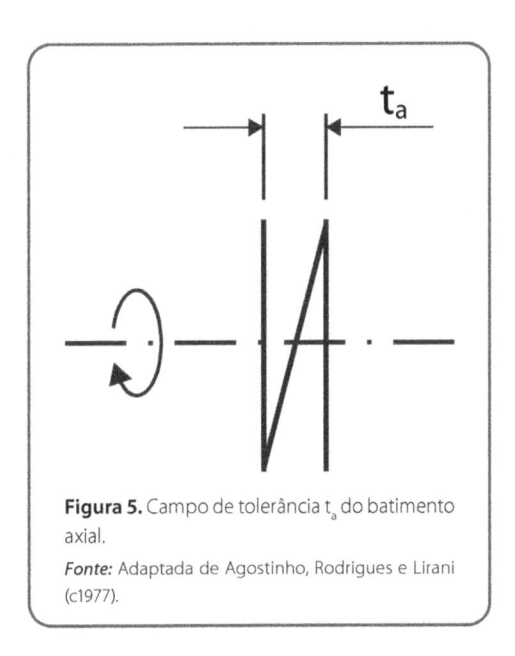

Figura 5. Campo de tolerância t_a do batimento axial.
Fonte: Adaptada de Agostinho, Rodrigues e Lirani (c1977).

Adotando como referência a superfície do cilindro em A, a face indicada com a tolerância de batimento axial deve estar dentro do valor de 0,1 mm, quando realizar uma rotação completa. Observe a Figura 6.

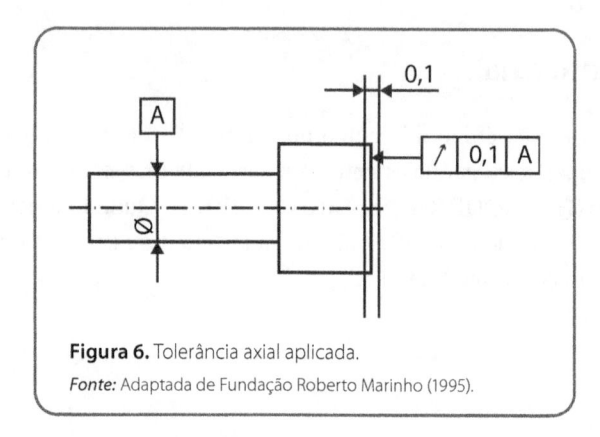

Figura 6. Tolerância axial aplicada.
Fonte: Adaptada de Fundação Roberto Marinho (1995).

Para a inspeção da tolerância de batimento axial, é possível utilizar de dispositivo entre pontos ou, então, apoiado sobre um bloco prismático e um relógio comparador para verificação da oscilação da peça, conforme demonstrado na Figura 7.

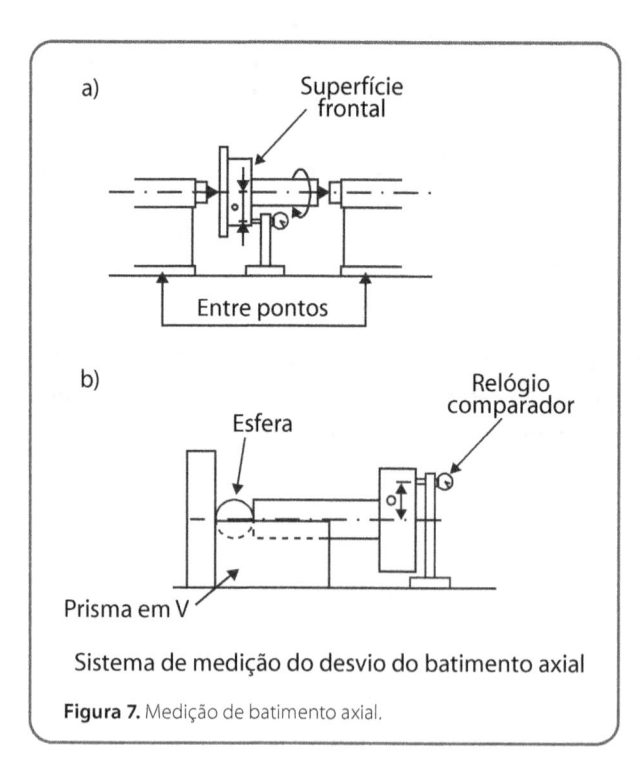

Sistema de medição do desvio do batimento axial

Figura 7. Medição de batimento axial.

> **Fique atento**
>
> Quando indicado de batimento total (duas setas), é necessária a inspeção geral da superfície com tolerância de batimento. O batimento radial ou axial de uma seta é medido com relógio comparador em uma única posição, girando a peça. Quando houver batimento radial ou axial total, é necessário mudar o relógio de posição para uma inspeção completa da condição do batimento na superfície.

Requisitos para aplicação de GD&T

A etapa de projeto deve ser bem pensada antes de iniciar. Devem ser feitas reuniões e discussões da equipe de projetistas para obter a melhor estratégia, para que o projeto atenda de forma geral a todos os pontos a serem executados.

Por isso, um projeto deve considerar oscilações dos processos de fabricação, vindo de natureza humana ou, então, da própria máquina operatriz. Além disso, deve ser pensado já considerando as etapas de montagem e união, elaborando procedimentos mais adequados e que previnam o maior número de erros possíveis.

Com isso, um projeto pode conter apenas tolerâncias dimensionais, geométricas ou ambas. Daí surge o conceito da aplicação de projetos com GD&T (*Geometric Dimensional and Tolerance*). Em suma, a GD&T é a forma mais detalhada e padronizada para representar e controlar as características funcionais e geométricas de um produto. A seguir, na Figura 8, é apresentado o projeto de uma peça com o uso de GD&T.

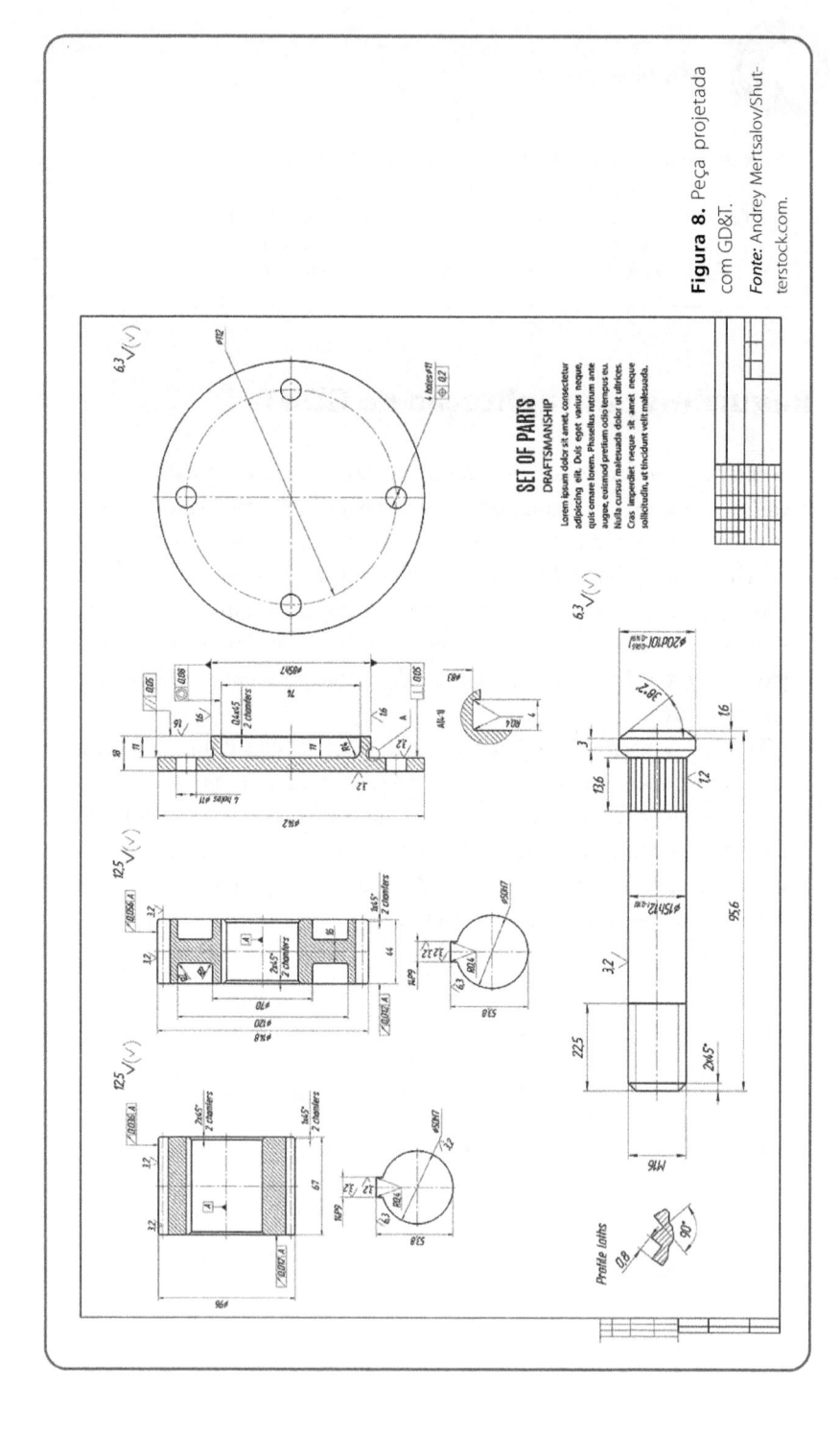

Figura 8. Peça projetada com GD&T.
Fonte: Andrey Mertsalov/Shutterstock.com.

> **Saiba mais**
>
> Consulte a norma NBR 14646: Tolerâncias geométricas – Requisitos de máximo e requisitos de mínimo material (ASSOCIAÇÃO BRASILEIRA DE NORMAS TÉCNICAS, 2001). Esta norma trata do uso da ferramenta da condição de máximo e mínimo material, ampliando, assim, as condições de montagem. Essa ferramenta é muito utilizada para tolerância de posição em montagens, pensadas em GD&T.

Projetos com base em GD&T

A seguir, são apresentados alguns projetos de componentes mecânicos, utilizando tolerâncias em GD&T.

O 1º caso, demonstrado na Figura 9, trata de um virabrequim, cujo diâmetro de Ø570 (0,00/-0,08) deve estar situado em uma tolerância de circularidade de 0,03 mm. Sua linha de centro deve estar paralela em 0,05 mm, e uma cota circular de 0,05 mm em relação à outra superfície.

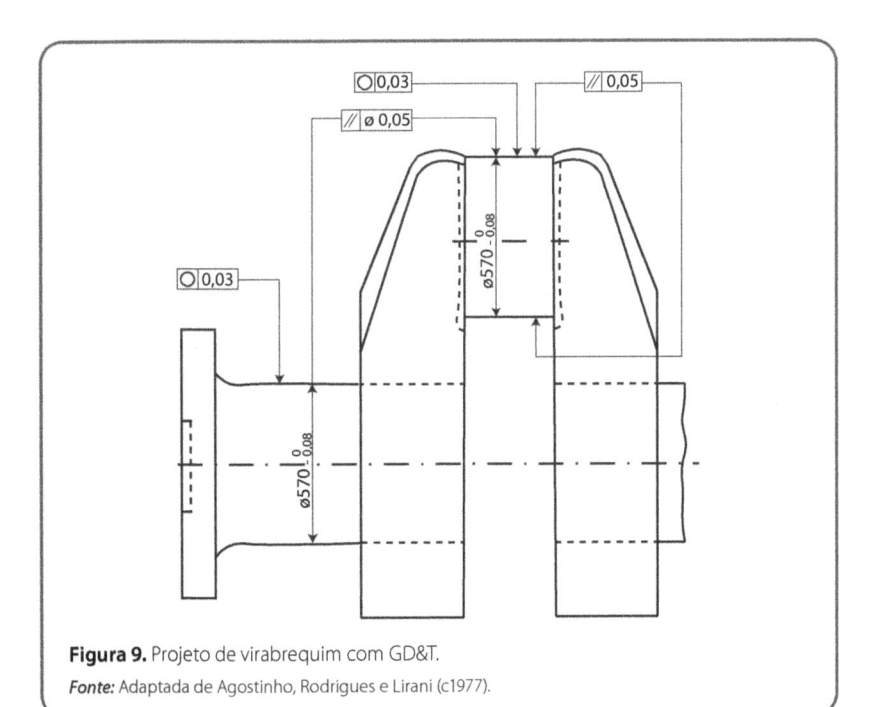

Figura 9. Projeto de virabrequim com GD&T.
Fonte: Adaptada de Agostinho, Rodrigues e Lirani (c1977).

O 2° caso, ilustrado na Figura 10, trata de uma engrenagem de caixa de câmbio de automóvel, cujo diâmetro de Ø60,490/Ø60,464 é a referência (datum) "A", e impõe condição de perpendicularidade nas faces indicadas em 0,05 e 0,03 mm. Além disso, as circunferências das engrenagens devem estar a uma condição de 0,05 e 0,02 mm de concentricidade em relação à referência em "A".

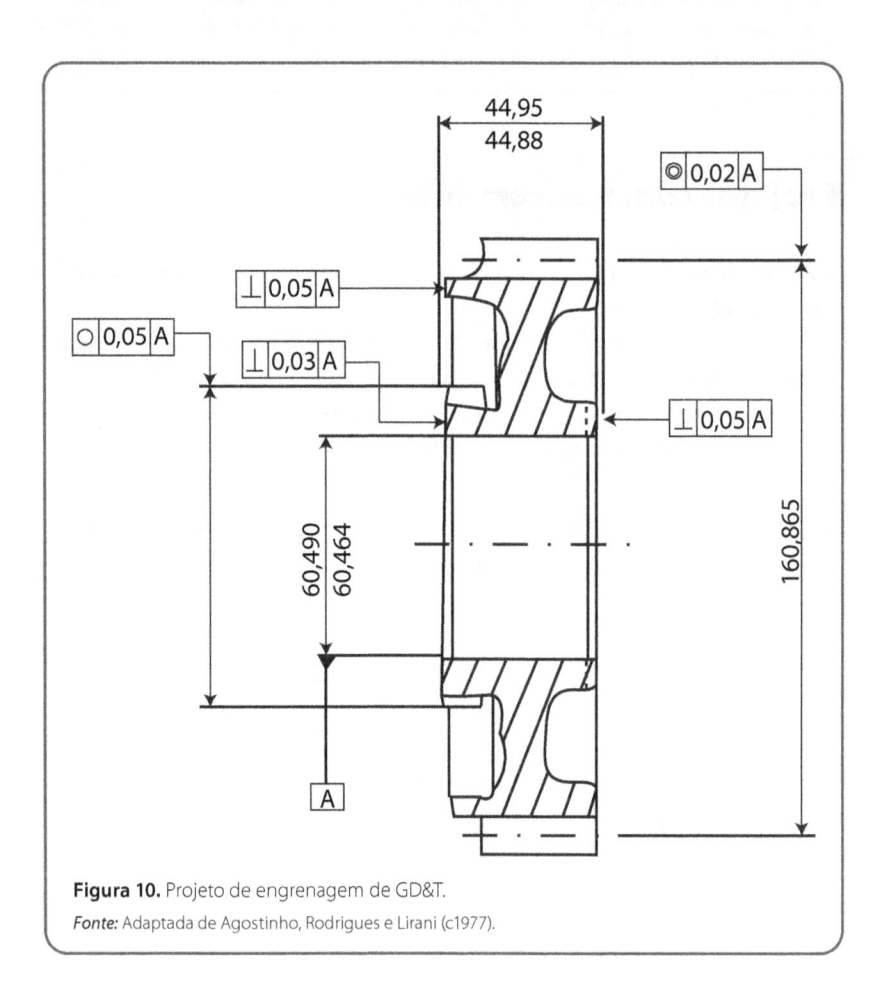

Figura 10. Projeto de engrenagem de GD&T.
Fonte: Adaptada de Agostinho, Rodrigues e Lirani (c1977).

O 3º caso, exemplificado na Figura 11, trata de um eixo principal de caixa de câmbio de automóvel. É um projeto complexo e repleto de aplicações de GD&T. Por exemplo, os estriados devem ter batimento radial de 0,05 mm em relação às superfícies H e L. Para inspecionar esse eixo, as superfícies devem ser apoiadas sobre blocos prismáticos. Além dos batimentos, os valores de perpendicularidade para encaixe também devem ser pensados para uma montagem sem distorções.

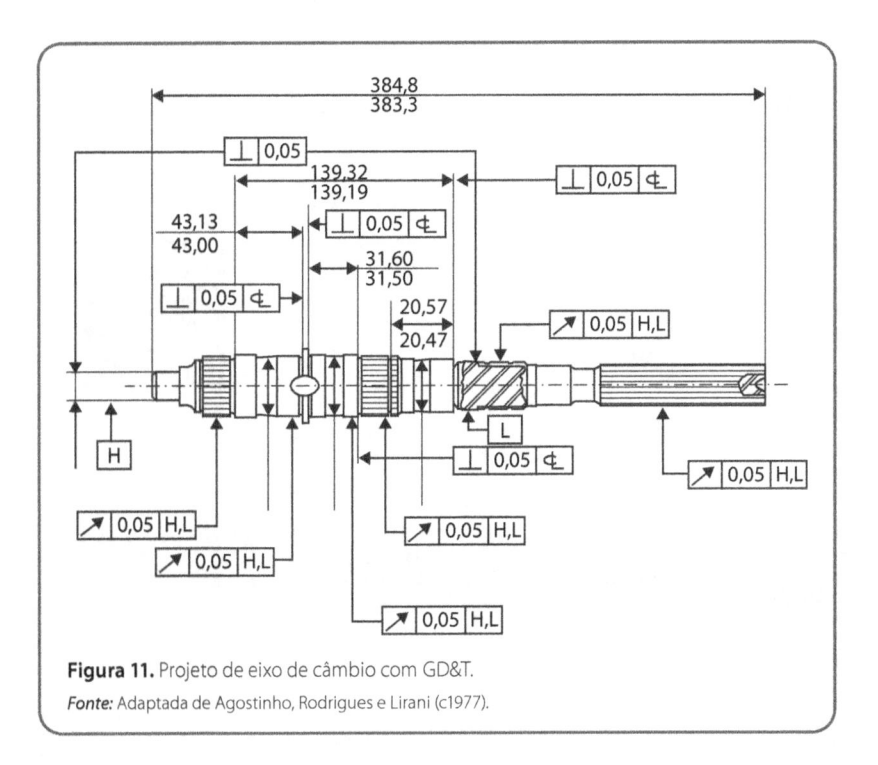

Figura 11. Projeto de eixo de câmbio com GD&T.
Fonte: Adaptada de Agostinho, Rodrigues e Lirani (c1977).

Link

No link ou código a seguir (REGINALDO, 2013), você encontra um material tratando sobre GD&T e indicações de tolerância geométrica.

https://goo.gl/1zqfYd

Link

Acesse o link ou código para assistir ao vídeo sobre medição de batimento em acoplamento de motores, utilizando relógio comparador (ENGINEERS EDGE, 2016).

https://goo.gl/xtdSz2

Exercícios

1. A tolerância geométrica que é definida pelo campo de tolerância, determinado por um plano perpendicular a um eixo de giro, composto assim de dois círculos concêntricos distantes entre si é?
   a) Perfil qualquer.
   b) Batimento radial.
   c) Paralelismo.
   d) Batimento axial.
   e) Simetria.

2. A tolerância geométrica que é definida pelo campo de tolerância determinado por duas superfícies paralelas entre si e perpendiculares ao eixo de rotação é?
   a) Batimento radial.
   b) Simetria.
   c) Batimento axial.
   d) Perfil qualquer.
   e) Paralelismo.

3. Quando se deseja avaliar a condição de um batimento em uma superfície inteira (passando o relógio comparador no corpo todo) é chamado de?
   a) Batimento radial.
   b) Batimento completo.
   c) Batimento axial.

d) Batimento de varredura.
e) Batimento total.

4. Na peça desenhada em software CAD a seguir, qual a tolerância GD&T aplicada é indicada?

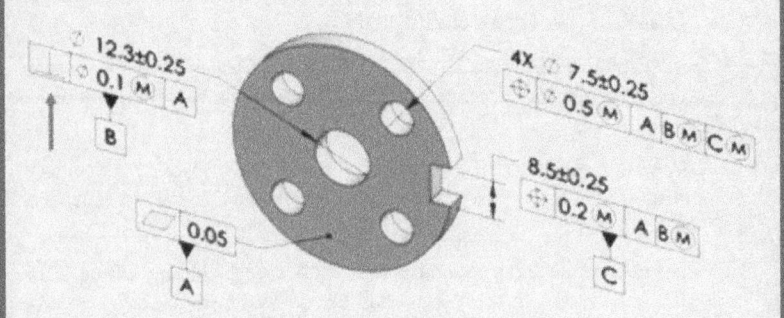

a) Paralelismo.
b) Perpendicularidade.
c) Planeza.
d) Posição.
e) Batimento.

5. Na peça desenhada em software CAD a seguir, qual a tolerância GD&T aplicada?

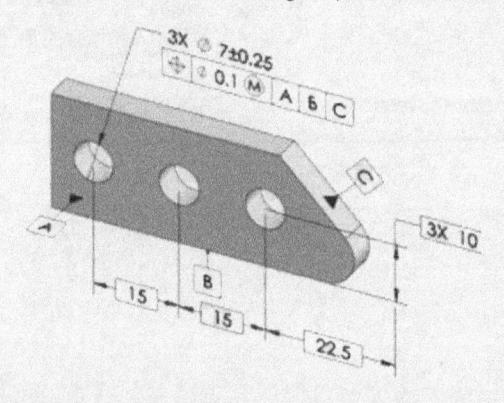

a) Inclinação.
b) Posição.
c) Batimento.
d) Planeza.
e) Simetria.

Referências

AGOSTINHO, O. L.; RODRIGUES, A. C. S.; LIRANI, J. *Tolerâncias, ajustes, desvios e análise de dimensões*. São Paulo: Edgard Blücher, c1977.

ASSOCIAÇÃO BRASILEIRA DE NORMAS TÉCNICAS. *ABNT NBR 8404:1984*: indicação do estado de superfícies em desenhos técnicos – procedimento. Rio de Janeiro: ABNT, 1984.

ASSOCIAÇÃO BRASILEIRA DE NORMAS TÉCNICAS. *ABNT NBR 14646:2001*: tolerâncias geométricas – requisitos de máximo e requisitos de mínimo material. Rio de Janeiro: ABNT, 2001.

ENGINEERS EDGE. *Basics of measuring GD&T runout on a shaft*. [S.l.]: YouTube, 2016. 1 vídeo. Disponível em: <https://www.youtube.com/watch?v=gKCbsWXam8M>. Acesso em: 03 mar. 2018.

FUNDAÇÃO ROBERTO MARINHO. *Mecânica*: leitura e interpretação de desenho técnico. Rio de Janeiro: Globo, 1995. v. 1-3. (Telecurso 2000).

REGINALDO. *GD&T*: tolerâncias geométricas. [S.l.]: Usinagem, 2013. Disponível em: <http://superusinagem.blogspot.com.br/2013/01/tolerancias-geometricas.html>. Acesso em: 03 mar. 2018.

RIBEIRO, A. C.; PERES M. P.; IZIDORO N. *Curso de desenho técnico e AutoCAD*. São Paulo: Pearson Brasil, 2013.

SILVA, A. et al. *Desenho técnico moderno*. 4. ed. Rio de Janeiro: LTC, 2006.

Elementos de fixação (rebites, parafusos, porcas)

Objetivos de aprendizagem

Ao final deste texto, você deve apresentar os seguintes aprendizados:

- Desenvolver desenhos de diferentes tipos de rebites.
- Produzir desenhos de diferentes tipos de parafusos (tipos de roscas/perfil de filete).
- Construir desenhos de diferentes tipos de porcas (tipos de roscas/perfil de filete).

Introdução

Parafusos e rebites são recursos empregados na união de componentes construtivos, como chapas metálicas, por exemplo. Existem parâmetros específicos para o uso de elementos de fixação, dependentes de fatores próprios do projeto, como função do produto, materiais construtivos, fatores ambientais, entre outros. Por isso, há também a necessidade de representar corretamente esses elementos nos desenhos técnicos. Os elementos de fixação que você vai estudar neste capítulo são os rebites, os parafusos e as porcas, com suas variações de tipos, além de aprender a desenhar corretamente em representação normal e simplificada, conforme as normas construtivas do desenho mecânico.

Aqui, você vai observar o desenho correto das uniões por rebites em costuras simples, duplas e em zigue-zague, além de parafusos, com o emprego de parâmetros normatizados e tabelados, considerando os filetes e as cabeças diferentes. Além disso, você vai compreender a representação de porcas de diferentes tipos.

Rebites

Os rebites são elementos mecânicos, empregados na fixação permanente ou semipermanente entre duas partes, normalmente chapas. Trata-se de um corpo cilíndrico, provido de uma cabeça em uma das extremidades e preparado, na outra ponta, para se deformar e formar uma segunda cabeça. Quando é inserido em um orifício comum a duas peças, e a segunda cabeça formada, dá-se a fixação.

Os rebites são confeccionados de materiais metálicos variados, apresentando diferentes capacidades de resistência.

Tipos de rebites

A ABNT NBR 9580: 2015 (ASSOCIAÇÃO BRASILEIRA DE NORMAS TÉCNICAS, 2015) classifica os rebites de acordo com o formato da cabeça. Veja, na Figura 1, os tipos de rebite e sua representação.

APARÊNCIA E DONOMINAÇÃO DOS REBITES	
	REBITE COM CABEÇA REDONDA
	REBITE COM CABEÇA ABAULADA
	REBITE COM CABEÇA CILÍNDRICA
	REBITE COM CABEÇA PLANA E HASTE SEMICIRCULAR
	REBITE COM CABEÇA BOLEADA E HASTE SEMICIRCULAR
	REBITE COM CABEÇA ESCAREADA E HASTE SEMICIRCULAR
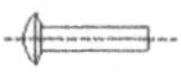	REBITE COM CABEÇA ESCAREADA E ABAULADA
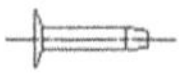	REBITE COM CABEÇA CHATA OU ESCAREADA E PONTA DE HASTE CÔNICA

Figura 1. Tipos de rebites.
Fonte: Adaptada de Associação Brasileira de Normas Técnicas (2015).

Além desses tipos, existe, ainda, o rebite de repuxo, caracterizado por um cilindro tubular e uma haste interna, cuja função é remanchar uma das extremidades quando for tracionada. Com isso, por meio de um aplicador específico, sua aplicação torna-se rápida e precisa. Isso o faz ser amplamente empregado em uniões de chapas finas. Veja sua representação na Figura 2.

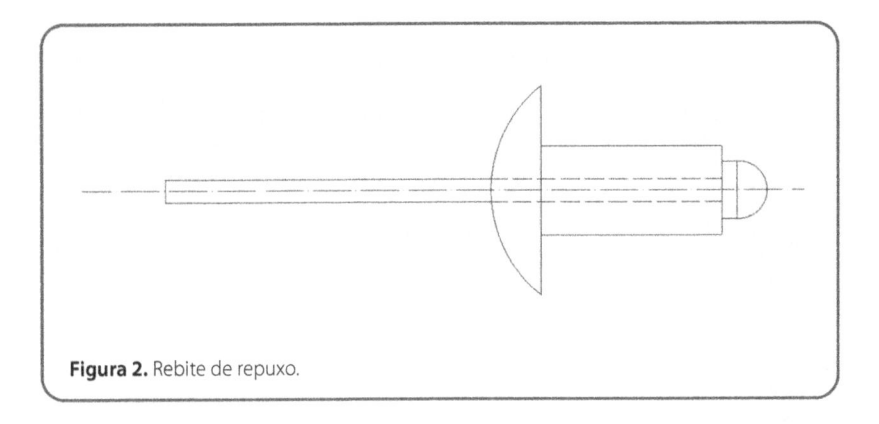

Figura 2. Rebite de repuxo.

Uniões por rebites

As uniões por rebites ocorrem pela sobreposição dos elementos a serem unidos e são denominadas de costura. Apresentam-se em três configurações: simples, dupla e em zigue-zague.

Veja, na Figura 3, como são representadas as diferentes formas de costura segundo a norma ABNT NB14 (ASSOCIAÇÃO BRASILEIRA DE NORMAS TÉCNICAS, 2008), que se refere à construção de estruturas metálicas.

Figura 3. Representação de rebites.

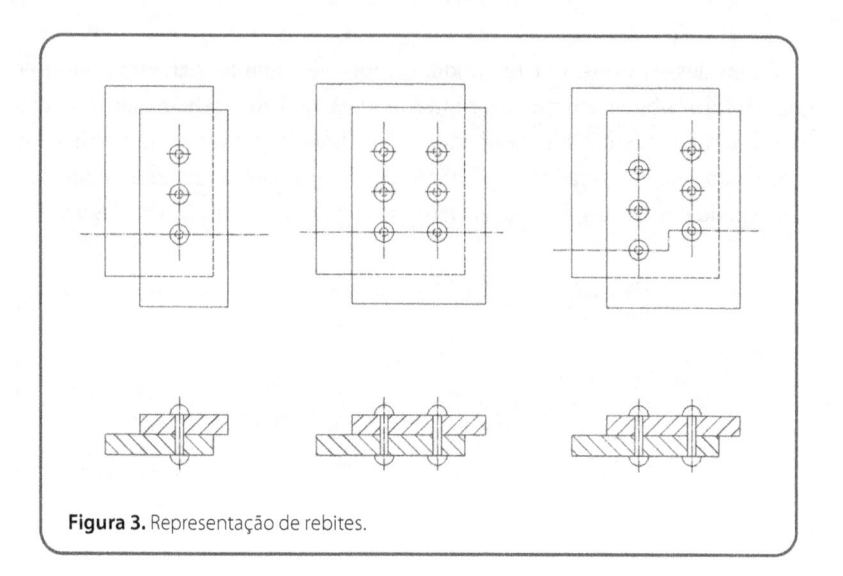

Fique atento

Nas representações de corte, os elementos de fixação não são cortados. Observe, na Figura 3, que as chapas são hachuradas, mas o corpo dos rebites e parafusos não, permitindo desenhar normalmente o contorno dos elementos. Quando a costura é do tipo zigue-zague, é necessário demonstrar a linha de corte para que se possa representar os elementos em paralelo.

Parafusos

Parafusos são elementos de fixação, caracterizados por um cilindro provido de rosca em sua totalidade ou parcialmente, podendo apresentar ou não cabeça de algum tipo específico. Podem ser empregados em fixações temporárias, possibilitando o desmonte com facilidade.

A rosca é a característica mais importante do parafuso. Trata-se de uma saliência que se desenvolve continuamente em torno da superfície cilíndrica, com perfil específico e distanciamento constante em toda sua extensão. Existem diversos tipos de roscas, classificados conforme seu perfil, sentido e sistema normativo.

Tipos de roscas

As roscas são classificadas de acordo com o perfil dos filetes: em triangulares, quadradas, redondas, trapezoidais e dente de serra. Veja a diferença entre elas, analisando a Figura 4, que representa os perfis como podem ser desenhadas, neste caso, com representação normal, demonstrando corte parcial dos filetes para enfatizar os perfis.

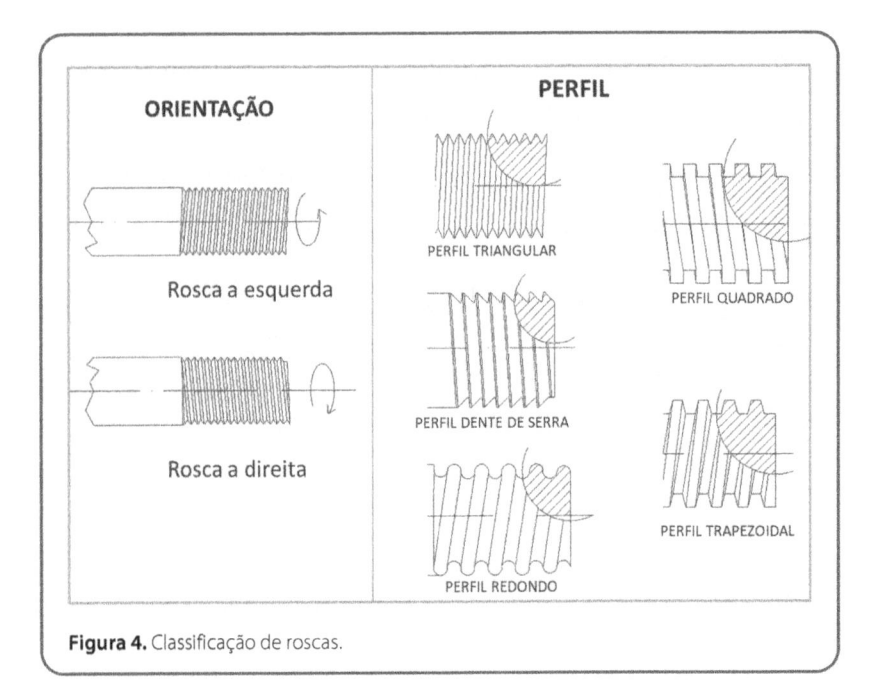

Figura 4. Classificação de roscas.

Como você pode ver, as roscas também são classificadas pelo sentido de direção, pois podem ser confeccionadas tanto da direita para a esquerda como da esquerda para a direita, o que determina o sentido de giro no atarraxamento. Por isso, você também precisa representar corretamente essa característica.

Tabela de roscas de fixação (triangulares)

Para você desenhar corretamente os perfis roscados de parafusos, por exemplo, é preciso lembrar que as roscas são elementos normatizados, portanto as medidas não são atribuídas ao acaso e, sim, de acordo com parâmetros pré-estabelecidos. Normalmente, os projetistas encontram essas informações em tabelas, o que facilita muito o processo de elaboração do desenho, pois, com o seu uso, se pode dispensar os cálculos de elementos de máquina para finalidades de desenho técnico.

Veja os dois modelos de roscas de perfil triangular na Figura 5.

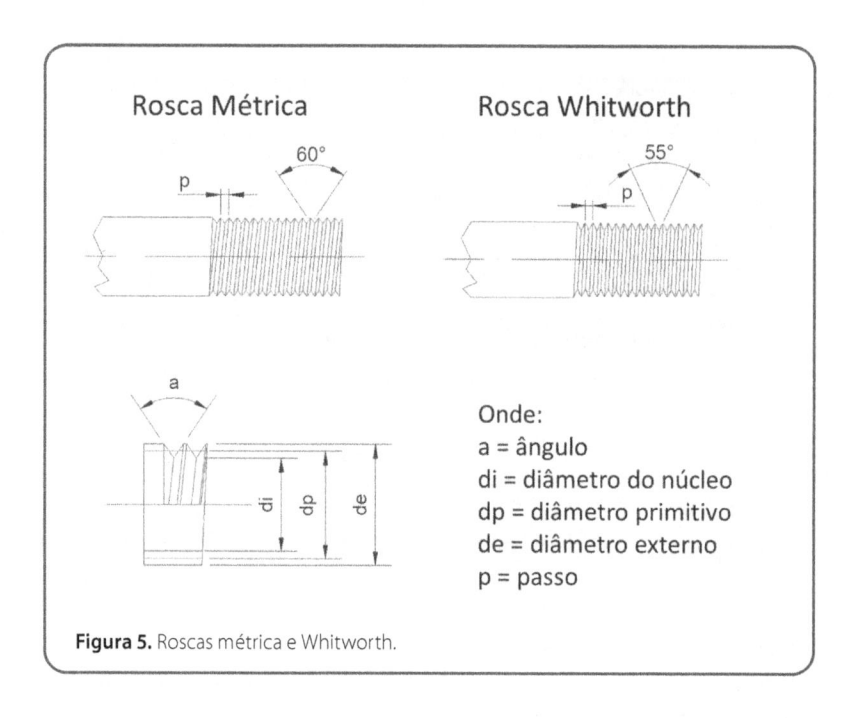

Onde:
a = ângulo
di = diâmetro do núcleo
dp = diâmetro primitivo
de = diâmetro externo
p = passo

Figura 5. Roscas métrica e Whitworth.

As roscas métricas são padronizadas pela ABNT NBR ISO 724 (ASSOCIAÇÃO BRASILEIRA DE NORMAS TÉCNICAS, 2004). Veja, na Tabela 1, uma parcial da tabela da norma. Na referida publicação, o diâmetro primitivo é indicado como diâmetro de flanco, e as letras maiúsculas e minúsculas referem-se às roscas de porcas e parafusos, respectivamente, todas em milímetros.

Diâmetro Externo	Passo	Diâmetro Primitivo	Diâmetro Interno	Diâmetro Externo	Passo	Diâmetro Primitivo	Diâmetro Interno
1	0,25	0,838	0,729		1,5	10,026	9,376
	0,2	0,87	0,783	11	1	10,35	9,917
2	0,4	1,74	1,567		0,75	10,513	10,188
	0,25	1,838	1,729		1,75	10,863	10,106
3	0,5	2,675	2,459	12	1,5	11,026	10,376
	0,35	2,773	2,621		1,25	11,188	10,647
4	0,7	3,545	3,242		1	11,35	10,917
	0,5	3,675	3,459		2	12,701	11,835
5	0,8	4,48	4,134	14	1,5	13,026	12,376
	0,5	4,675	4,459		1,25	13,188	12,647
6	1	5,35	4,917		1	13,35	12,917
	0,75	5,513	5,188	15	1,5	14,026	13,376
7	1	6,35	5,917		1	14,35	13,917
	0,75	6,513	6,188		2	14,701	13,835
8	1,25	7,188	6,647	16	1,5	15,026	14,376
	1	7,35	6,917		1	15,35	14,917
	0,75	7,513	7,188	17	1,5	16,026	15,376
9	1,25	8,188	7,647		1	16,35	15,917
	1	8,35	7,917		2,5	16,376	15,294
	0,75	8,513	8,188	18	2	16,701	15,835
10	1,5	9,026	8,376		1,5	17,026	16,376
	1,25	9,188	8,647		1	17,35	16,917
	1	9,35	8,917		2,5	18,376	17,294
	0,75	9,513	9,188	20	2	18,701	17,835
					1,5	19,026	18,376
					1	19,35	18,917

Tabela 1. Roscas métricas.
Fonte: Adaptada de Associação Brasileira de Normas Técnicas (2004).

Na Tabela 2, você encontra valores dos diâmetros e passo para as roscas do sistema Whitworth normais (BSW), com medidas em polegada, exceto onde há indicação de milímetros.

Nominal	Fios/polegada	Diâmetro da broca	A	B	C
1/8	40	3.3 mm	.135 .129	.1548	.1430 .1410
3/16	24	5 mm	.202 .196	.2365	.2166 .2142
1/4	20	6.7 mm	.267 .261	.3087	.2849 .2820
5/16	18	21/64	.334 .328	.3777	.3512 .3480
3/8	16	25/64	.398 .390	.4483	.4185 .4150
7/16	14	29/64	.463 .453	.5212	.4871 .4833
½	12	33/64	.525 .515	.5973	.5575 .5533
9/16	12	37/64	.588 .578	.6600	.6201 .6158
5/8	11	21/32	.663 .653	.7312	.6873 .6832
11/16	11	23/32	.727 .717	.7938	.7505 .7457
3/4	10	25/32	.791 .781	.8669	.8191 .8141
7/8	9	29/32	.916 .906	1.0048	.9516 .9462
1	8	1-1/32	1.044 1.031	1.1457	1.0859 1.0801
1-1/8	7	1-11/64	1.186 1.171	1.2912	1.2227 1.2165
1-1/4	7	1-19/64	1.311 1.296	1.4163	1.3479 1.3415
1-1/2	6	1-35/64	1.571 1.546	1.6936	1.6137 1.6067

Tabela 2. Roscas inglesas.
Fonte: Cross Tools (c2015).

Cabeças de parafusos

Os parafusos podem ser providos de cabeça para permitir o atarraxamento, cada qual com uma configuração projetada para a aplicação específica. Ao desenhar parafusos, você deve prestar atenção no formato das cabeças, para que a representação indique corretamente o tipo de parafuso que você está desenhando. Observe, na Figura 6, como representar cabeças de parafusos em desenho técnico, pelas suas possíveis vistas.

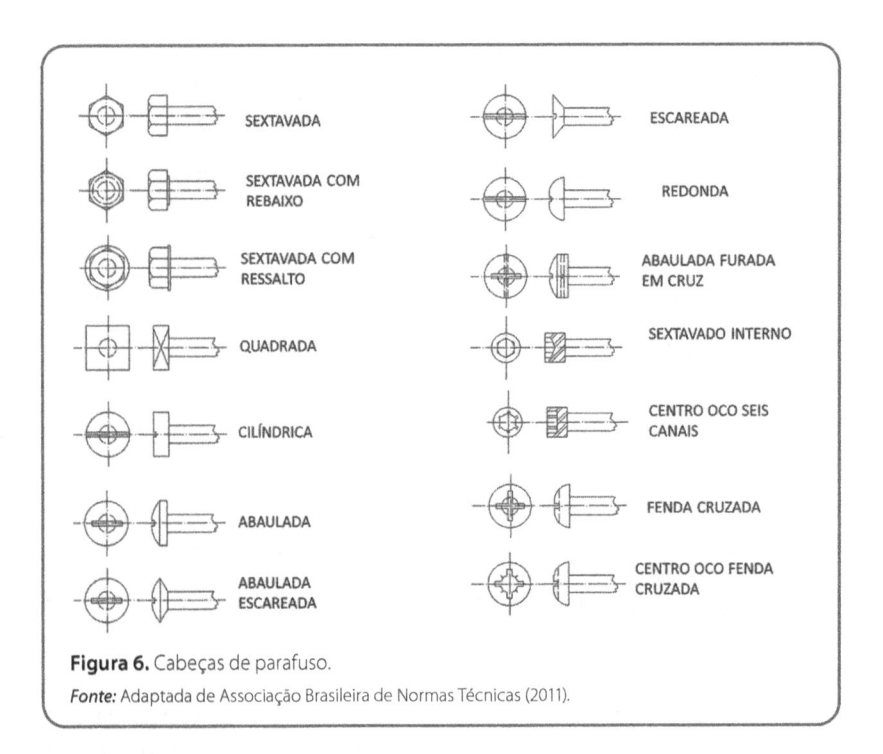

SEXTAVADA		ESCAREADA
SEXTAVADA COM REBAIXO		REDONDA
SEXTAVADA COM RESSALTO		ABAULADA FURADA EM CRUZ
QUADRADA		SEXTAVADO INTERNO
CILÍNDRICA		CENTRO OCO SEIS CANAIS
ABAULADA		FENDA CRUZADA
ABAULADA ESCAREADA		CENTRO OCO FENDA CRUZADA

Figura 6. Cabeças de parafuso.
Fonte: Adaptada de Associação Brasileira de Normas Técnicas (2011).

Porcas

As porcas são os pares de certos parafusos e têm a função de evitar que se soltem ou de conferir o torque onde não é possível roscar a própria peça. Possuem geometria específica, que facilita sua fixação ou aperto, podendo ser cilíndricas ou prismáticas de diversas configurações. Por serem a componente fêmea dos parafusos, são providas de furação filetada compatível com seu parafuso, ou seja, são padronizadas. Ao desenhar porcas, você deve seguir o exemplo do desenho das cabeças de parafuso, no entanto é necessário representar a rosca também. Veja, na Figura 7, o esquema de alguns tipos de porcas.

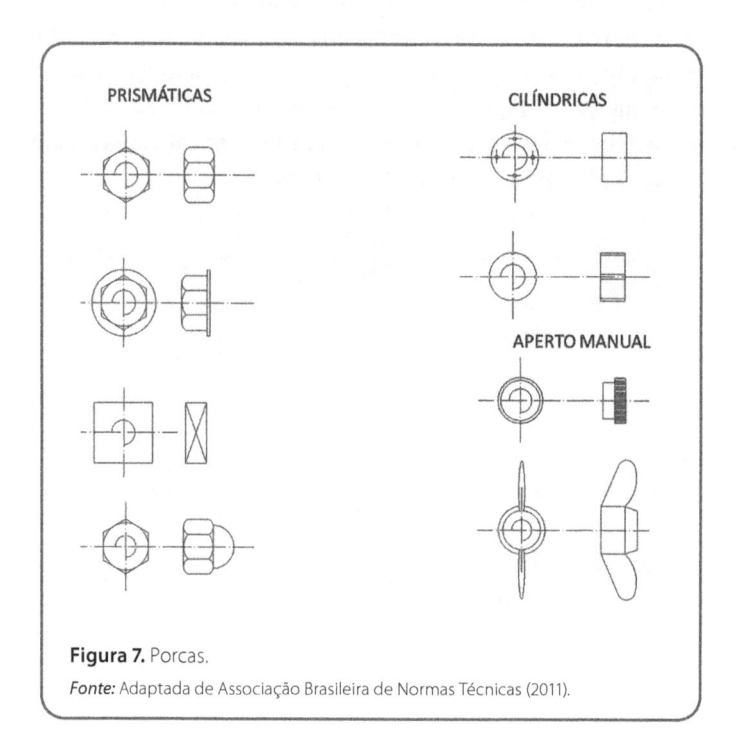

Figura 7. Porcas.
Fonte: Adaptada de Associação Brasileira de Normas Técnicas (2011).

Representação simplificada de roscas

Em desenho técnico, na maioria das vezes, não é importante desenhar os filetes de rosca ou os perfis, uma vez que se emprega métodos para indicar o tipo e as dimensões do elemento. Por esse motivo, você precisa saber como desenhar elementos roscados, sejam parafusos ou porcas, executando uma representação simplificada. A ABNT NBR 8993:1985 (ASSOCIAÇÃO BRASILEIRA DE NORMAS TÉCNICAS, 1985) convenciona a forma de representação de roscas em desenho técnico, permitindo a substituição do desenho dos filetes por linhas paralelas ao perfil, distantes na proporção da altura do filete. Veja, no exemplo, algumas aplicações da norma.

Exemplo

REPRESENTAÇÃO DE ROSCAS EXTERNAS

REPRESENTAÇÃO DE ROSCAS INTERNAS

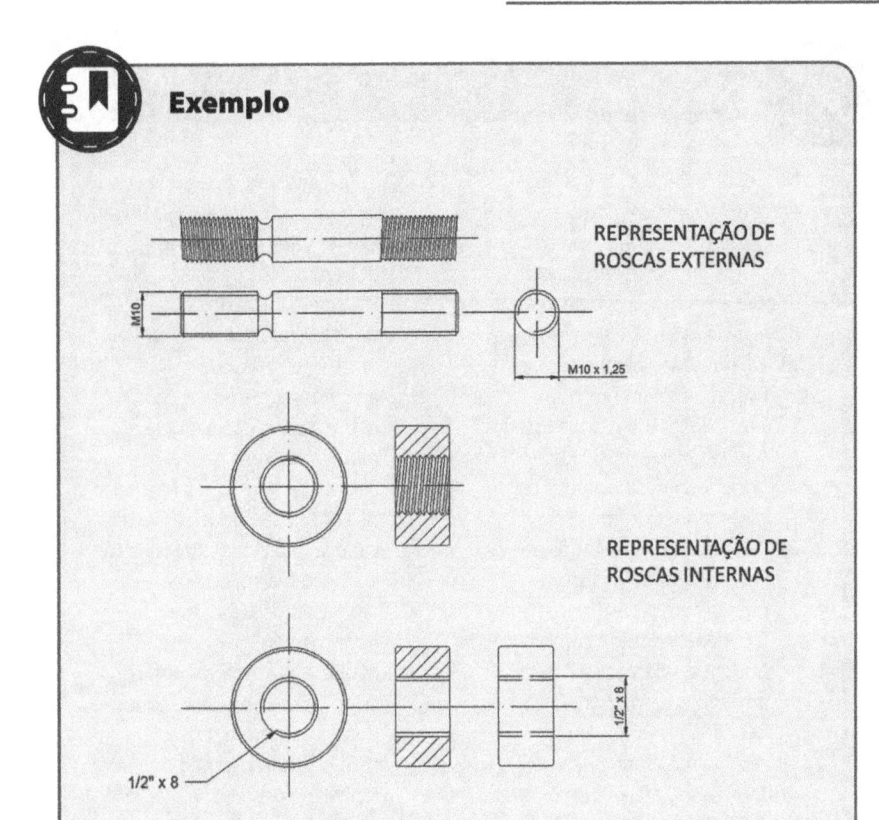

A representação convencional de roscas permite a supressão dos filetes e o traçado de linhas paralelas ao perfil. Na vista de topo, representa-se a entrada da rosca por um semicírculo.

Nas roscas internas, é necessário empregar linhas tracejadas ou o recurso de corte e hachura.

Link

Quer saber como são fabricados alguns tipos de roscas? Nos *links* a seguir (ALBERT, 2011a, 2011b), você pode ver alguns métodos.

https://goo.gl/T65rMM

https://goo.gl/SJ5wTn

Exercícios

1. Nas representações de uniões entre dois componentes de uma estrutura você pode empregar parafusos ou rebites. Analise as opções e assinale a correta no que diz respeito a esses elementos.
   a) Parafusos são elementos de fixação permanente, pois possibilitam um grande torque entre as placas, enquanto rebites podem ser desmontados por apresentarem corpo liso.
   b) Parafusos são elementos de fixação temporários, pois possibilitam o desmonte com facilidade, enquanto rebites podem ser desmontados em alguns casos, por isso são permanentes ou semipermanentes.
   c) Tanto os parafusos como os rebites podem ser montados e desmontados rosqueando-se, numa das extremidades, um elemento chamado porca.
   d) Parafusos são elementos de fixação fixos, pois não possibilitam o desmonte com facilidade, enquanto rebites podem ser desmontados caso sejam usados em conjunto com porcas.
   e) Parafusos são cilindros de corpo liso e cabeça sextavada, enquanto rebites são providos de uma saliência contínua usinada ao redor de sua superfície descrevendo um conjunto de filetes regulares.

2. Assinale a alternativa que justifica corretamente o porquê dos rebites de repuxo serem amplamente usados em uniões de chapas finas.
   a) Por serem formados por um cilindro tubular e uma haste interna, cuja função é aparafusar uma porca, com isso sua aplicação é rápida e precisa por meio manual.
   b) Rebites de repuxo são formados por um cilindro maciço e uma cabeça numa das extremidades, com isso sua aplicação é rápida e precisa por meio de remachamento a quente.
   c) Rebites são formados por um cilindro tubular e uma cabeça numa das extremidades, com isso sua aplicação é rápida e precisa por meio de atarraxamento da cabeça.
   d) A afirmativa é falsa, pois os rebites de repuxo são os mais complexos e difíceis de se utilizar.
   e) Por serem formados de um cilindro tubular e uma haste interna, cuja função é remachar uma das extremidades quando for tracionada, com isso sua aplicação é rápida e precisa por meio de um aplicador específico.

3. Rosca é o principal elemento de um parafuso, mas as roscas podem ter aplicações em eixos como os fusos de máquinas. marque a alternativa onde estão representadas respectivamente: uma rosca a esquerda, uma rosca whitworth e um perfil dente de serra.

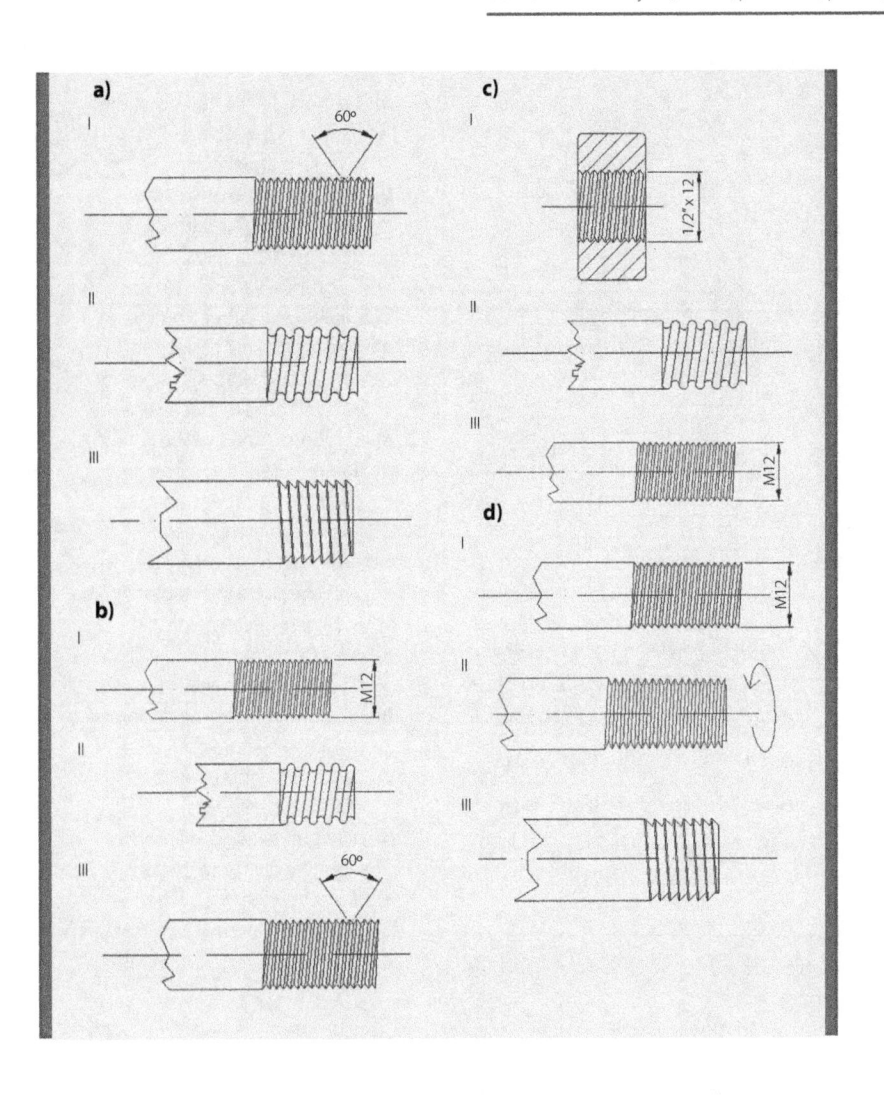

Elementos de fixação (rebites, parafusos, porcas) 227

e)

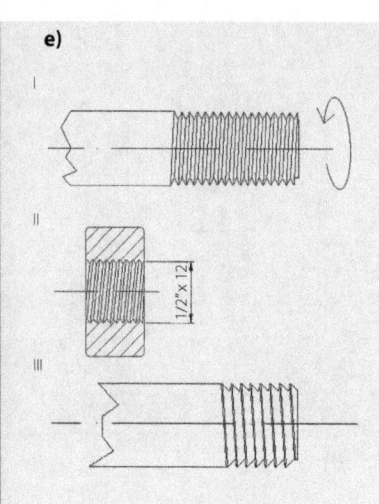

I

II 1/2" x 12

III

4. Existem muitos tipos de parafusos. Assinale a opção onde identifica-se corretamente os tipos de parafusos de acordo com a classificação de cabeça após analisar a imagem.

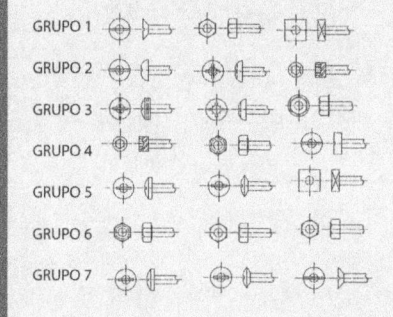

GRUPO 1
GRUPO 2
GRUPO 3
GRUPO 4
GRUPO 5
GRUPO 6
GRUPO 7

a) Os grupos 1 e 5 não possuem parafusos de cabeça com formato circular.
b) Nos grupos 2 e 3 só estão representados parafusos de cabeça abaulada.
c) Os grupos 4 e 5 não têm nenhum parafuso de cabeça quadrada.
d) Os grupos 6 e 7 correspondem a parafusos de cabeças sextavadas e com fendas respectivamente.
e) Somente os grupos 1 e 6 não representam nenhum parafuso de cabeça abaulada.

5. Quanto às características dimensionais para construção de roscas, você pode usar tabelas para obter valores referentes a:
a) passo, ângulo do filete e distância da cabeça.
b) diâmetro primitivo, comprimento do corpo e altura do filete.
c) passo, diâmetro externo e comprimento total.
d) diâmetro externo, diâmetro interno e diâmetro de flanco.
e) diâmetro externo, diâmetro interno e material.

Referências

ALBERT, B. *Telecurso 2000*: processos de fabricação 32 nem só o padeiro faz roscas. [S.l.]: YouTube, 2011a. 1 vídeo. Disponível em: <https://www.youtube.com/watch?v=Uq9T6Z4hPww&feature=youtu.be>. Acesso em: 02 mar. 2018.

ALBERT, B. *Telecurso 2000*: processos de fabricação 33 feitos um para o outro. [S.l.]: YouTube, 2011b. 1 vídeo. Disponível em: <https://www.youtube.com/watch?v=ObJnX4u4xbk&feature=youtu.be>. Acesso em: 02 mar. 2018.

ASSOCIAÇÃO BRASILEIRA DE NORMAS TÉCNICAS. *ABNT NBR 5875:2011*: parafusos, porcas e acessórios – terminologia. Rio de Janeiro: ABNT, 2011.

ASSOCIAÇÃO BRASILEIRA DE NORMAS TÉCNICAS. *ABNT NBR 8800:2008*: projeto de estruturas de aço e de estruturas mistas de aço e concreto de edifícios. Rio de Janeiro: ABNT, 2008.

ASSOCIAÇÃO BRASILEIRA DE NORMAS TÉCNICAS. *ABNT NBR 8993:1985*: representação convencional de partes roscadas em desenhos técnicos – procedimento. Rio de Janeiro: ABNT, 1985.

ASSOCIAÇÃO BRASILEIRA DE NORMAS TÉCNICAS. *ABNT NBR 9580:2015*: rebites – especificação. Rio de Janeiro: ABNT, 2015.

ASSOCIAÇÃO BRASILEIRA DE NORMAS TÉCNICAS. *ABNT NBR ISO 724:2004*: rosca métrica ISO de uso geral – dimensões básicas. Rio de Janeiro: ABNT, 2004.

CROSS TOOLS. *BSW & BSF helicoil type inserts*: tapped hole dimensions table. Kotara, c2015. Disponível em: <http://www.crosstools.com.au/helicoil-type-inserts---bsw-----bsf-tapped-hole-size-table.html>. Acesso em: 19 fev. 2018.

Leituras recomendadas

NORTON, R. L. *Projeto de máquinas*. 4. ed. Porto Alegre: Bookman, 2013.

RICARDO, E. *Rebites*. [S.l.]: SlideShare, c2018. Disponível em: <https://pt.slideshare.net/EltonRicardo/rebites-46622017>. Acesso em: 20 fev. 2018.

SENAI. *Mecânica*: noções básicas de elementos de máquinas. Vitória, 1996. Disponível em: <http://www.abraman.org.br/arquivos/72/72.pdf>. Acesso em: 20 fev. 2018.

Elementos de fixação (arruelas, anéis elásticos, chavetas)

Objetivos de aprendizagem

Ao final deste texto, você deve apresentar os seguintes aprendizados:

- Elaborar desenhos de diferentes tipos de arruelas.
- Desenvolver desenhos de diferentes tipos de anéis elásticos.
- Esquematizar desenhos de diferentes tipos de chavetas.

Introdução

Junto a parafusos, rebites e porcas, a fixação de peças e componentes para composição de conjuntos, equipamentos e máquinas utiliza, também, arruelas (junto a parafusos e/ou porcas), anéis elásticos (junto a eixos e pinos) e chavetas (junto a eixos e elementos rotativos, como engrenagens, polias e roletes).

Dessa forma, a exemplo de outros elementos de fixação, a função de tais elementos é unir duas ou mais peças, de forma fixa ou móvel, em projetos mecânicos (GORDO; FERREIRA, 2016?).

Neste capítulo, você aprenderá a interpretar os diferentes tipos de arruelas, anéis elásticos e chavetas, conforme representação deles na Figura 1.

Figura 1. Diferentes tipos de arruelas, anéis elásticos e chavetas.
Fonte: Telecurso Mecânica (1984).

Arruelas

Arruelas são peças cilíndricas, de pouca espessura, com um furo no centro, pelo qual passa o corpo do parafuso (ou, em casos especiais, um pino ou eixo, quando as arruelas são utilizadas como espaçadores). Servem, basicamente, para: proteger a superfície das peças, evitar deformações nas superfícies de contato e que a porca afrouxe (pois funcionam como elementos de trava), suprimir folgas axiais na montagem das peças (SERVIÇO NACIONAL DE APRENDIZAGEM INDUSTRIAL, 1996; GORDO; FERREIRA, 2016?).

As arruelas, em montagens mecânicas, são usualmente feitas de aço, podendo, para usos específicos, ser de latão (usadas em conjunto com porcas e parafusos do mesmo material), alumínio, cobre, nylon e outros tipos de plástico. Podem, ainda, ser feitas de fibra ou couro, quando usadas com a finalidade de vedação de líquidos (SERVIÇO NACIONAL DE APRENDIZAGEM INDUSTRIAL, 1996; GORDO; FERREIRA, 2016?), como, por exemplo, em torneiras e registros.

Há diferentes tipos de arruelas (SERVIÇO NACIONAL DE APRENDIZAGEM INDUSTRIAL, 1996; GORDO; FERREIRA, 2016?):

Arruela lisa — empregada sob uma porca para impedir que haja danos à superfície e distribuir a força do aperto, conforme a Figura 2. Não tem a função de trava e, por isso, é usada quando há pouca ou nenhuma vibração.

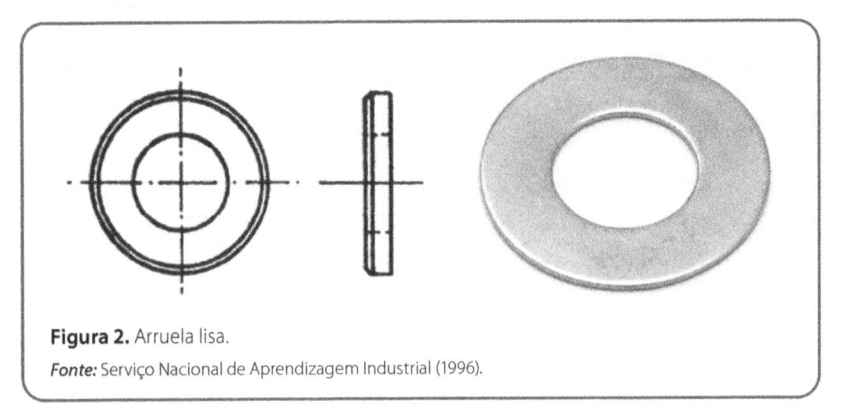

Figura 2. Arruela lisa.
Fonte: Serviço Nacional de Aprendizagem Industrial (1996).

Arruela de pressão — utilizada em conjuntos mecânicos submetidos a grandes esforços e vibrações. A arruela de pressão, como na Figura 3, funciona como elemento de trava, evitando o afrouxamento do parafuso e da porca, pois, quando um deles é apertado, a arruela comprime-se, gerando uma grande força de atrito entre as superfícies em contato. Essa força é auxiliada por pontas aguçadas na arruela, que penetram nas superfícies, proporcionando uma trava adicional. Por isso, também é muito empregada em equipamentos que sofrem variação de temperatura (automóveis, prensas, etc.).

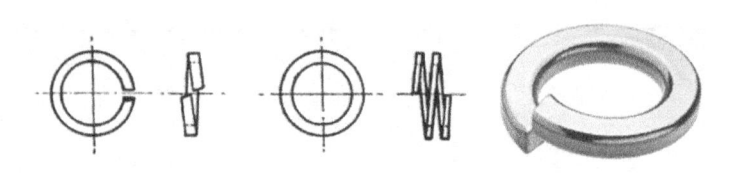

Figura 3. Arruela de pressão.
Fonte: Serviço Nacional de Aprendizagem Industrial (1996) e Gordo e Ferreira (2016?).

Arruela estrelada — feita de aço mola, tem dentes que se deformam quando há o aperto da porca ou do parafuso, proporcionando travamento, como na arruela de pressão, vista na Figura 4.

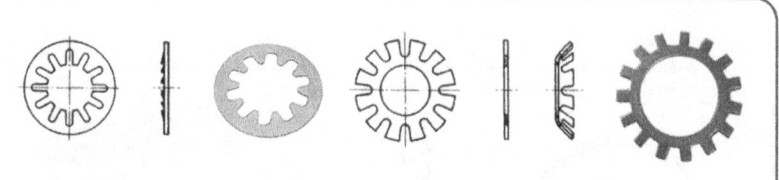

Figura 4. Arruela estrelada.
Fonte: Serviço Nacional de Aprendizagem Industrial (1996).

Arruelas dentada e serrilhada — funcionam como a arruela estralada, porém são empregadas em equipamentos sujeitos a grandes vibrações e pequenos esforços, como eletrodomésticos, painéis automotivos, equipamentos de refrigeração, etc., representadas na Figura 5.

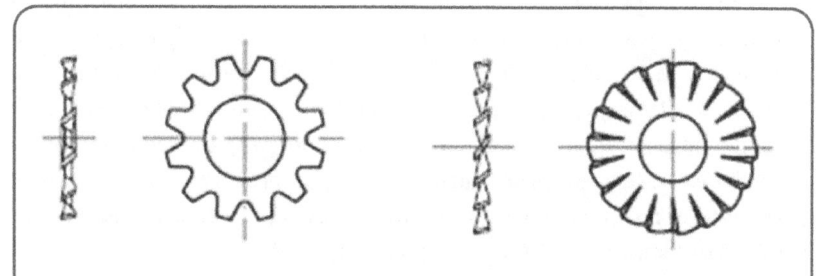

Figura 5. Arruelas dentada (esquerda) e serrilhada (direita).
Fonte: Gordo e Ferreira (2016?).

Arruela ondulada — funciona como as anteriores, pela deformação e pelo aumento da força de atrito. Porém, por não ter cantos vivos, é indicada para superfícies pintadas e equipamentos com acabamento externo de chapas finas, como exemplificada na Figura 6.

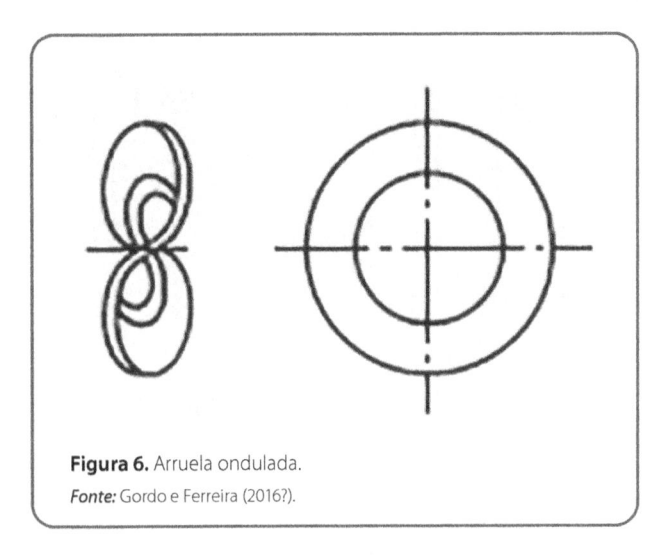

Figura 6. Arruela ondulada.
Fonte: Gordo e Ferreira (2016?).

Arruela de travamento com orelha — após o aperto, dobra-se a orelha sobre um canto vivo da peça e/ou um segmento da arruela, travando uma das faces laterais da porca/parafuso, como mostrada na Figura 7.

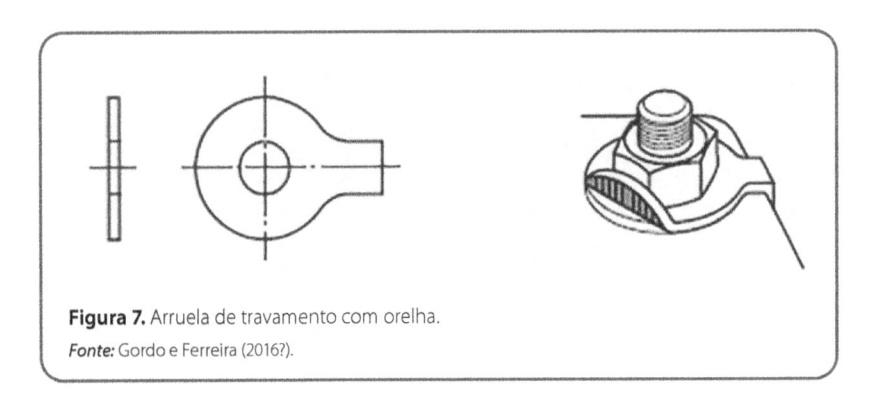

Figura 7. Arruela de travamento com orelha.
Fonte: Gordo e Ferreira (2016?).

Arruela para perfilados — utilizada em montagens que envolvem cantoneiras ou perfis em ângulo, por compensar a angulação e deixar as superfícies a serem fixadas paralelas, como representada na Figura 8.

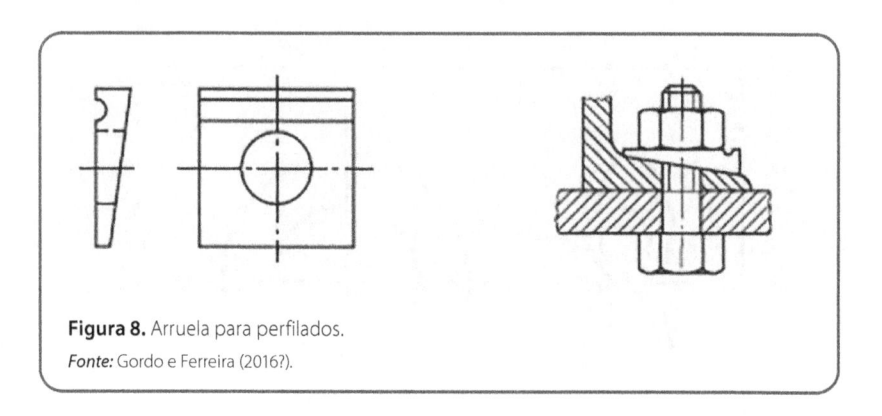

Figura 8. Arruela para perfilados.
Fonte: Gordo e Ferreira (2016?).

Desenho de arruelas

Quando desenhadas isoladamente, ou seja, como peças, as arruelas são tratadas como qualquer outro componente: são mostradas as vistas necessárias à sua compreensão — normalmente a vista superior e a frontal, como mostrado na Figura 9.

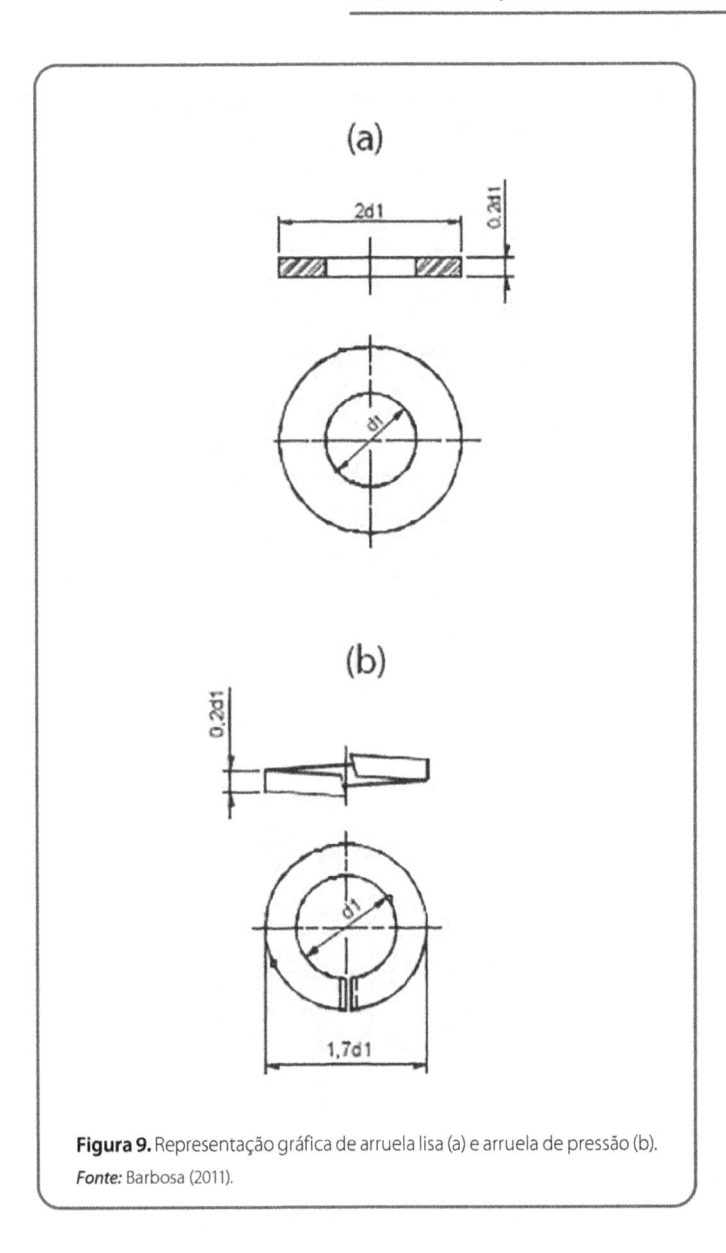

Figura 9. Representação gráfica de arruela lisa (a) e arruela de pressão (b).
Fonte: Barbosa (2011).

Cabe destacar que, se forem componentes comerciais — isto é, disponíveis nos catálogos de fornecedores —, não há a necessidade de serem desenhados, bastando prover as especificações ou o código do componente.

Além disso, quando representadas em um conjunto, seguem a mesma lógica de parafusos e porcas: não são cortadas, como pode ser visto na Figura 10.

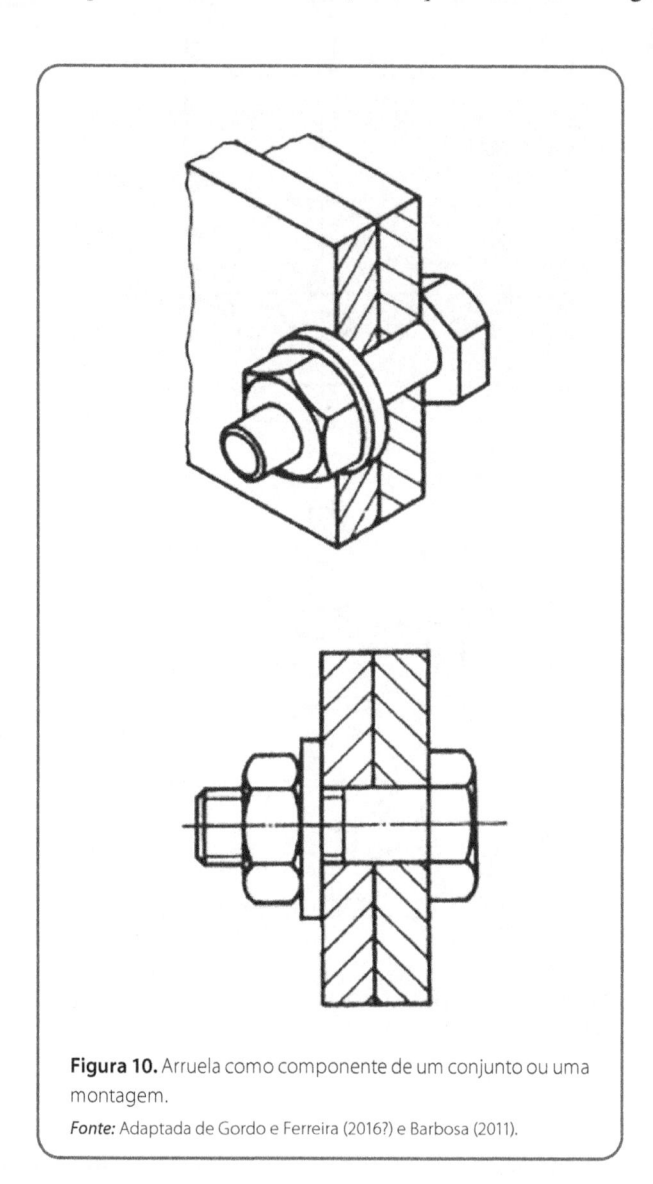

Figura 10. Arruela como componente de um conjunto ou uma montagem.

Fonte: Adaptada de Gordo e Ferreira (2016?) e Barbosa (2011).

Anéis elásticos

Também conhecido como anel de retenção, o anel elástico é um elemento mecânico feito de aço mola, de pouca espessura, que é encaixado em canais circulares internos ou ranhuras externas de peças, ou seja, furos em sólidos ou eixos/pinos, respectivamente.

Seu formato de um anel incompleto (aberto), aliado à elasticidade do material a partir do qual é fabricado, permite que ele seja deformado para poder ser montado, retornando ao formato original uma vez liberado na posição de montagem. Além disso, suas propriedades elásticas permitem que ele fique aderente ao rasgo em que foi montado.

A finalidade do uso de anéis elásticos em conjuntos é a de impedir o deslocamento axial, posicionar ou limitar o curso de uma peça deslizante sobre um eixo (SERVIÇO NACIONAL DE APRENDIZAGEM INDUSTRIAL, 1996; GORDO; FERREIRA, 2016?), como mostrado na Figura 11.

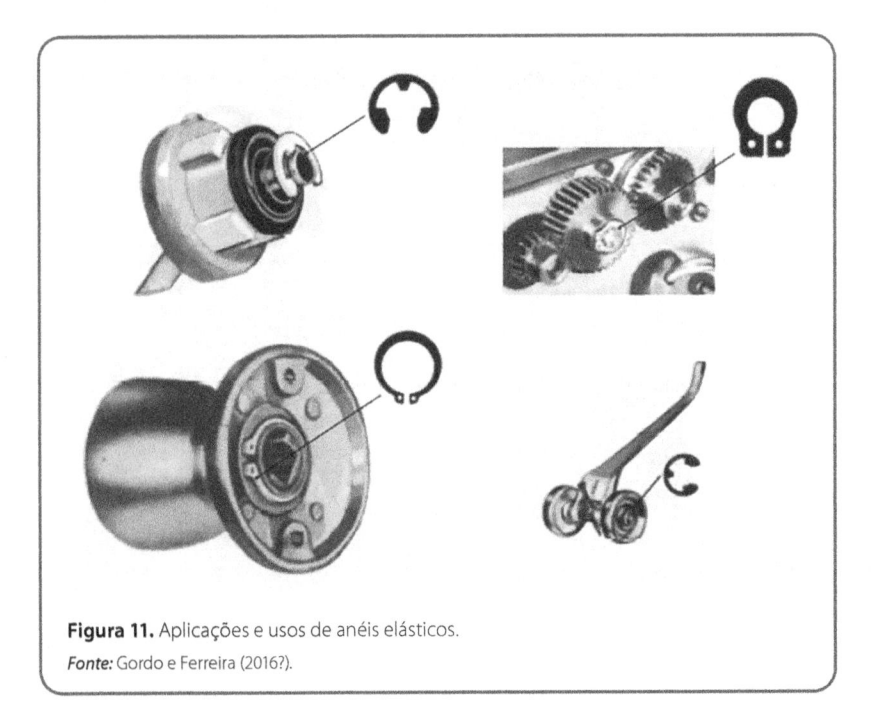

Figura 11. Aplicações e usos de anéis elásticos.
Fonte: Gordo e Ferreira (2016?).

Como você pode observar, alguns modelos de anel contêm pequenas "orelhas", com furos que servem para encaixe de alicates especiais para montagem/desmontagem dos anéis nos conjuntos, como mostrado na Figura 12.

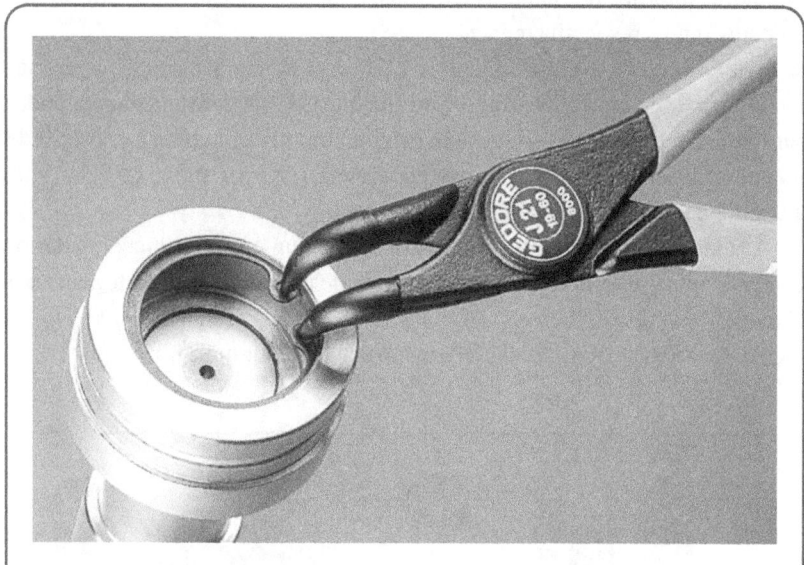

Figura 12. Montagem de anel interno, com alicate especial.
Fonte: Ferramentas Gerais (c2016).

Quanto à forma de representação dos anéis elásticos em desenhos, como peças soltas, a lógica do desenho é similar à das arruelas (duas vistas), como mostrado na Figura 13.

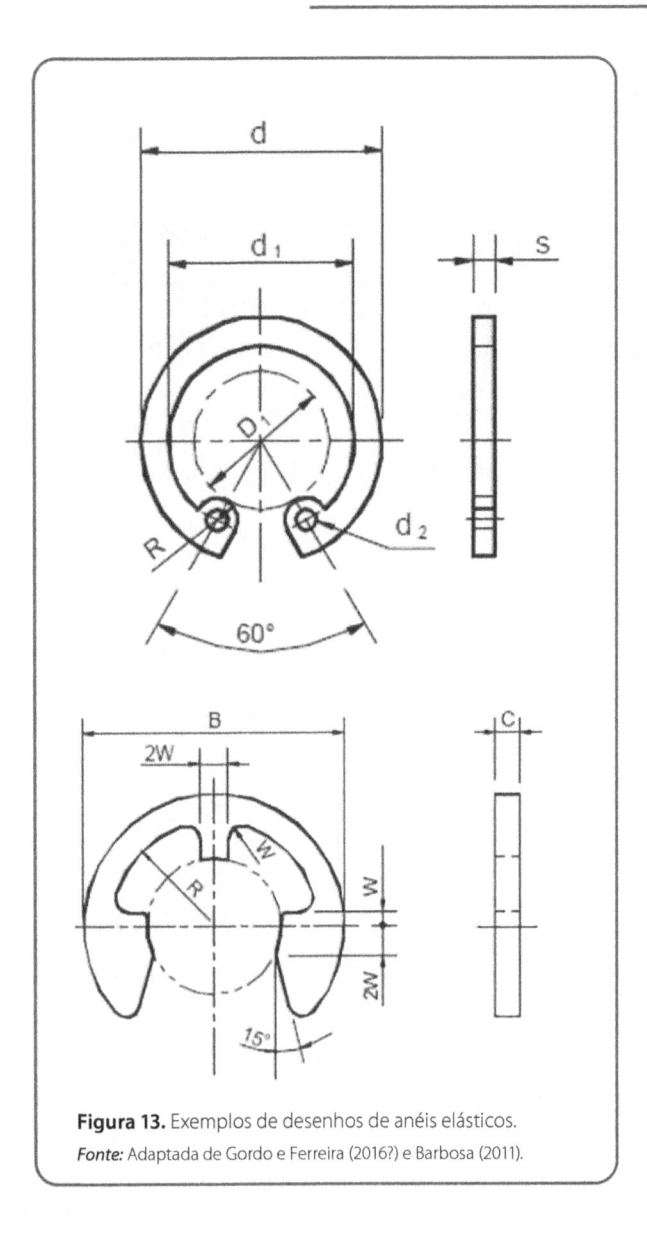

Figura 13. Exemplos de desenhos de anéis elásticos.
Fonte: Adaptada de Gordo e Ferreira (2016?) e Barbosa (2011).

No entanto, quando mostrados como componentes de um conjunto, diferentemente de parafusos, porcas e arruelas, eles são mostrados cortados, quando necessário e conveniente, para interpretação do desenho, como mostrado na Figura 14. Observe, no entanto, que eixos e pinos nunca são cortados no sentido longitudinal.

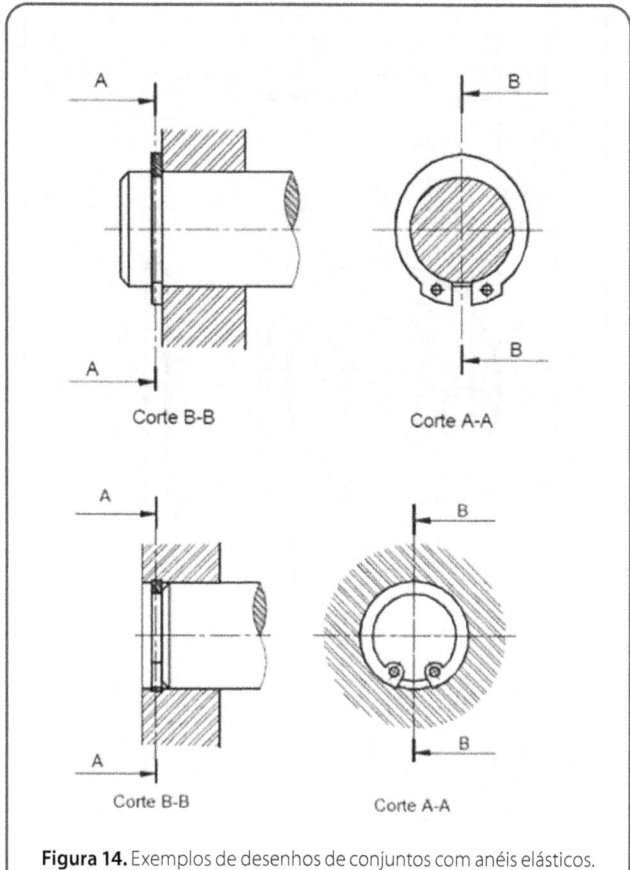

Figura 14. Exemplos de desenhos de conjuntos com anéis elásticos.
Fonte: Adaptada de Gordo e Ferreira (2016?) e Barbosa (2011).

Fique atento

Na utilização dos anéis, alguns pontos devem ser observados, como:
- dureza do anel;
- condições de operações, caracterizadas por meio de vibrações;
- dimensionamento correto do anel e do alojamento;
- superfície livre de rebarbas, fissuras e oxidações;
- utilização de ferramentas adequadas para evitar que o anel fique mal posicionado ou sofra esforços exagerados.

Chavetas

Chaveta é um corpo cilíndrico ou prismático com faces paralelas ou inclinadas, construída normalmente de aço e utilizada para unir elementos mecânicos rotatórios, como engrenagens e polias a eixos. A união por chaveta é um tipo desmontável, que permite a transmissão dos movimentos rotatórios entre tais componentes (SERVIÇO NACIONAL DE APRENDIZAGEM INDUSTRIAL, 1996; GORDO; FERREIRA, 2016?), como mostrado na Figura 15.

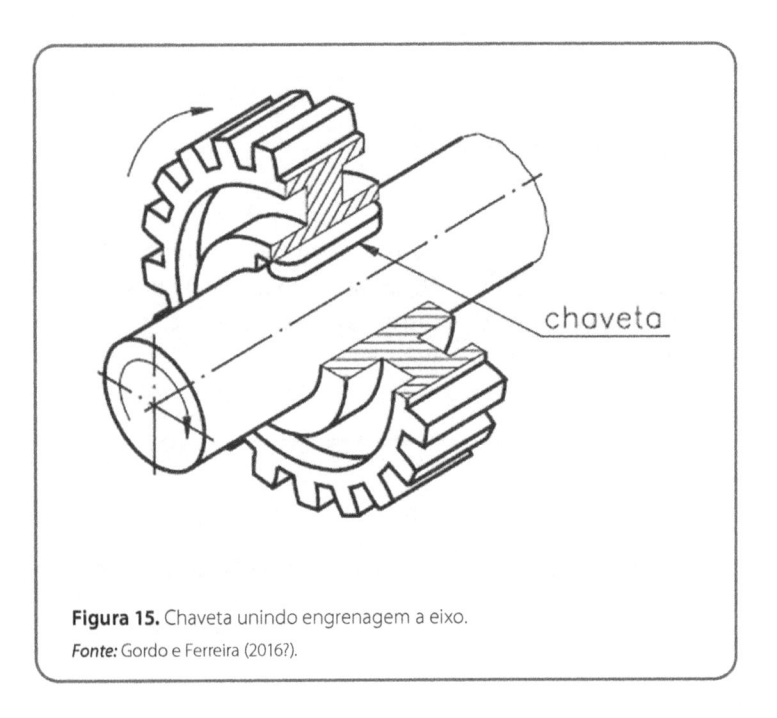

Figura 15. Chaveta unindo engrenagem a eixo.
Fonte: Gordo e Ferreira (2016?).

As chavetas podem ser de diferentes tamanhos e formas, como mostrado na Figura 16, dependendo do uso e dos esforços envolvidos.

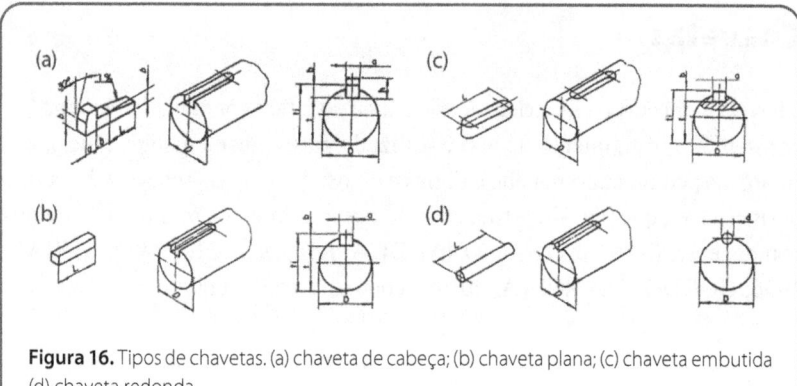

Figura 16. Tipos de chavetas. (a) chaveta de cabeça; (b) chaveta plana; (c) chaveta embutida (d) chaveta redonda.
Fonte: Fortulan (2016).

Desenhadas como peças soltas, as chavetas devem ter todas as suas dimensões identificadas, como qualquer outro componente mecânico, sendo utilizadas quantas vistas forem necessárias e suficientes (inclusive seccionais), como mostrado no exemplo da Figura 17.

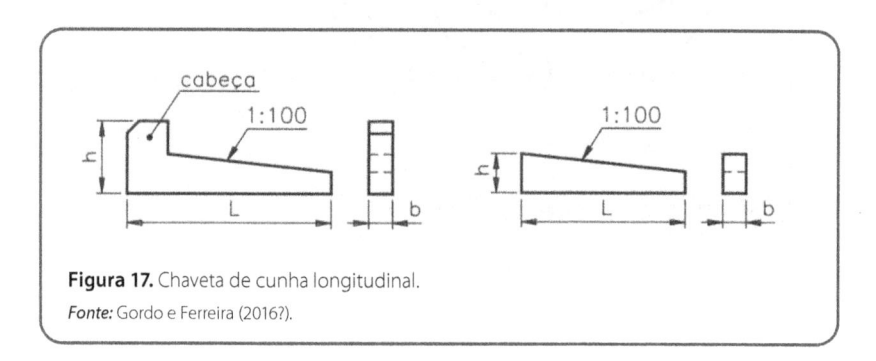

Figura 17. Chaveta de cunha longitudinal.
Fonte: Gordo e Ferreira (2016?).

> **Saiba mais**
>
> A chaveta tangencial tem como característica o seu posicionamento em relação ao eixo, sendo seu emprego muito comum na transmissão de forças elevadas e, em casos de alternância, no sentido de rotação. São sempre utilizadas duas chavetas, e os rasgos são posicionados a 120° (GORDO; FERREIRA, 2016?).

Desenhadas como parte de um conjunto, ou seja, como um componente do mesmo, é importante lembrar que chavetas, a exemplo de nervuras, parafusos, porcas, arruelas, pinos, rebites e eixos, não são cortadas no sentido longitudinal, como mostrado na Figura 18.

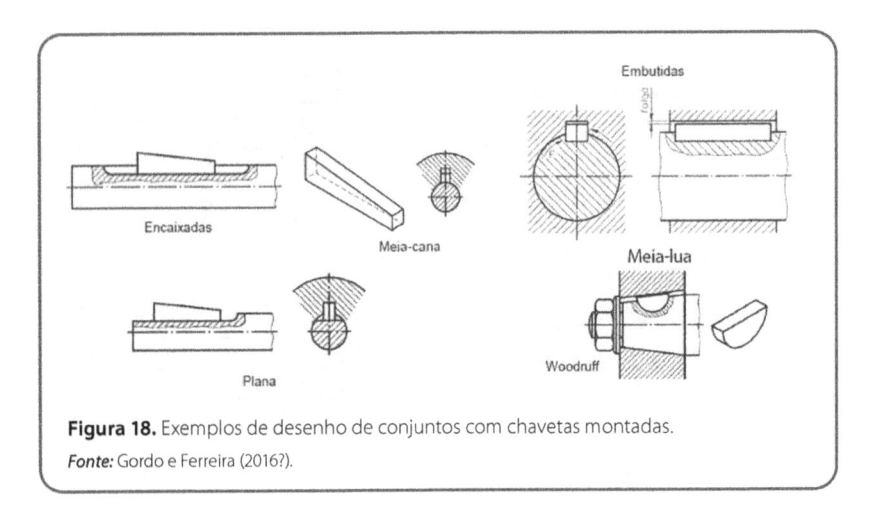

Figura 18. Exemplos de desenho de conjuntos com chavetas montadas.
Fonte: Gordo e Ferreira (2016?).

Eventualmente, é possível representar conjuntos que contenham chavetas sem a necessidade das mesmas serem desenhadas separadamente. Para isso, basta indicar as características e dimensões das chavetas na lista dos componentes do conjunto, como mostrado no exemplo da Figura 19.

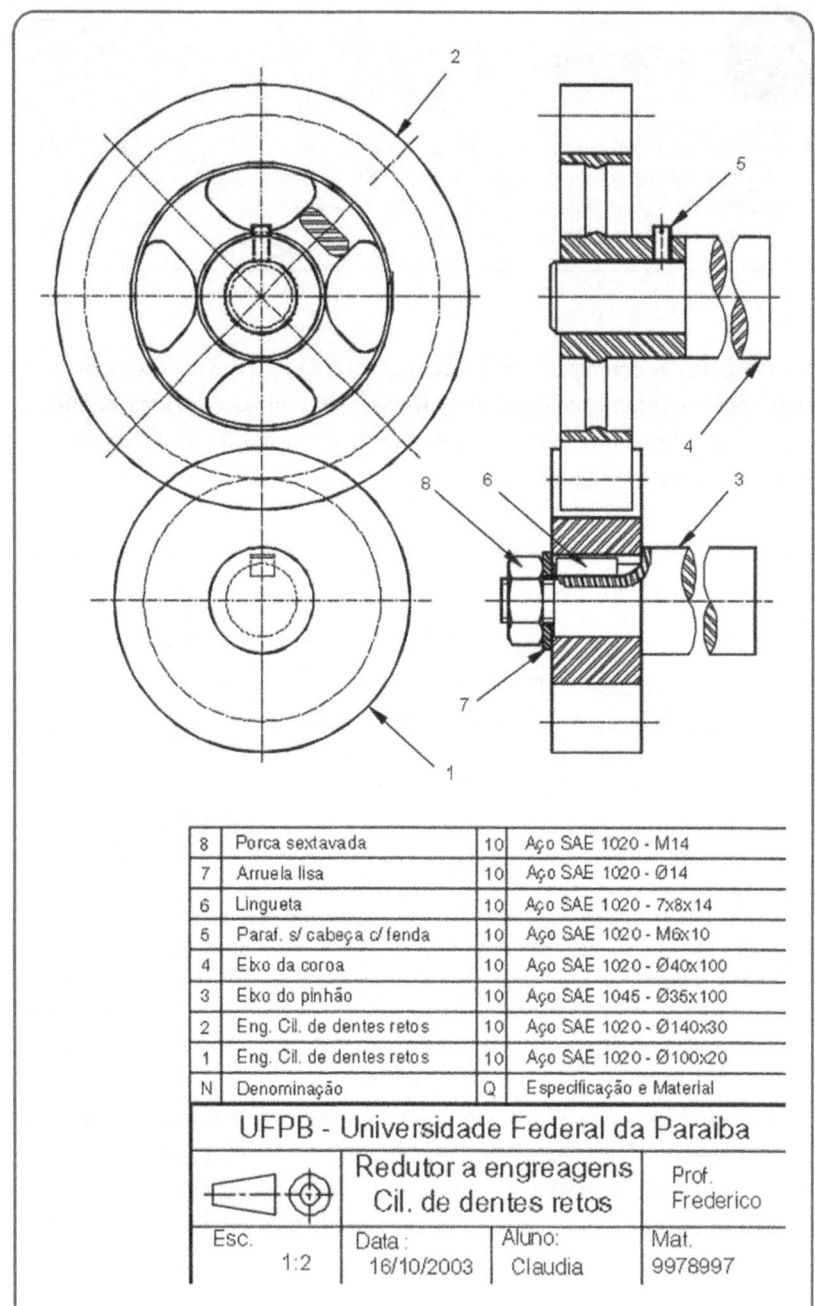

8	Porca sextavada	10	Aço SAE 1020 - M14
7	Arruela lisa	10	Aço SAE 1020 - Ø14
6	Lingueta	10	Aço SAE 1020 - 7x8x14
5	Paraf. s/ cabeça c/ fenda	10	Aço SAE 1020 - M6x10
4	Eixo da coroa	10	Aço SAE 1020 - Ø40x100
3	Eixo do pinhão	10	Aço SAE 1045 - Ø35x100
2	Eng. Cil. de dentes retos	10	Aço SAE 1020 - Ø140x30
1	Eng. Cil. de dentes retos	10	Aço SAE 1020 - Ø100x20
N	Denominação	Q	Especificação e Material

UFPB - Universidade Federal da Paraíba

Redutor a engreagens
Cil. de dentes retos

Prof. Frederico

Esc. 1:2 | Data: 16/10/2003 | Aluno: Claudia | Mat. 9978997

Figura 19. Desenho de conjunto, com informações para construção da chaveta.
Fonte: Vale (2004).

Elementos de fixação (arruelas, anéis elásticos, chavetas)

Fique atento

Em elementos de fixação, é de grande importância realizar o dimensionamento correto das peças, identificar o tipo correto de material, evitar superfície com rebarbas e utilizar ferramentas adequadas para a montagem.

Exercícios

1. O desenho de componentes e conjuntos mecânicos segue normas e padrões, de tal forma que haja a compreensão e correta interpretação dos detalhes construtivos. Nesse sentido, a alternativa que apresenta corretamente a montagem de um parafuso com arruela unindo duas peças metálicas é:

a)

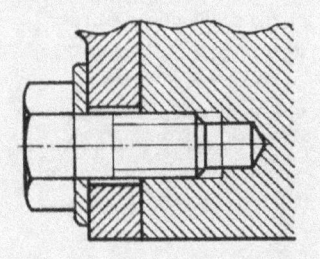

b)

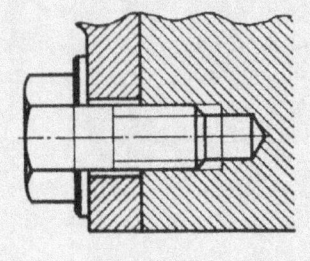

c)

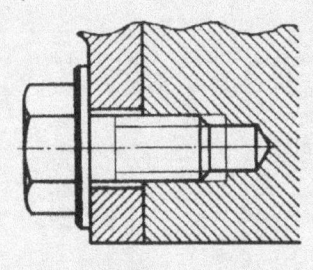

d)

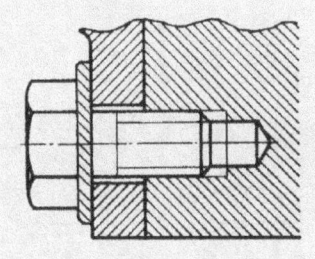

e)

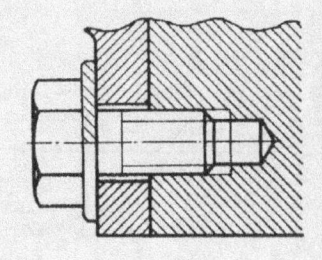

2. Os anéis de retenção são utilizados para impedir o deslocamento axial, posicionar ou limitar o curso de uma peça deslizante sobre um eixo. Eles são feitos de:
a) Aço carbono.
b) Aço mola.
c) Borracha.
d) Ferro fundido.
e) Nylon.

3. Os anéis de retenção precisam ser adequadamente representados nos desenhos de conjuntos, evitando que erros de interpretação levem a montagens incorretas. A alternativa que indica de forma correta a representação de um anel de retenção em um conjunto é:
a) 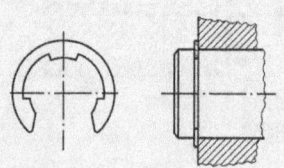
b) 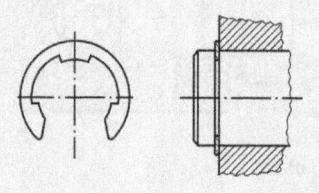
c) 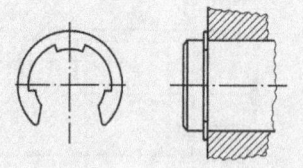
d) 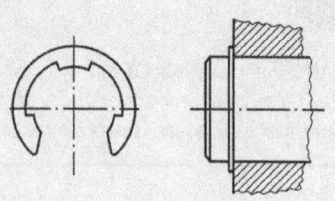
e)

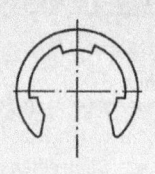

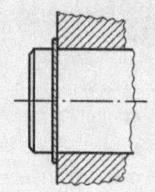

4. A chaveta é um corpo cilíndrico ou prismático com faces paralelas ou inclinadas, construída normalmente de aço, utilizada para:
a) transmitir rotação.
b) distribuir a força de fixação.
c) transmitir movimento axial.
d) evitar que montagens mecânicas afrouxem.
e) garantir o deslizamento adequado de eixos e árvores.

5. Há uma grande variedade de tipos de chavetas, adequadas a diferentes situações e usos. Um dos tipos existentes é a chaveta:
a) de pressão.
b) externa.
c) lisa.
d) ondulada.
e) plana.

Referências

BARBOSA, J. P. *Elementos de máquinas*. São Mateus: Instituto Federal do Espírito Santo, 2011.

FERRAMENTAS GERAIS. *Alicate para anéis interno curvo 9" 029288– GEDORE*. Porto Alegre: Ferramentas Gerais, c2016. Disponível em: <http://www.fg.com.br/alicate-para-aneis-interno-curvo-9--029288---gedore/p>. Acesso em: 10 mar. 2018.

FORTULAN, C. A. *Desenho técnico mecânico I*. São Carlos: USP, 2016. Notas de aulas. Disponível em <https://edisciplinas.usp.br/pluginfile.php/3387287/mod_resource/content/1/Aula%208%20SEM-0564%202016%20%28Elementos%20de%20Uni%C3%A3o%20e%20Fixa%C3%A7%C3%A3o%29.pdf>. Acesso em: 10 mar. 2018.

GORDO, N.; FERREIRA, J. *Elementos de máquinas:* 1. São Paulo: SENAI, [2016?]. Disponível em: <http://professor.luzerna.ifc.edu.br/charles-assuncao/wp-content/uploads/sites/33/2016/07/Apostila-Elementos-de-M%C3%A1quina-SENAI.pdf >. Acesso em: 12 mar. 2018.

SERVIÇO NACIONAL DE APRENDIZAGEM INDUSTRIAL. *Noções básicas de elementos de máquinas:* mecânica. Vitória: SENAI-ES, 1996.

TELECURSO MECÂNICA. *Elementos de máquinas*. Rio de Janeiro: Globo, 1984. v. I e II.

VALE, F. A. M. *Desenho de máquinas*. João Pessoa: Universidade Federal da Paraíba, 2004.

Elementos de transmissão (eixos, polias, engrenagens)

Objetivos de aprendizagem

Ao final deste texto, você deve apresentar os seguintes aprendizados:

- Descrever os diferentes tipos de eixos.
- Conhecer os diferentes tipos de polias.
- Apontar os diferentes tipos de engrenagens.

Introdução

Nesse capítulo, você aprenderá a reconhecer os diferentes tipos de eixos, polias e engrenagens, representados na Figura 1.

Figura 1. Eixo, polia e engrenagem.
Fonte: Gordo e Ferreira (2016?).

Eixos

O eixo é um elemento mecânico rotativo, usualmente com seção transversal circular, usado para transmitir potência ou movimento. Ele provê o eixo de rotação, ou oscilação, de elementos, como engrenagens, polias, volantes, manivelas, rodas dentadas, manípulos e similares, e controla a geometria de seus movimentos (BUDYNAS; NISBETT, 2016), apoiados em mancais, buchas ou rolamentos.

Eles podem ter perfis lisos ou compostos (GORDO; FERREIRA, 2016?) e devem ser dimensionados para suportar as cargas de flexão, compressão, cisalhamento e momento/torque em uso. A configuração de um eixo, para acomodar os elementos que funcionam conjugados a ele, deve ser especificada cedo no projeto, a fim de ser realizada uma análise de esforços e dimensionamento. O posicionamento axial de componentes é frequentemente ditado pela disposição do compartimento do equipamento e por outros componentes de transmissão, que devem ser situados acuradamente, para alinhar totalmente com outros componentes acoplados (BUDYNAS; NISBETT, 2016).

> **Saiba mais**
>
> É comum serem utilizados indiscriminadamente as palavras "eixo" e "árvore". Mas há uma diferença conceitual entre os dois termos: de acordo com Kapp (2016?), o eixo só suporta flexão, tendo função estrutural, ao passo que a árvore suporta flexão, torção, cisalhamento e carregamento axial, por transmitir potência por torção.

Dessa forma, desenhar um eixo passa por um cuidadoso processo de dimensionamento e cotagem, a fim de garantir que todas as necessidades e especificidades sejam atendidas no projeto. Estudos de tolerâncias dimensionais e geométricas, bem como definição de rugosidade, acabamentos de superfícies e ajustes entre os diversos elementos são sempre considerados no projeto.

Apesar de a maioria dos eixos transmitir torque de uma engrenagem de entrada ou polia, para uma engrenagem de saída ou polia (BUDYNAS; NISBETT, 2016), nem todos os eixos são giratórios: eixos fixos, estacionários, podem suportar elementos mecânicos que giram e transmitem força e momento. Por exemplo: eixos não tracionados de veículos, eixos que suportam polias, etc. (KAPP, 2016?).

Eixos giratórios movimentam-se juntamente com seus elementos ou independentes deles, como, por exemplo, eixos de esmeris, rodas de trilhos, eixos de máquinas-ferramenta, etc. (GORDO; FERREIRA, 2016?), como mostrado na Figura 2.

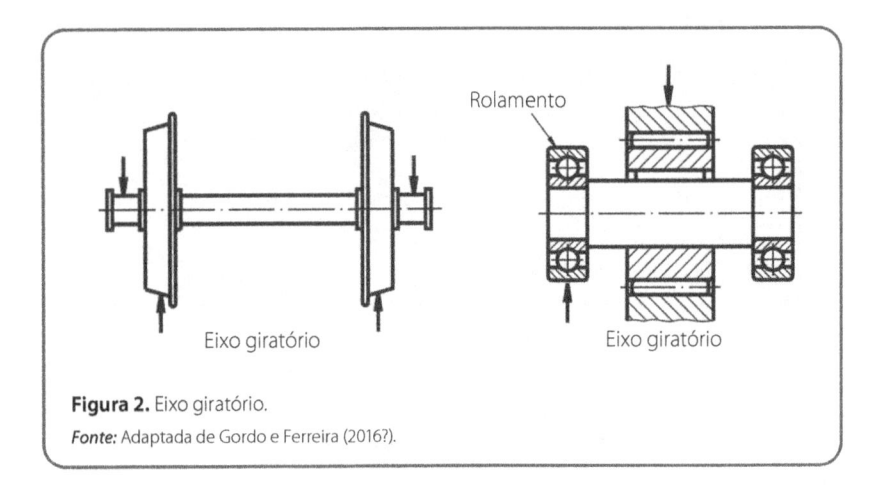

Figura 2. Eixo giratório.
Fonte: Adaptada de Gordo e Ferreira (2016?).

De acordo com Budynas e Nisbett (2016, p. 350), "[...] é necessário prover um meio de transmitir o torque entre o eixo e as engrenagens [...]", e "[...] os elementos comuns de transferência de torque são: chavetas, estrias, parafusos de fixação, pinos, ajustes de pressão e contração, e ajustes cônicos [...]", o que só amplia o rigor necessário no projeto de eixos, devido às diversas interfaces deles com diversos elementos mecânicos. Tais elementos podem, também, deslocar-se no sentido longitudinal do eixo, como em alguns sistemas de transmissão.

Os seguintes elementos constituintes de eixo-árvore (KAPP, 2016?) são mostrados na Figura 3.

- **Chanfro:** facilitar a montagem dos elementos (mancais, buchas).
- **Raio de arredondamento:** aliviar o efeito de concentração de tensões.
- **Rasgo de chaveta:** recortes necessários para transmitir o movimento e o torque entre árvore e elemento girante (polia ou engrenagem).
- **Assento:** parte da árvore onde um elemento girante é apoiado (mancal, polia, engrenagem).

Figura 3. Elementos constituintes do eixo.
Fonte: Adaptada de Kapp (2016?).

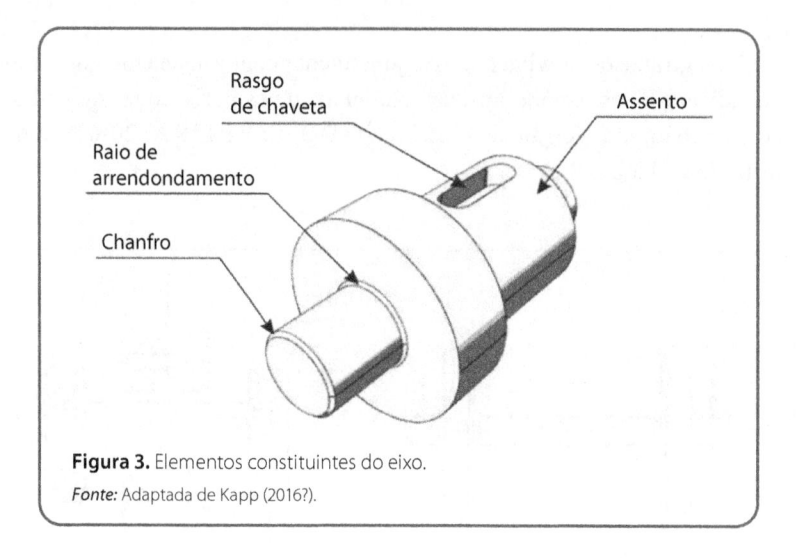

Elementos constituintes do eixo geralmente são fabricados em aço, ferro fundido ou ligas de aço, pelas propriedades mecânicas superiores a de outros materiais (GORDO; FERREIRA, 2016?), podendo ser, também, por meio de usinagem, fundição, forjamento ou extrusão (KAPP, 2016?). Quanto ao tipo, podem assumir diversas configurações (GORDO; FERREIRA, 2016?; KAPP, 2016?), como mostrado na Figura 4.

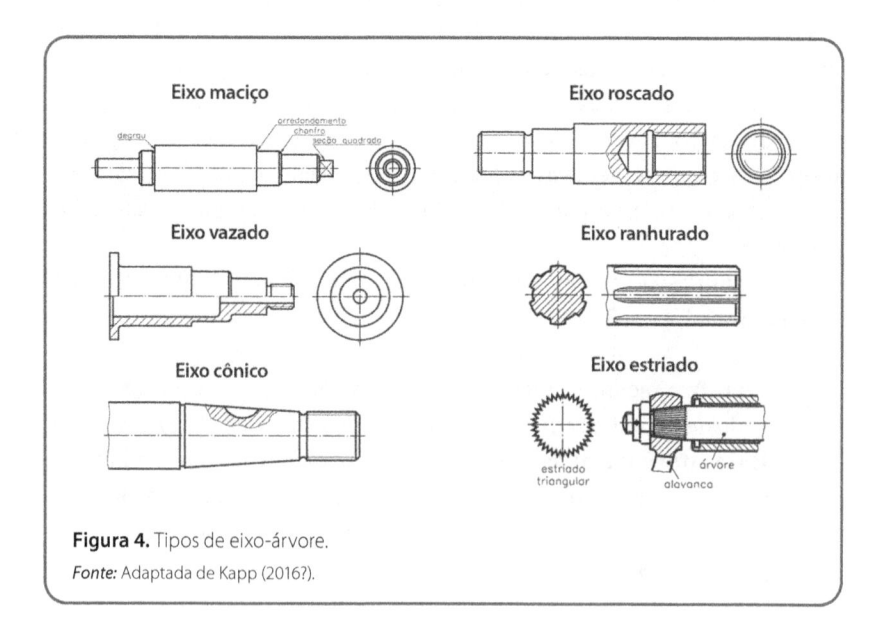

Figura 4. Tipos de eixo-árvore.
Fonte: Adaptada de Kapp (2016?).

- A maioria dos eixos maciços tem seção transversal circular maciça, com degraus ou apoios para ajuste das peças montadas sobre eles. A extremidade do eixo é chanfrada para evitar rebarbas. As arestas são arredondadas para aliviar a concentração de esforços.
- Eixos roscados são compostos por rebaixos e furos roscados, o que permite sua utilização como elemento de transmissão e, também, como eixo prolongador utilizado na fixação de rebolos para retificação interna e de ferramentas para usinagem de furos.
- Normalmente, as máquinas-ferramenta têm o eixo-árvore vazado para facilitar a fixação de peças mais longas para a usinagem. Há, ainda, os eixos vazados empregados nos motores de avião, por serem mais leves.
- Eixos árvore ranhurados apresentam uma série de ranhuras longitudinais em torno de sua circunferência. Essas ranhuras engrenam-se com os sulcos correspondentes de peças que serão montadas no eixo. Os eixos ranhurados são utilizados para transmitir grande força.
- Os eixos cônicos devem ser ajustados a um componente que contenha um furo de encaixe cônico. A parte que se ajusta tem um formato cônico e é firmemente presa por uma porca. Uma chaveta é utilizada para evitar a rotação relativa.
- Assim como os eixos cônicos, como as chavetas, caracterizam-se por garantir uma boa concentricidade com boa fixação. Os eixos-árvore estriados também são utilizados para evitar rotação relativa em barras de direção de automóveis e alavancas de máquinas.

Há, ainda, eixos-árvore flexíveis — como o cabo de velocímetro mostrado na Figura 5 —, que consistem em uma série de camadas de arame de aço enrolada alternadamente em sentidos opostos e apertada fortemente. O conjunto é protegido por um tubo flexível, e a união com o motor é feita mediante uma braçadeira especial com rosca. São eixos empregados para transmitir movimento a ferramentas portáteis (roda de afiar), muito grandes e a altas velocidades.

Cabo do velocímetro

Figura 5. Eixo-árvore flexível
Fonte: Adaptada de Gordo e Ferreira (2016?).

Importante recordar que, ao desenhar eixos-árvore, eles fazem parte dos elementos de máquinas que não são cortados quando atingidos pelo plano secante (FORTULAN, 2016), como mostrado nas Figuras 6 e 7.

Eixos

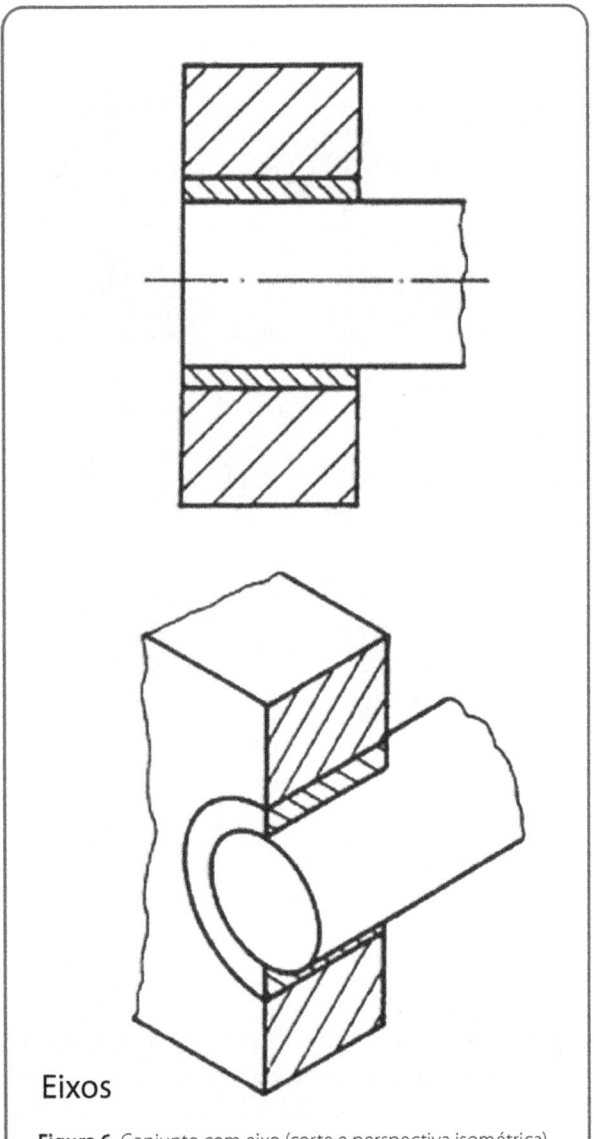

Figura 6. Conjunto com eixo (corte e perspectiva isométrica).
Fonte: Fortulan (2016).

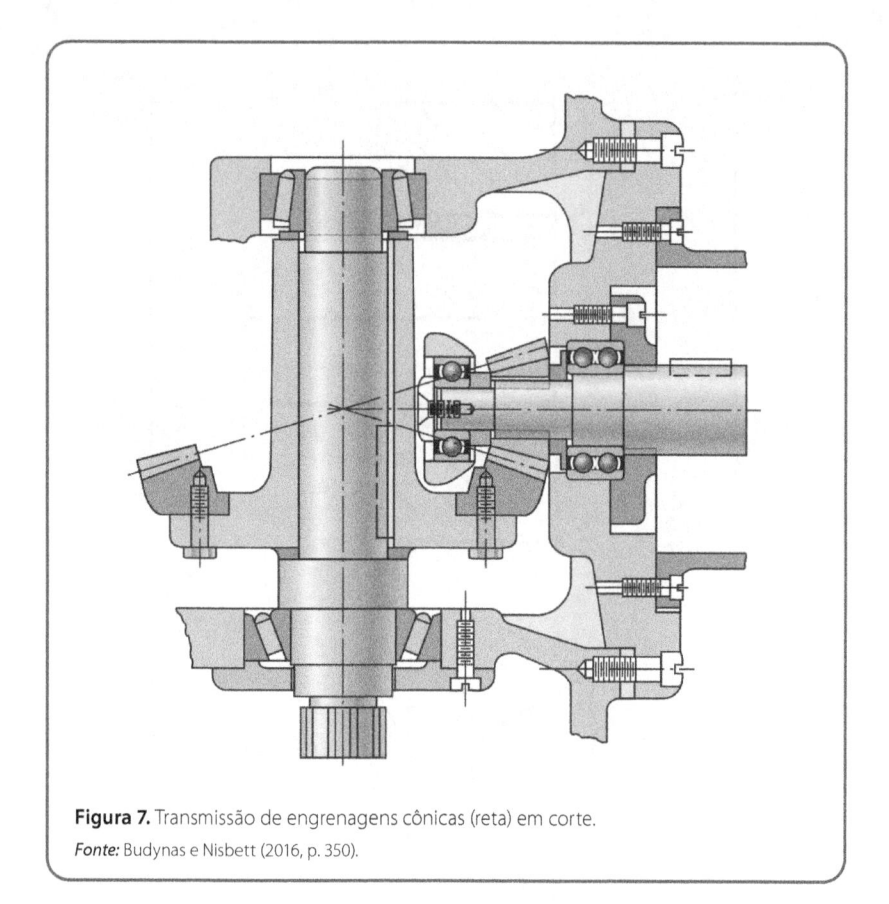

Figura 7. Transmissão de engrenagens cônicas (reta) em corte.
Fonte: Budynas e Nisbett (2016, p. 350).

Polias

A transmissão de movimento rotatório e potência de uma árvore para outra pode ser feita por meio de correias assentadas em polias, que são peças cilíndricas com ou sem canais no seu diâmetro externo para encaixe do perfil das correias (SERVIÇO NACIONAL DE APRENDIZAGEM INDUSTRIAL, 1996; GORDO; FERREIRA, 2016?), como mostrado na Figura 8.

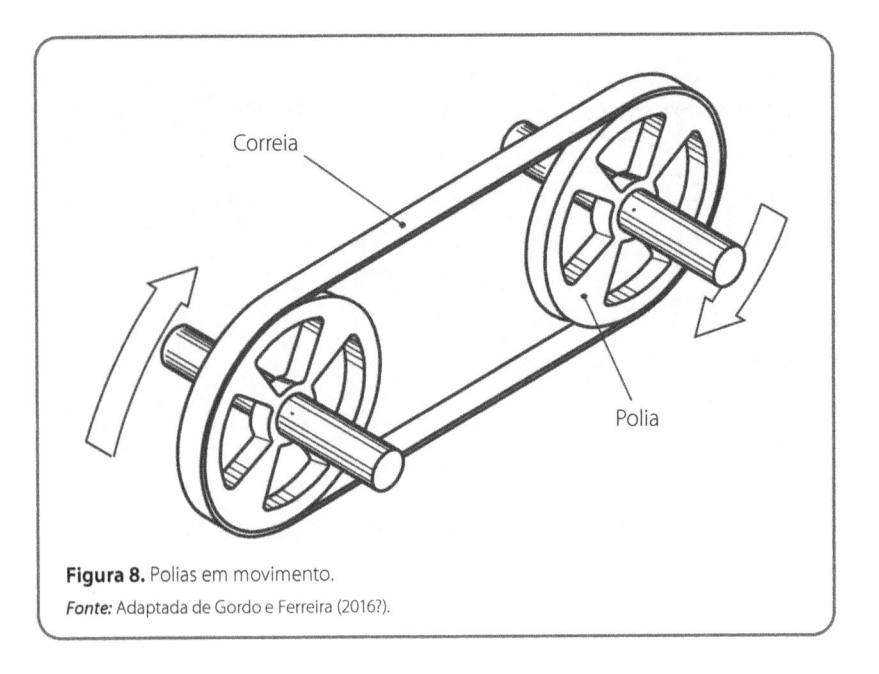

Figura 8. Polias em movimento.
Fonte: Adaptada de Gordo e Ferreira (2016?).

As transmissões por correias e polias apresentam as seguintes vantagens (SERVIÇO NACIONAL DE APRENDIZAGEM INDUSTRIAL, 1996; BUDYNAS; NISBETT, 2016):

- baixo custo inicial;
- alto coeficiente de atrito;
- elevada resistência ao desgaste;
- funcionamento silencioso;
- flexíveis, elásticas e adequadas para grandes distâncias entre centros;
- uma polia intermediária, ou polia de tração, pode ser utilizada para evitar ajustes de distância entre centros.

As polias são construídas normalmente em ferro fundido, podendo ser também utilizados aço ou ligas leves, ou, ainda, plásticos especiais.

Observe alguns detalhes das polias mostradas na Figura 8: elas não contêm canais no seu diâmetro externo, o que caracteriza as denominadas polias planas ou polias abauladas, cujos detalhes são mostrados na Figura 9.

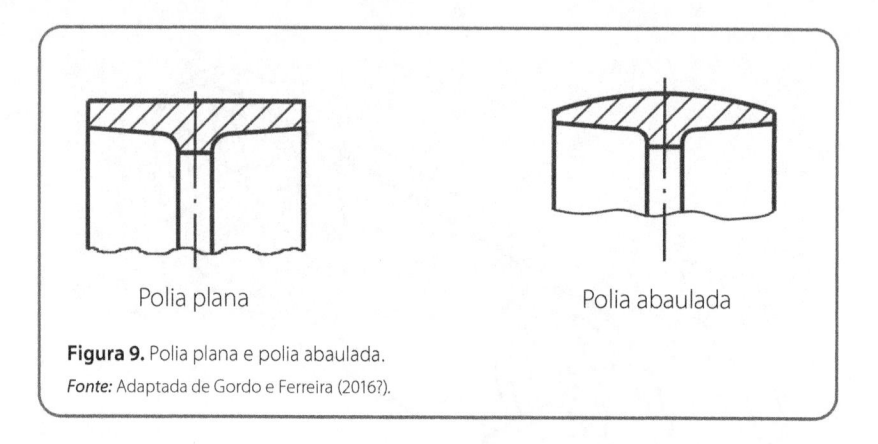

Figura 9. Polia plana e polia abaulada.
Fonte: Adaptada de Gordo e Ferreira (2016?).

A polia plana permite maior conservação e durabilidade das correias, enquanto a polia com superfície abaulada mantém melhor direcionamento das correias, minimizando a possibilidades de elas saltarem das polias (GORDO; FERREIRA, 2016?).

Observe, também, que as polias mostradas na Figura 8 não são maciças: elas contêm "vazios" no seu corpo. Trata-se de outra característica construtiva das polias: a corroa — que é a superfície onde a correia é assentada, podendo ser ligada ao cubo da polia por meio de um disco (polia maciça, utilizada em diâmetros menores) ou de braços ou raios (nas polias maiores), como mostrado na Figura 10.

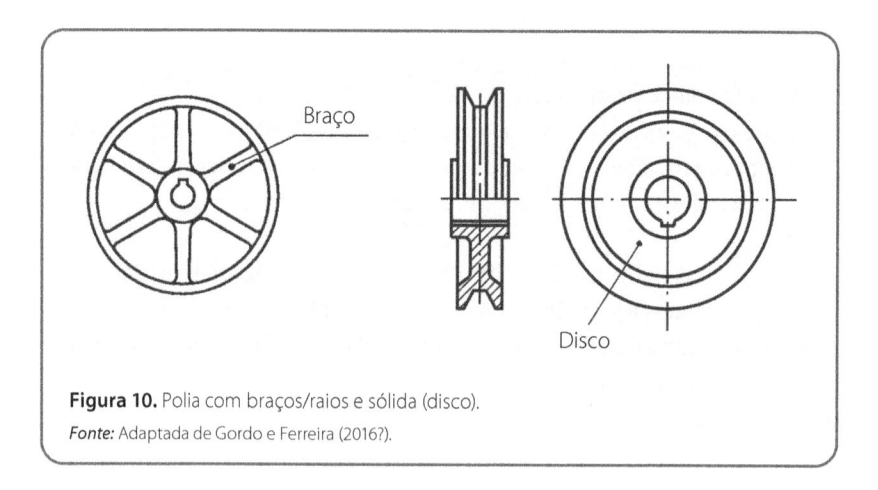

Figura 10. Polia com braços/raios e sólida (disco).
Fonte: Adaptada de Gordo e Ferreira (2016?).

A utilização de polias vazadas, ou seja, com braços, visa à redução de massa, reduzindo, portanto, o momento de inércia e o custo das polias. A forma de representar as polias no desenho técnico é afetada pelo fato de ser maciça ou com braços. Repare no meio corte da polia maciça mostrado na Figura 10. Perceba que toda a região cortada é hachurada e compare com os cortes parciais mostrados na Figura 9.

As polias representadas na Figura 9 são com braços, os quais não são representados hachurados.

Fique atento

"Nervuras, dentes de engrenagens, parafusos, porcas, arruelas, pinos, rebites, eixos, cunhas, chavetas, esferas, rolos, roletes, polias e manivelas não são representados cortados em sentido longitudinal e, portanto, não são hachurados." (COSTA, 2014, p. 85).
A mesma lógica aplica-se aos raios ou braços de polias, engrenagens, rodas dentadas, etc.

"A correia plana, quando em serviço, desliza e, portanto, não transmite integralmente a potência [...]" (SERVIÇO NACIONAL DE APRENDIZAGEM INDUSTRIAL, 1996, p. 38). A superfície da polia não deve apresentar porosidade, pois, do contrário, a correia irá se desgastar rapidamente, o que acentua o problema do deslizamento. Para maior eficiência, existem as polias trapezoidais ou "em V": providas de canaletas (ou canais), nos quais a correia é assentada.

Tal configuração faz com que os ângulos dos flancos e da correia gerem componentes de força, como mostrado na Figura 11, que aumentam significativamente a força de atrito, reduzindo a possibilidade de deslizamento.

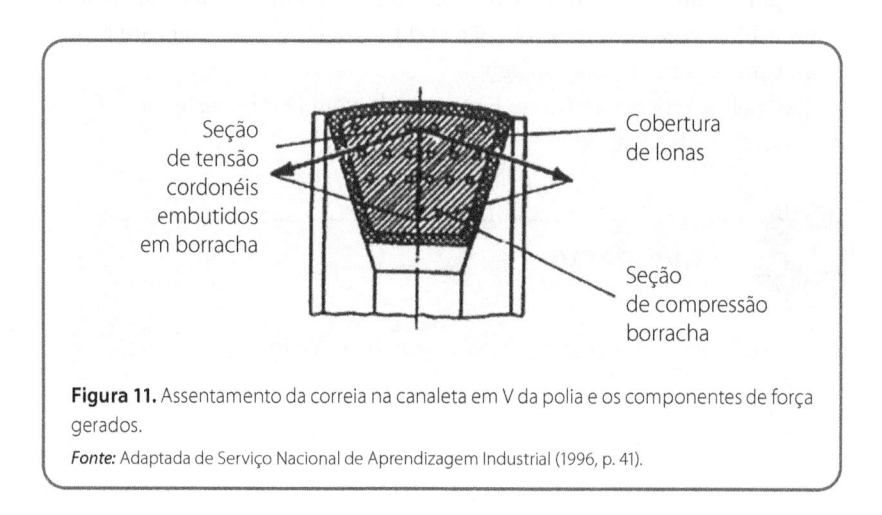

Figura 11. Assentamento da correia na canaleta em V da polia e os componentes de força gerados.
Fonte: Adaptada de Serviço Nacional de Aprendizagem Industrial (1996, p. 41).

A geometria aumenta de tal forma o atrito que é possível reduzir a tensão prévia da correia, diminuindo, assim, o desgaste da carreia e a carga sobre os mancais dos eixos das polias (SERVIÇO NACIONAL DE APRENDIZAGEM INDUSTRIAL, 1996).

Constatamos, assim, a existência de diversas configurações de polias (Quadro 1) e de correias (Figura 12).

Quadro 1. Diferentes configurações de polias.

		Polia de aro plano
		Polia de aro abaulado
		Polia escalonada de aro plano
		Polia escalonada de aro abaulado
		Polia com guia
		Polia em "V" simples
		Polia em "V" múltipla

Fonte: Adaptado de Gordo e Ferreira (2016?).

Tipo de correia	Figura	Junta	Intervalo de tamanho	Distância entre centros
Plana		Sim	$t = \begin{cases} 0{,}03 \text{ a } 0{,}20 \text{ in} \\ 0{,}75 \text{ a } 5 \text{ mm} \end{cases}$	Sem limite superior
Redonda		Sim	$d = \frac{1}{8} \text{ a } \frac{3}{4} \text{ in}$	Sem limite superior
V		Nenhuma	$b = \begin{cases} 0{,}31 \text{ a } 0{,}91 \text{ in} \\ 8 \text{ a } 19 \text{ mm} \end{cases}$	Limitada
Sincronizadora		Nenhuma	$p = 2$ mm ou acima	Limitada

Figura 12. Tipos de correia.
Fonte: Budynas e Nisbett (2016, p. 863).

Fique atento

As dimensões de polias e correias trapezoidais são padronizadas, estabelecidas em normas da ABNT:
- ABNT NBR 15177:2013: Correias poli "V" — Requisitos. Especifica as principais dimensões que são aplicadas em correias poli "V" montadas em polias de canais-padrão.
- ABNT NBR 15356:2016: Correias V variadoras de velocidade — Requisitos. Especifica as principais dimensões que são aplicadas em correias V variadoras de velocidade, montadas em polias de canais variáveis.
- ABNT NBR 15082:2013: Correias estreitas métricas em V — Requisitos. Especifica as principais dimensões que são aplicadas em correias estreitas métricas em V, montadas em polias de canais-padrão.
- ABNT NBR 15070:2013: Correias duplo "V" (hexagonais) clássicas — Requisitos. Especifica as principais dimensões que são aplicadas em correias duplo "V" (hexagonais) montadas em polias de canais-padrão ou profundos.
- ABNT NBR 15003:2012: Correias em "V" para serviços leves — Requisitos. Estabelece as principais dimensões aplicáveis às transmissões por correias em "V" montadas em polias de canais padrão.
- ABNT NBR 14963:2012: Correias em "V" clássicas — Requisitos. Estabelece as principais dimensões aplicáveis às transmissões por correias em "V" montadas em polias de canais padrão ou profundo.
- ABNT NBR 15002:2012: Correias em "V" estreitas — Requisitos. Padroniza as características principais das correias em "V" industriais, sem fim, estreitas, para transmissão de potência em polias (ranhuradas), com canais para as seções transversais 3V, 5V, 8V, sobre eixos operando vertical, horizontal ou inclinadamente.

Engrenagens

Uma das mais engenhosas criações mecânicas, as engrenagens transmitem movimento e torque entre si, por meio de uma complexa geometria dos dentes das mesmas, os quais têm um perfil que faz com que, durante o giro, as superfícies de duas engrenagens não deslizem uma sobre a outra, mas, sim, que "rolem". Ou seja, pontos aproximam-se, giram sobre a superfície com a qual está engrenada e afastam-se: esse ciclo contínuo é que permite a transmissão do movimento rotacional sem choques, sem desgaste excessivo (que seria causado caso uma superfície fosse arrastada sobre outra).

> **Fique atento**
>
> Os materiais mais usados na fabricação de engrenagens são: aço-liga-fundido, ferro fundido, cromo níquel, alumínio, bronze fosforoso, náilon.

O diâmetro imaginário em que há esse rolamento é denominado diâmetro primitivo, sendo a base de cálculo de toda e qualquer engrenagem: por exemplo, a razão entre a velocidade de rotação entre duas engrenagens é dada pela relação entre seus diâmetros primitivos. Uma engrenagem que tenha o dobro do diâmetro primitivo da engrenagem em que está acoplada girará na metade da velocidade dela. Como cita Serviço Nacional de Aprendizagem Industrial (1996, p. 26), as engrenagens:

> permitem a redução ou aumento do momento torsor, com mínimas perdas de energia, e aumento ou redução de velocidades, sem perda nenhuma de energia, por não deslizarem.
> A mudança de velocidade e torção é feita na razão dos diâmetros primitivos. Aumentando a rotação, o momento torsor diminui e vice-versa. Assim, num par de engrenagens, a maior delas terá sempre rotação menor e transmitirá momento torsor maior. A engrenagem menor tem sempre rotação mais alta e momento torsor menor.

Como você pode observar na Figura 13, o diâmetro primitivo (também chamado de circunferência primitiva) é considerado imaginário, pois, visualmente, ele não é perceptível, como são os diâmetros externo e interno.

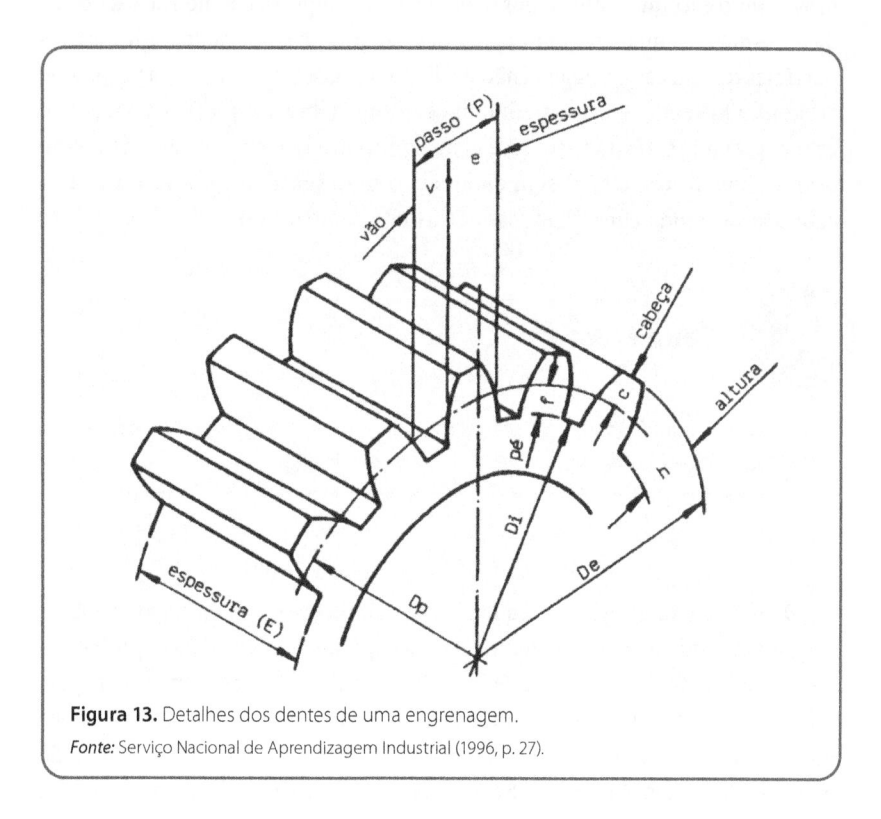

Figura 13. Detalhes dos dentes de uma engrenagem.
Fonte: Serviço Nacional de Aprendizagem Industrial (1996, p. 27).

Na figura, podemos identificar os elementos de uma engrenagem (SERVIÇO NACIONAL DE APRENDIZAGEM INDUSTRIAL, 1996), como sendo:

- (De) Diâmetro externo: é o diâmetro máximo da engrenagem De = m (z + 2).
- (Di) Diâmetro interno: é o diâmetro menor da engrenagem.
- (Dp) Diâmetro primitivo: é o diâmetro intermediário entre De e Di. Seu cálculo exato é Dp = De - 2m.
- (C) Cabeça do dente: é a parte do dente que fica entre Dp e De.
- (f) Pé do dente: é a parte do dente que fica entre Dp e Di.
- (h) Altura do dente: é a altura total do dente

- (e) Espessura de dente: é a distância entre os dois pontos extremos de um dente, medida à altura do Dp.
- (V) Vão do dente: é o espaço entre dois dentes consecutivos.
- (P) Passo: medida que corresponde à distância entre dois dentes consecutivos, medida à altura do Dp.

Outros elementos das engrenagens são vistos na Figura 14.

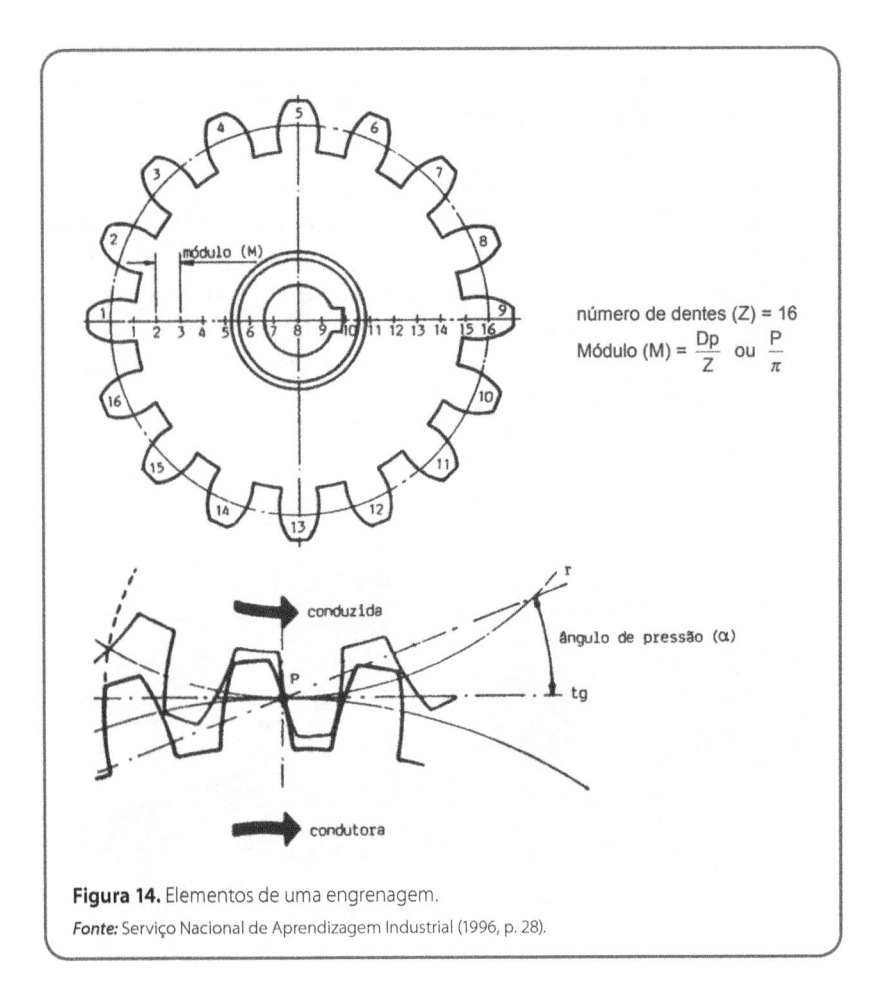

número de dentes (Z) = 16

Módulo (M) = $\dfrac{Dp}{Z}$ ou $\dfrac{P}{\pi}$

Figura 14. Elementos de uma engrenagem.
Fonte: Serviço Nacional de Aprendizagem Industrial (1996, p. 28).

Na figura, podemos identificar outros elementos construtivos de uma engrenagem (SERVIÇO NACIONAL DE APRENDIZAGEM INDUSTRIAL, 1996), como sendo:

- (M) Módulo: dividindo-se o Dp pelo número de dentes (z), ou o passo (P) por π, teremos um número que se chama módulo (M). Este número é que caracteriza a engrenagem e constitui-se em sua unidade de medida, pois o módulo é o número que serve de base para calcular a dimensão dos dentes.
- (α) Ângulo de pressão: os pontos de contato entre os dentes de engrenagens motora e movida estão ao longo do flanco do dente e, com o movimento das engrenagens, deslocam-se em uma linha reta, a qual forma, com a tangente comum às duas engrenagens, um ângulo. Este ângulo é chamado ângulo de pressão (α) e, no sistema modular, é utilizado normalmente com 20 ou 15°.

Os detalhes da geometria dos dentes das engrenagens (ou seja, o perfil das curvas dos dentes, ponto a ponto) não costumam ser especificados no desenho técnico, por servir de base somente para a construção e inspeção das engrenagens. Usualmente, os desenhos de engrenagens, como componentes e partes de um conjunto, são feitos de forma simplificada, como você verá a seguir, para cada tipo de engrenagem empregado na indústria e em equipamentos, na Figura 15.

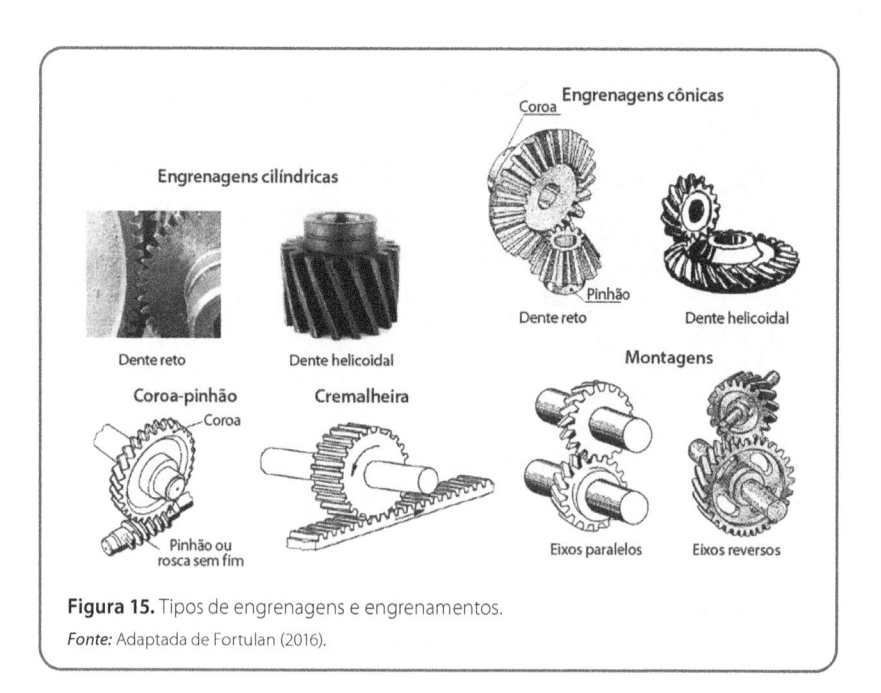

Figura 15. Tipos de engrenagens e engrenamentos.
Fonte: Adaptada de Fortulan (2016).

As engrenagens cilíndricas de dentes retos ou frontais são usadas para transmitir movimento rotativo entre eixos paralelos, de potências médias e rotação variada, sendo de baixo custo, enquanto as engrenagens helicoidais são usadas para transmitir movimento entre eixos paralelos e não paralelos e quando há necessidade de grandes esforços, como em caixa de redução, de câmbio, etc. São mais silenciosas que as de dentes retos, devido ao engajamento gradual dos dentes (SERVIÇO NACIONAL DE APRENDIZAGEM INDUSTRIAL, 1996; GORDO; FERREIRA, 2016?; BUDYNAS; NISBETT, 2016).

Da mesma família, há, ainda, engrenagens cilíndricas com dentes em V (ou "espinha de peixe") — mostrada na Figura 16 —, com dentes helicoidais duplos (uma hélice à direita e outra à esquerda), para compensação da força axial na própria engrenagem, aliviando a carga sobre os mancais (SERVIÇO NACIONAL DE APRENDIZAGEM INDUSTRIAL, 1996).

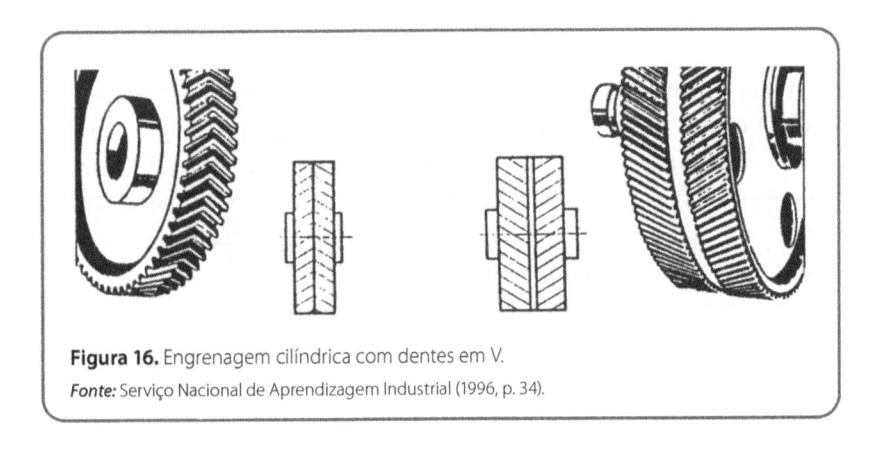

Figura 16. Engrenagem cilíndrica com dentes em V.
Fonte: Serviço Nacional de Aprendizagem Industrial (1996, p. 34).

Há, também, a engrenagem cilíndrica com dentes internos, mostrada na Figura 17, usada em transmissões planetárias e comandos finais de máquinas pesadas, permitindo uma economia de espaço e distribuição uniforme da força (SERVIÇO NACIONAL DE APRENDIZAGEM INDUSTRIAL, 1996).

Figura 17. Engrenagem cilíndrica com dentes internos.
Fonte: Serviço Nacional de Aprendizagem Industrial (1996, p. 32).

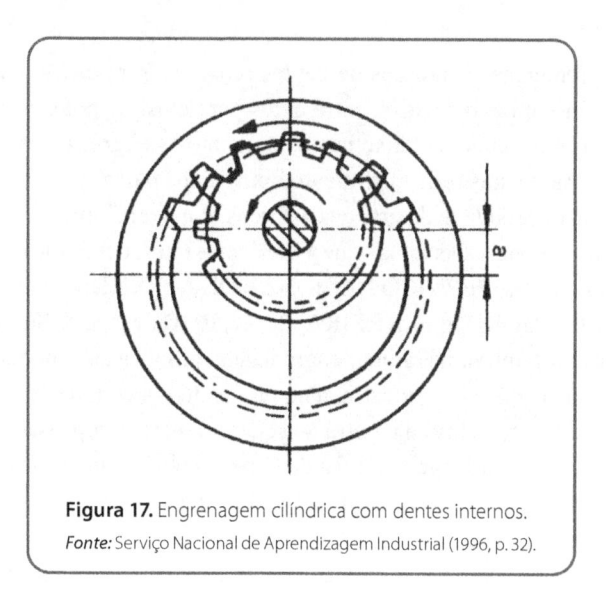

As engrenagens cônicas são empregadas quando as árvores cruzam-se, isto é, suas linhas de centro coincidem em um mesmo ponto quando prolongadas, como mostrado na Figura 18. O ângulo de interseção é geralmente 90°, podendo ser menor ou maior. Os dentes das rodas cônicas têm um formato também cônico (ou seja, espessura variada decrescendo da periferia para o centro da engrenagem), o que dificulta sua fabricação, diminui a precisão e requer uma montagem precisa para o funcionamento adequado. Os dentes podem, também, ser helicoidais (SERVIÇO NACIONAL DE APRENDIZAGEM INDUSTRIAL, 1996; GORDO; FERREIRA, 2016?; BUDYNAS; NISBETT, 2016).

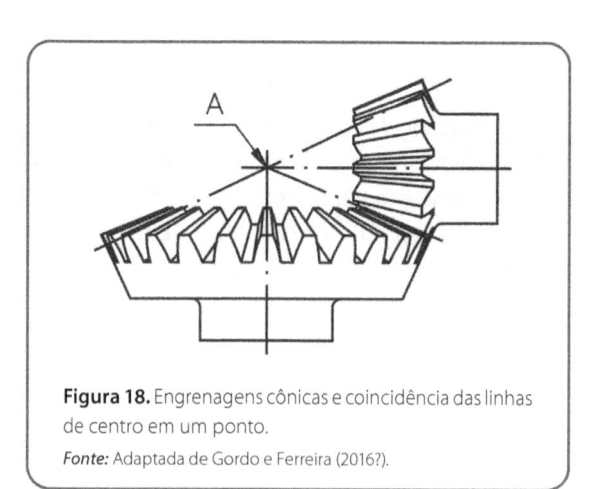

Figura 18. Engrenagens cônicas e coincidência das linhas de centro em um ponto.
Fonte: Adaptada de Gordo e Ferreira (2016?).

As engrenagens hipoides "[...] são bastante parecidas com as engrenagens cônicas em espiral, exceto pelo fato de os eixos serem deslocados e não interceptantes [...]" (BUDYNAS; NISBETT, 2016, p. 657).

O par pinhão-coroa sem-fim, ou parafuso sem-fim e engrenagem côncava (coroa), é composto por uma engrenagem helicoidal com poucos dentes (filetes), havendo a transmissão entre ele e a coroa, com eixos perpendiculares entre si. São usados quando se precisa obter grande razão de velocidade entre os eixos e, consequentemente, de momento torsor.

A cremalheira é uma barra dentada, utilizada em conjunto com um pinhão, para transformar movimento de rotação em movimento retilíneo e vice-versa. A cremalheira pode ter dentes perpendiculares (que se engrenam em engrenagens de dentes retos) ou dentes inclinados (que se acoplam a rodas helicoidais), como mostrado na Figura 19.

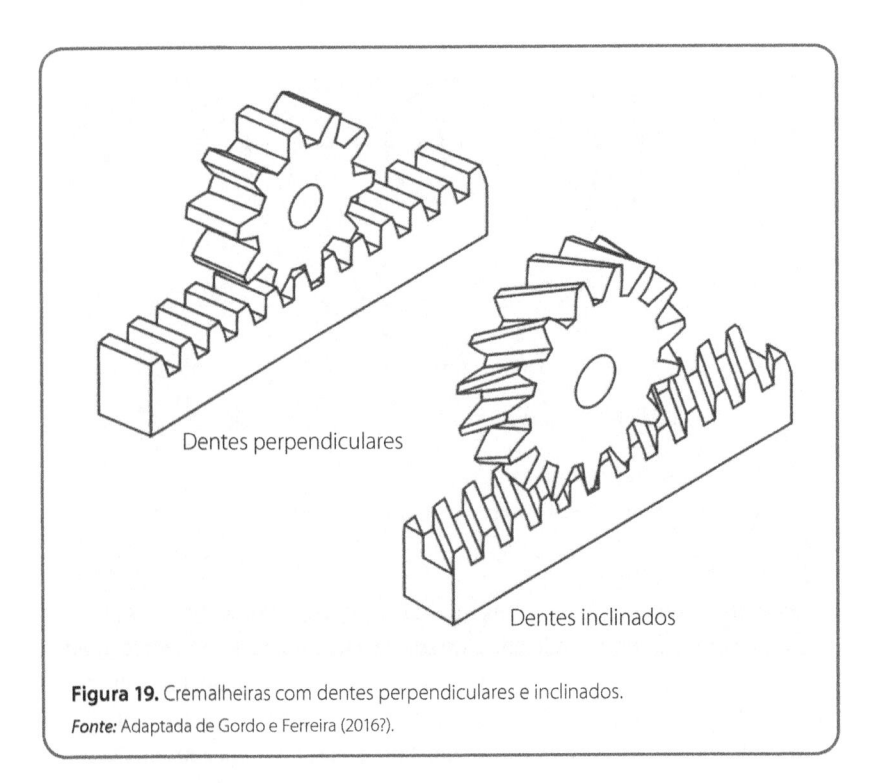

Figura 19. Cremalheiras com dentes perpendiculares e inclinados.
Fonte: Adaptada de Gordo e Ferreira (2016?).

Representação gráfica de engrenagens

As engrenagens são representadas, nos desenhos técnicos, de maneira normalizada. Como regra geral, a engrenagem é representada como uma peça sólida, sem dentes, somente com o diâmetro primitivo indicado por meio de uma linha estreita de traços e pontos. Quando, excepcionalmente, for necessário representar um ou dois dentes, eles devem ser desenhados com linha contínua larga (GORDO; FERREIRA, 2016?), como mostrado na Figura 20.

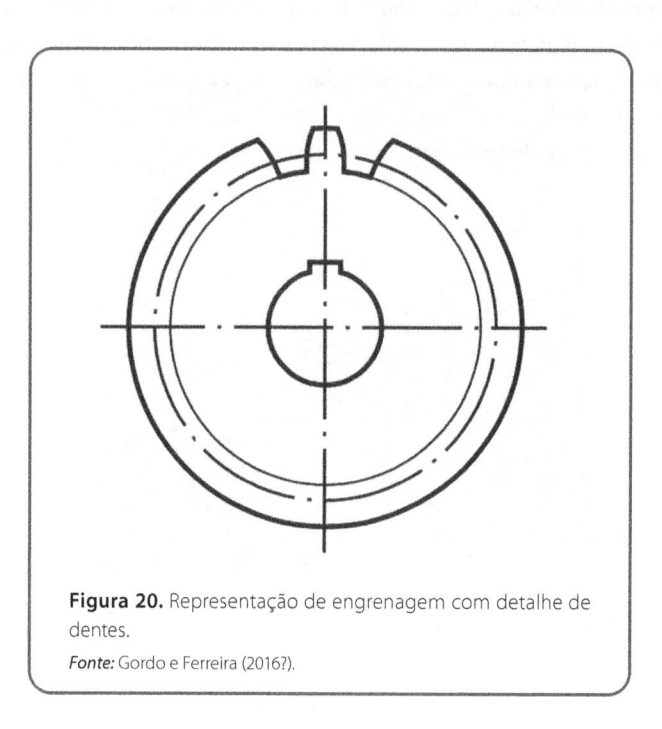

Figura 20. Representação de engrenagem com detalhe de dentes.
Fonte: Gordo e Ferreira (2016?).

Na vista lateral, os dentes não são, também, mostrados, mas o diâmetro primitivo é indicado. Havendo corte ou semicorte, os dentes são representados com omissão de corte, isto é, sem hachura, e a raiz do dente aparece representada pela linha contínua larga. Caso seja necessário representar a raiz do dente da engrenagem em uma vista sem corte, deve-se usar a linha contínua estreita (GORDO; FERREIRA, 2016?), como mostrado nos exemplos da Figura 21.

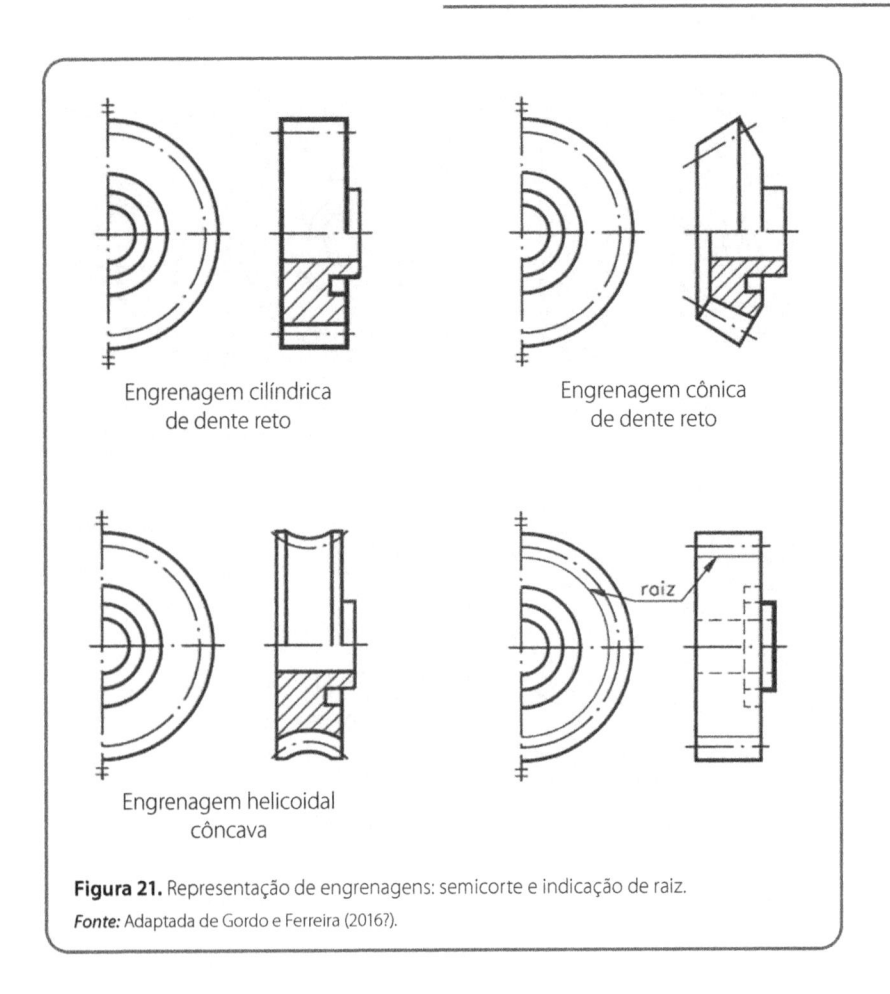

Engrenagem cilíndrica
de dente reto

Engrenagem cônica
de dente reto

raiz

Engrenagem helicoidal
côncava

Figura 21. Representação de engrenagens: semicorte e indicação de raiz.
Fonte: Adaptada de Gordo e Ferreira (2016?).

É possível, também, fazer a indicação da forma e inclinação dos dentes, quando não forem retos (GORDO; FERREIRA, 2016?), como mostrado na Figura 22.

Engrenagem cilíndrica
(helicoidal à direita)

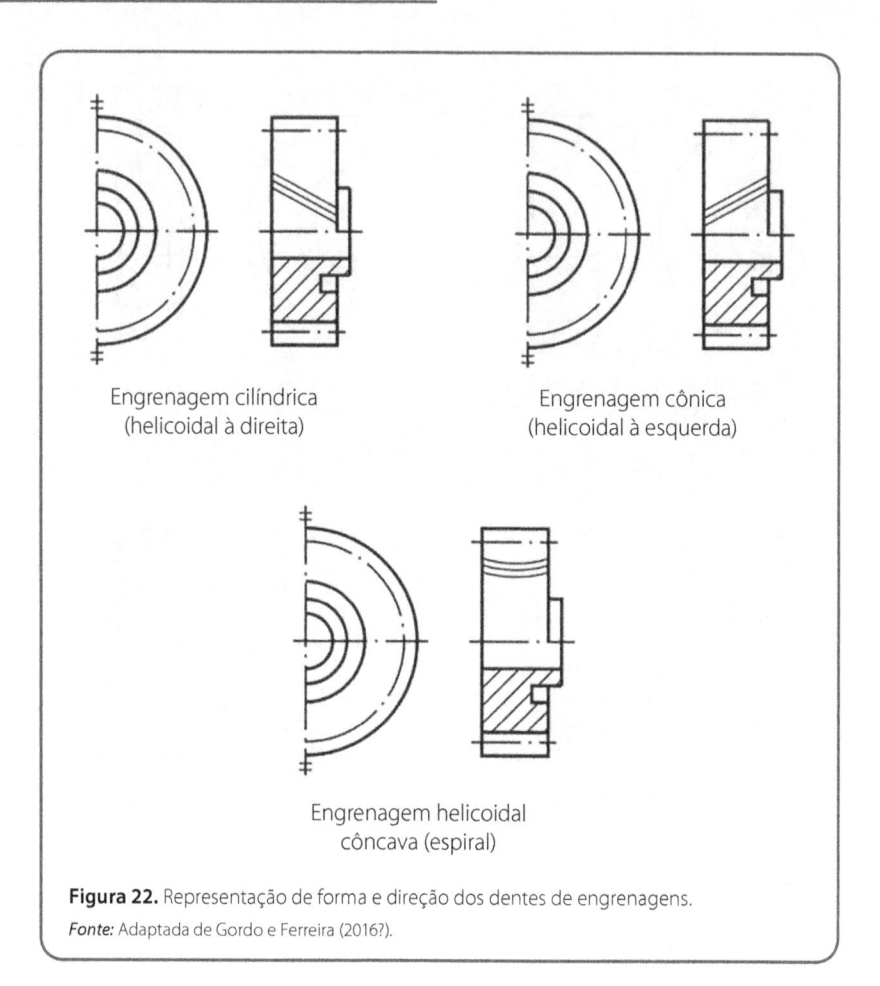

Engrenagem cônica
(helicoidal à esquerda)

Engrenagem helicoidal
côncava (espiral)

Figura 22. Representação de forma e direção dos dentes de engrenagens.
Fonte: Adaptada de Gordo e Ferreira (2016?).

As mesmas regras para a representação de engrenagens valem para a representação de pares de engrenagens ou para as representações em desenhos de conjuntos, como mostrados na Figura 23. Observe, no entanto, que, quando uma das engrenagens está localizada em frente à outra, como no caso das duas engrenagens cônicas, no desenho técnico, é omitida a parte da engrenagem que está encoberta (GORDO; FERREIRA, 2016?).

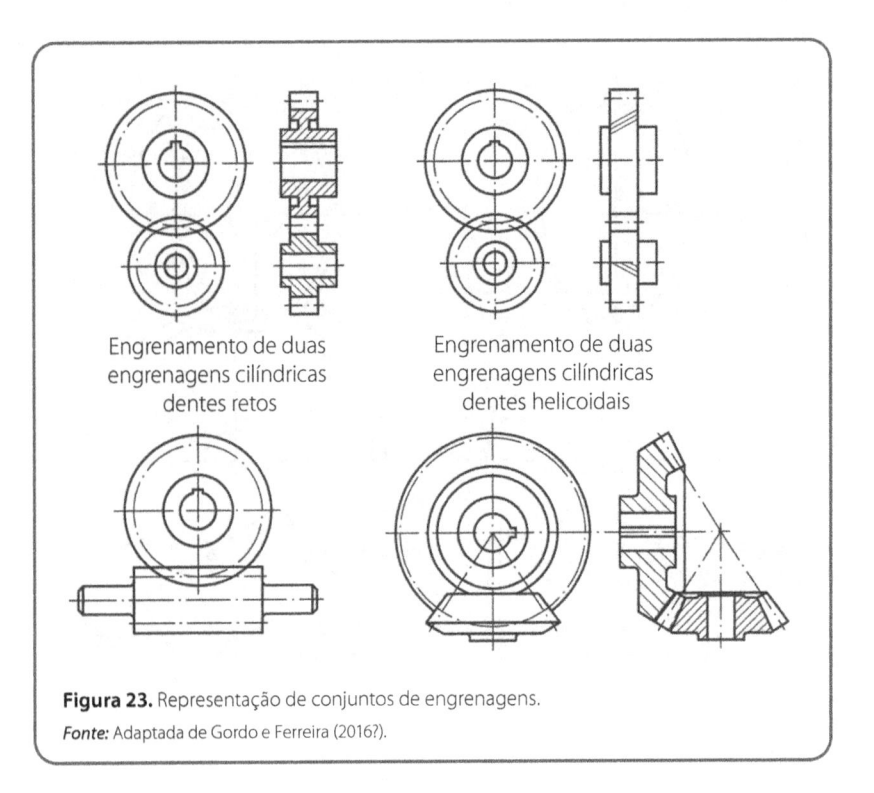

Engrenamento de duas
engrenagens cilíndricas
dentes retos

Engrenamento de duas
engrenagens cilíndricas
dentes helicoidais

Figura 23. Representação de conjuntos de engrenagens.
Fonte: Adaptada de Gordo e Ferreira (2016?).

Exemplos adicionais são mostrados nas Figuras 24, 25 e 26.

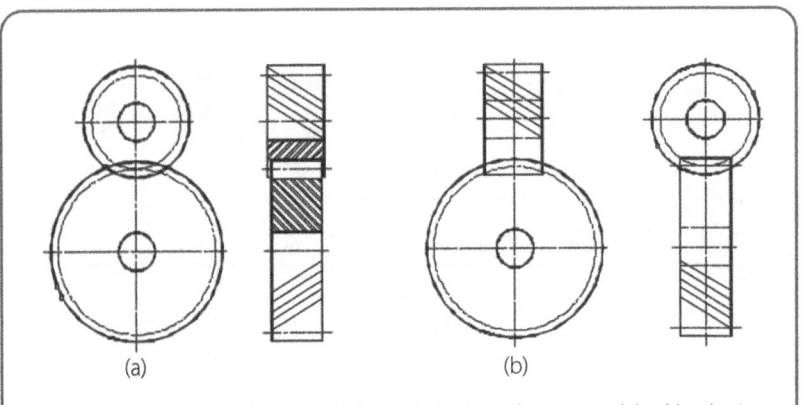

(a)   (b)

Figura 24. Engrenagens cilíndricas de dentes helicoidais, de eixos paralelos (a) e de eixos ortogonais (b).
Fonte: Vale (2004).

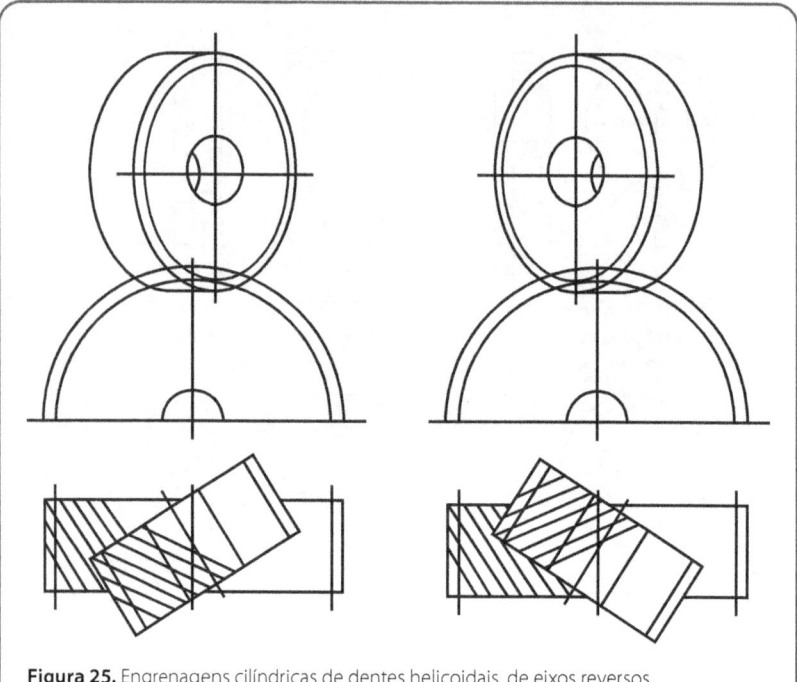

Figura 25. Engrenagens cilíndricas de dentes helicoidais, de eixos reversos.
Fonte: Vale (2004).

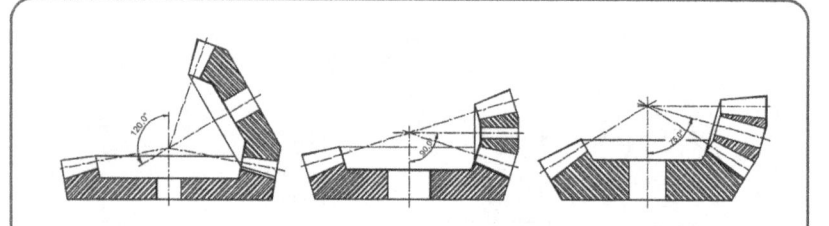

Figura 26. Engrenagem cônica reta: angulo entre eixos.
Fonte: Vale (2004).

Exercícios

1. Eixos são elementos fundamentais em qualquer conjunto mecânico, devido às suas características e funções. Como características dos eixos, podemos citar:
I. São sempre giratórios.
II. Suportam flexão.
III. Suportam cisalhamento.
IV. São sempre maciços.
V. Podem ser fabricados por usinagem ou sinterização.
É correto o que se afirma em:
a) II somente.
b) I e II somente.
c) I, II e III somente.
d) I, III, IV e V somente.
e) Todas alternativas acima.

2. Um sistema acionador em um avião é composto de um eixo vazado, montado sobre um rolamento autocompensador de esferas, visando compensar possíveis desalinhamentos ou flexões do eixo. A alternativa que representa corretamente tal eixo no conjunto é:

a)

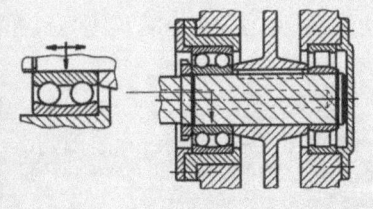

b)

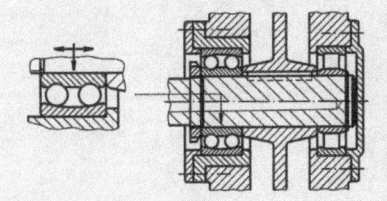

c)

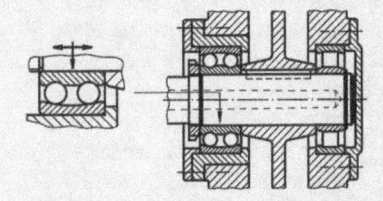

d)

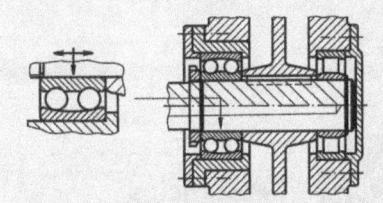

e)

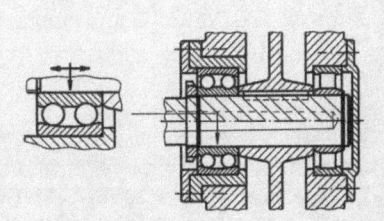

3. A transmissão de movimento rotatório e potência de uma árvore para outra pode ser feita por meio de correias assentadas em polias. As polias têm como características:

I. Serem flexíveis e elásticas.
II. Terem funcionamento silencioso.
III. Terem elevada resistência ao desgaste.
IV. Poderem ser planas, redondas ou em V.

É correto o que se afirma em:
a) I e IV somente.
b) II e III somente.
c) I, II e III somente.
d) I, II e IV somente.
e) I, II, III e IV.

4. As polias sem canais no diâmetro externo podem ser planas ou abauladas. A vantagem da polia abaulada sobre a plana é:
a) menor custo.
b) maior coeficiente de atrito.
c) maior resistência mecânica.
d) menor possibilidade de saírem da posição.
e) maior conservação e durabilidade da correia.

5. Uma das mais engenhosas criações mecânicas, as engrenagens transmitem movimento e torque entre si por meio de uma complexa geometria dos seus dentes, tendo regras específicas para a sua representação no desenho técnico. A imagem a seguir representa:

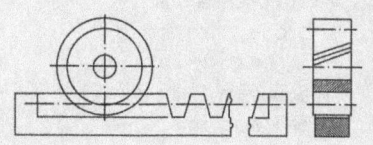

a) Um par pinhão-cremalheira com dentes helicoidais.
b) Um par pinhão-coroa com dentes helicoidais.
c) Um par pinhão-engrenagem com dentes internos inclinados.
d) Um par pinhão-cremalheira com dentes hipoides.
e) Um par pinhão-coroa com dentes perpendiculares.

Referências

BUDYNAS, R. G.; NISBETT, J. K. *Elementos de máquinas de Shigley*. 10. ed. Porto Alegre: AMGH, 2016.

COSTA, D. M. B. *Desenho técnico*. Curitiba: UFPR, 2014.

FORTULAN, C. A. *Desenho técnico mecânico I*. São Carlos: USP, 2016. Notas de aulas. Disponível em <https://edisciplinas.usp.br/pluginfile.php/3387287/mod_resource/content/1/Aula%208%20SEM-0564%202016%20%28Elementos%20de%20Uni%C3%A3o%20e%20Fixa%C3%A7%C3%A3o%29.pdf>. Acesso em: 10 mar. 2018.

GORDO, N.; FERREIRA, J. *Elementos de máquinas:* 1. São Paulo: SENAI, [2016?]. Disponível em: <http://professor.luzerna.ifc.edu.br/charles-assuncao/wp-content/uploads/sites/33/2016/07/Apostila-Elementos-de-M%C3%A1quina-SENAI.pdf >. Acesso em: 12 mar. 2018.

KAPP, W. *Eixos e árvores*. Curitiba: UFPR, [2016?]. Disponível em: <http://ftp.demec.ufpr.br/disciplinas/TMEC038/Prof.Walter_Kapp/TM245/Slides/Eixos_e_arvores_AULA_1.pdf>. Acesso em: 10 mar. 2018.

SERVIÇO NACIONAL DE APRENDIZAGEM INDUSTRIAL. *Noções básicas de elementos de máquinas:* mecânica. Vitória: SENAI-ES, 1996.

VALE, F. A. M. *Desenho de máquinas*. João Pessoa: Universidade Federal da Paraíba, 2004.

Gabarito

Para ver as respostas de todos os exercícios deste livro, acesse o *link* abaixo ou utilize o código QR ao lado.

https://goo.gl/4KDPr8